国家级一流本科课程建设成果教材
教育部产学合作协同育人项目配套教材

天津市一流本科课程建设成果教材
天津大学新工科经典教材重点项目

新工科科技劳动实践

XINGONGKE KEJI LAODONG SHIJIAN

白瑞峰◎主编

于赫洋　韩洪洪　张　琳　靳荔成◎副主编

化学工业出版社

·北京·

内容简介

　　《新工科科技劳动实践》是一本在教育部产学合作协同育人等项目支持下，面向新工科教育的通识课教材，其配套课程已获批国家级虚拟仿真一流课程与天津市社会实践一流本科建设课程，权威性与专业性兼具。

　　教材以科技劳动实践为核心，系统构建工科知识体系。内容融合创新创业理论与方法，深入讲解3D建模、数字孪生、3D打印、工业机器人等先进制造技术，同时包含智能车与鸿蒙系统、智能制造与工业AI等前沿领域知识，全方位覆盖劳动技能、科学知识与劳动观念。

　　本书特色鲜明，由高校教师与企业技术专家联合编写，产学结合、实战性强，以丰富的实战案例为引导，将抽象理论转化为可操作的实践场景，同时配套习题参考答案、电子课件、实验指导书等数字化资源（扫下方二维码获取），助力学习者高效掌握知识与技能。

　　本书适合本科高等院校和高职院校不同层次学生使用，可作为科技劳动实践课程及创新创业课程的教学用书，也适合对科技劳动、先进制造技术感兴趣，希望提升实践创新能力的自学者参考。

配套资源

图书在版编目（CIP）数据

　　新工科科技劳动实践 ／ 白瑞峰主编 ；于赫洋等副主编 ． -- 北京：化学工业出版社，2025. 11. --（国家级一流本科课程建设成果教材）（教育部产学合作协同育人项目配套教材）（天津市一流本科课程建设成果教材）.
ISBN 978-7-122-49122-0

　　Ⅰ. G301

　　中国国家版本馆 CIP 数据核字第 20255L6M67 号

责任编辑：周　红		文字编辑：侯俊杰　温潇潇	
责任校对：李雨函		装帧设计：王晓宇	

出版发行：化学工业出版社
　　　　　（北京市东城区青年湖南街 13 号　邮政编码 100011）
印　　装：大厂回族自治县聚鑫印刷有限责任公司
787mm×1092mm　1/16　印张14　字数351千字
2025 年 10 月北京第 1 版第 1 次印刷

购书咨询：010-64518888　　售后服务：010-64518899
网　　址：http：//www.cip.com.cn
凡购买本书，如有缺损质量问题，本社销售中心负责调换。

定　　价：59.00 元　　　　　　　　　　　版权所有　违者必究

编写人员名单

主　编：白瑞峰

副主编：于赫洋、韩洪洪、张琳、靳荔成

其他参编人员：

伊国胜	孙宏军	宋关羽	谭　超	何立乾	姚　航	董利娜
陈晓龙	刘丽萍	丁红兵	袁　超	金　文	李　祺	房朝晖
苏　江	王　达	安　山	王宝国	刘　岩	刘　洋	尔璞醇
庞　然	魏　彪	杨弟平	徐行健	陈　斌		

　　《新工科科技劳动实践》是以科技劳动为主题的通识教材，涉及创新创业理念、先进加工劳动技能训练、工程创新劳动导引、项目实战劳动训练等环节，涵盖劳动技能、基本劳动知识、科学劳动观念等内容。丰富的科技实践项目案例涉及 3D 建模、鸿蒙智能系统、3D 打印、机器人、智能制造、虚拟仿真等先进技术。本教材邀请实践教育经验丰富的教师与企业技术专家共同编写，得到了教育部产学合作协同育人项目、天津大学新工科新形态教学资源建设项目、天津大学人工智能赋能课程建设专项项目的支持。本教材相关成果获批国家级虚拟仿真一流课程、天津市社会实践一流本科建设课程。

　　明确将以科技创新为基础的先进制造技术劳动实践为教材的重心，在科技劳动实践训练中学习是本教材的特色。本书共 7 章，内容和整体结构安排如下。

　　第 1 章主要介绍创新创业基础理论、创新设计思维，以及 TRIZ 方法，让读者更好地理解创新的基础概念，帮助读者掌握开启创意和创新的方法。

　　第 2 章介绍三维模型设计方法，结合工程案例和仿真开发环境，帮助读者掌握实现创意作品建模的方法。

　　第 3 章介绍数字孪生技术的基本概念，结合汽车、航空航天、电子、机械制造行业应用，帮助读者掌握和了解数字孪生技术。三维模型是数字孪生技术的基础，数字孪生通过实时数据连接物理实体与虚拟模型，是现实世界的"智能影子"。

　　第 4 章介绍 3D 打印技术，介绍了 3D 打印的概念、起源、发展、材料和流程，同时以实战案例的形式帮助读者掌握 3D 打印快速原型制作的方法。

　　第 5 章介绍工业机器人与机器视觉，分别介绍了工业机器人的概念、关键部件及发展应用，通过典型工程案例帮助读者掌握工业机器人的开发、调试及安装维护等。

　　第 6 章介绍了智能车与鸿蒙系统，从 OpenHarmony 轻量系统出发，重点介绍的是 OpenHarmony 的南向开发，结合智能车系统，帮助读者掌握鸿蒙系统开发。

　　第 7 章介绍了智能制造与工业 AI，主要介绍在工业方面创新所面临的挑战与发展趋势。

　　本教材由天津大学电气自动化与信息工程学院白瑞峰任主编，于赫洋、韩洪洪、张琳、靳荔成任副主编，教育部自动化教学指导委员会委员、天津市教学名师王超教授审阅。

　　为了方便读者学习，本书配套了课程介绍视频和电子课件（PPT）、实验指导书等资源，读者可通过扫描书中相应的二维码获取相关内容。

　　本教材配套的虚拟仿真实验（面向酿造过程的复杂系统控制虚拟仿真实验），属于数字孪生技术应用案例－流程工业数字孪生系统，可通过"实验空间—国家虚拟仿真实验教学项目共享服务平台"官网访问，也可通过天津大学电气工程与自动化国家级虚拟仿真实验教学中心的服务器访问。该实验的建设融合了虚拟仿真、3D 建模技术、数字孪生技术、工业机器人技术、智能系统、智能制造和工业 AI 等先进技术。在教材中该实验依照工业酿造过程，构建生产、罐装、仓储全过程的酿造生产线虚拟场景，将学科前沿成果与教学结合，设计三层次实验教学方案。学生可自主完成设备操作、复杂对象分析、控制策略创新等内容。

　　如您对本书内容有任何疑问，可发邮件到 bairuifeng@tju.edu.cn 联系我们。

　　在本书编写过程中，参考了国内外相关研究成果和著作，在此向所涉及的所有专家和学者表示感谢。由于编者水平有限，欠妥之处在所难免，恳请读者批评指正。

编者

rays

CONTENTS

目录

第 3 章
数字孪生技术
049

第 6 章
智能车与鸿蒙系统
110

第7章
智能制造与工业 AI
196

本章首先从创意、创新和创业三者的关系出发，以大学生身边的应用为案例，阐述了创新是基本的通识能力、创业是开创一番事业，以及创新的基本特征。然后介绍了开启创新的典型方法头脑风暴，通俗易懂地介绍头脑风暴的原则、流程和注意事项等内容。最后介绍了TRIZ理论等创新设计思维方法。通过本章的学习，读者能更好地理解创新的基础概念，掌握开启创意和创新的方法。

本章知识点

- 创新与创业
- 头脑风暴开启创新的方法
- TRIZ理论
- 创新的基本特征
- 创新设计思维

1.1 创新与创业

随着科技发展和社会进步，创新与创业作为推动社会进步的重要力量，越来越受到各界的关注。特别是在当今日新月异的时代背景下，许多学生选择踏上创新与创业的道路。然而，在这一过程中，大学生们往往会面临一些基本的困惑和问题，比如：什么是创新？什么是创业？创新和创业之间的关系如何？创新与就业又有怎样的关联？在此基础上，如何通过系统的方法培养和提升个人的创新能力？这些问题的答案对大学生未来的发展具有深远的影响。

创意（creativity）是创新的源泉，指的是个体或团队基于现有知识、经验和观察，提出新颖的思路、观念、方法或解决方案。创意的核心特点在于其独特性与新颖性，往往打破常规，提供不同于传统或常见思维的视角。创意往往来源于对问题的深刻理解和跨学科的思维方式。例如，在机械工程中，一项新的机械设计可能源自于对生物学、流体力学或材料科学的跨领域思考。创意并不一定是革命性的突破，它可以是对已有技术、工艺的优化与改进。创意的提出通常需要开放的思维和对未知领域的探索精神。

创新（innovation）是指通过独特的思维方式和实践过程，产生出新的观念、产品、技术、服务或管理方法，从而实现技术、经济和社会效益的提升。在工程学领域，创新不仅仅是指科学技术的新发现，还包括对已有技术的改进、优化与应用。工程学的创新通常具有较强的实践性，它要求在严谨的工程理论指导下，通过合理的设计与实验，解决实际工程问题。例如，工程创新可以包括一种新的材料的发明、新的工艺流程的优化，或者是一种全新的工程管理模式的提出。

创业（entrepreneurship）是指个体或团体利用创新的成果，通过组织资源、风险管理与市场运作，开创并运营一项新的事业，尤其是创办一家公司并将其发展壮大。创业不仅仅是关于产品和技术的创新，它还涉及资源配置、市场竞争、财务管理、团队建设等多个领域，尤其在工程技术领域，创业往往意味着要通过创新产品和技术为市场提供解决方案，从而实现社会和经济价值的创造。

创意是创新和创业的源泉，创新是创业的基础，而创业则是创新实践的体现。创新与创业是二元概念，它们之间既有密切联系，又有明显区别，两者相辅相成、互为支撑。

1.2　创新是基本的通识能力

创新并不是一个全新的概念，指的是以新思维、新发明和新描述为特征的概念化过程。作为人类特有的认识能力和实践能力，创新体现了人类主观能动性的高级表现，是推动社会和民族进步的源源不竭的动力。在全球化和信息化飞速发展的时代背景下，一个民族若要在时代的潮流中占据前沿地位，创新思维就必不可少，创新活动也不能停滞。归根结底，创新是将抽象的创新思维蓝图付诸实践，使其外化并物化的过程。

创新：以现有的思维模式提出有别于常规或常人思路的见解为导向，利用现有知识和物质，在特定环境中，本着理想化需要或为满足社会需求，而改进或创造新的事物、方法、元素、路径、环境，并能获得一定有益效果的行为。可以从如下三层含义上来理解创新。

更新：指在已有的事物上有所进展，可以发生在任意领域。比如苹果本身没有字，果农通过某种方法让他们的果实上有了字，这就是果农的创新。

改变：创新也可以是一些观念、做法甚至是手段的改变。比如商店改变了支付方式，在现金以外增加移动支付，这种改变也被认为是创新的一种形式。

创造：把之前没有的事物产生或者造出来。比如原本没有的蔬菜水果品种被创造出来、原本没有的计算机代码程序或者硬件设施被发明出来、原本没有的药品疫苗问世，这都是改变人类生产生活方式、让世人受益的创新。

目前，社会上对创新的理解多集中于科技创新和商业创新，这主要得益于技术革命和经济学家的贡献。美籍经济学家熊彼特（Joseph Schumpeter）在1912年出版的《经济发展概论》中首次提出创新的概念，认为创新是指将将一种新的生产要素与生产条件"新结合"引入生产体系。他指出，创新可以表现为以下五种情况：引入新产品、采用新生产方法、开辟新市场、获得新的原材料或半成品供应来源，以及使用新的组织形式。到20世纪60年代，随着技术革命的深入，美国经济学家华尔特·罗斯托（Walt Rostow）将"创新"的概念扩展为"技术创新"，并强调技术创新是推动社会发展的核心动力。

然而，创新不仅局限于科技和商业领域。它还涉及文化创意、组织创新等，如图1-1所示。

对当代大学生和社会大众而言，创新不是一个时尚的术语，也不是一个遥不可及的概念。创新实际上是我们每个人随时随地都可以应用的一项基本能力。这项能力无处不在，无论是学习、工作，还是生活中的点滴，只要我们在实践中本着"理想化需要"或"满足社会需求"的目标，积极进行"更新、创造、改变"，并通过这些行动带

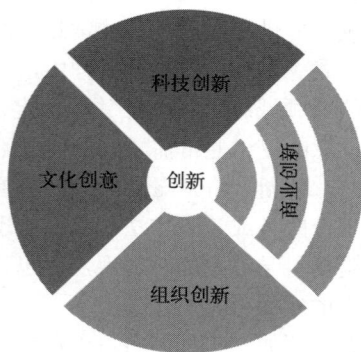

图1-1　创新的领域图

来有益的结果，便是创新。

我们无需过度纠结于"我的创新是否有意义"，因为创新并不一定要产生重大的突破或发明。无论是推动新生事物的创造，还是对细节的改进与优化，都是创新的表现。每一个创新的点滴，都是从微小的更新和改变开始的，而真正具有创新价值的亮点往往会随着深入的思考与实践而浮现。

1.3　创业是开创一番事业

在当代大学生的普遍认知中，"创业"往往被狭义地理解为"创立公司""融资成功"或"赚取高额利润"。然而，从工程学、社会发展和教育学的多重视角来看，这一认识存在明显的局限性。创业的核心应是"在资源有限、条件不确定的情境中，创造可持续价值，开创一番有意义的事业"。

创业是一种追求，一种行动路径，也是一种为社会创造价值的生活方式。创办企业只是创业的众多形式之一，而非全部。选择加入创业型企业、从事公益事业、推动文化创新等，也都可视为创业行为的一种表现。

教育、文艺、行政、慈善领域是否无法创业？

许多非商业领域同样孕育了伟大的创业者。历史与现实中，不乏非营利领域的创业典范，他们以坚定信念、创新精神和持续实践推动了社会进步。

特蕾莎修女，18岁赴印度，致力于贫困人群的照护，创办了全球最有影响力的慈善组织之一。

证严法师，在中国台湾地区创办"慈济基金会"和"慈济医院"，整合宗教信仰与社会服务，开创了慈善医疗融合发展的新模式。

玄奘法师，唐代高僧，历尽艰辛远赴古印度求法，推动中印文化交流，并奠定中国佛学发展的基础。

这些人物虽未从事商业活动，但其事业的影响力、组织能力、持续推动的毅力，都体现了创业的本质精神。他们的事迹启示我们：创业是价值的开创，而非营利的体现。

所以，什么是创业？创业就是实现价值、开创一番事业。创业的形式有很多种，创立公司只是创业的一种形式，而且创立公司、赚到钱也不是创业成功的唯一标准。

尽管近年来"创业热"席卷全球，纵观古今，真正能够长期存续并经得起市场与社会考验的创业企业寥寥无几。许多企业和创业者在初期阶段虽曾引发关注，甚至一度获得短期成功，但因缺乏核心价值、持续创新与系统管理，最终难逃昙花一现的命运。

创业的成功并非仅靠运气或偶然的机遇。虽然"天时、地利、人和"是重要因素，但更为关键的，是创业者是否具备坚定信念、使命感，以及"永不妥协的勇气和坚忍不拔的毅力"，持续追求价值创造。

在"大众创业、万众创新"背景下，大学生创业者尤应保持理性认知。在考虑创业前，需认真反思：是否具备了基本的创新能力？是否建立了坚实的专业基础？是否具备应对风险、承受压力、迎接失败的心理准备？

因此，大学阶段不仅是专业学习的重要时期，更是创业精神与创新能力塑造的关键窗口。高校可将"创新意识、创新技能和创业家精神"的培养作为创新创业教育核心任务之一。通过开设跨学科项目式课程、培养创新创业的意识、掌握创新创业科学方法、提高实现创意的实践能力，将专业知识转化为社会价值。这样才能孕育出真正具备责任感、判断力和执行力的未来创业者，为推动国家高质量发展和技术进步作出应有贡献。

1.4　创新的基本特征

在当前的高等教育教学实践中，仍存在大量以"记忆-重复-应试"为核心的传统模式。例如，在理论课堂上，教师常要求学生机械地背诵定义和公式，应对考试，却很少鼓励他们独立思考或解决实际问题。这种教学方式不利于学生创新思维的培养。

类似的问题也存在于实验教学中。不少实验课仍以"演示-模仿-重复"为主，学生依照预设流程完成"标准答案"，缺乏对实验本质的探究与批判。这种"程序化"的操作过程，即便完成再多，也难以提升学生的实践创新能力。

可见，重复性劳动本身并不构成创新。社会上充斥着"没有功劳也有苦劳"的观点，但如果这种"苦劳"缺乏思考与价值创造，便难以为个人成长与社会发展带来真正贡献。因此，要打破"搬砖式"的知识训练困境，学生必须走上属于自己的创新之路，而这首先需要理解和掌握创新的三个基本特征。

① 差异性（differentiation）。创新的核心在于"不同"。一项真正的创新成果必须与现有方法或产品存在明显差异，具备不可替代性。创新不是模仿或简单改良，而是提出独到见解，开辟新路径。

② 可行性（feasibility）。创新不是天马行空的幻想，必须基于现实条件、技术路径或逻辑体系才具有实现的可能性。空想不能称为创新，反而会误导方向。只有理论上合理、实践中有可能实现的构想，才具备"落地"的基础。

③ 价值性（value）。真正的创新应具有明确的价值导向。创新成果可以体现为经济效益（如产品盈利）、社会影响（如公益项目）、知识进步（如技术专利）等。价值性是创新成果可持续发展的基础。

≫案例一　　气压计测量大楼高度：从标准解法到创新思维

在一次物理考试中，老师提出了一个经典问题："如何利用气压计测量一栋大楼的高度？"按照课本的知识，绝大多数学生都给出了标准答案：分别在楼顶和地面测量气压值，根据大气压随高度变化的原理计算大楼的高度。这种解法符合物理学原理，操作简单且具有较强的可行性。

然而，有一位学生给出了一个出乎意料的回答：将气压计绑在绳子上，从楼顶垂到地面，测量绳长即可得到楼高。尽管这个答案并没有直接运用课本中的气压变化原理，但他的方法逻辑清晰、结果合理。

老师初时认为这一解法不符合标准答案，判定该学生不及格。学生并不服气，便请求仲裁。于是，老师邀请了知名物理学家进行仲裁。学者指出，既然是物理考试，答案应该体现物理学原理，并给了学生六分钟重新作答。

五分钟后，学生仍然没有写下任何内容。当被提醒剩余时间不多时，学生从容回应："我在考虑哪个答案最好。"最终，在最后一分钟，学生写下了一个符合物理逻辑的答案：

"将气压计从楼顶自由落下，同时用秒表测量落地所需时间，根据公式 $h = \dfrac{1}{2}gt^2$ 计算大楼高度。"

这一解答展示了他运用物理知识解决实际问题的能力，同时也体现了在压力下的创新思维和临场应变能力。最终，老师给予了他高分。

事后，出于好奇，老师询问学生是否还有其他解法。学生毫不犹豫地列举了多个不同的思路，如下所述。

影长比例法：测量气压计的长度及其影子的长度，再测大楼的影长，按比例计算大楼高度。

叠加法：以气压计为单位，从地面到楼顶沿墙壁做标记，统计标记数并乘以气压计的长度。

重力差法：测量地面与楼顶的重力差，通过重力梯度估算高度。

摆长法：将气压计悬挂在长绳上，从楼顶垂到地面，测量其摆动周期来推算绳长。

换信息法：用气压计作为交换物，请管理员直接告诉大楼的高度。

最后，学者问他是否知道使用气压差的标准解法。学生笑答："当然知道，但我更喜欢思考不同的方法，找到属于自己的答案。"

据说，这位学生正是后来的诺贝尔物理学奖得主，量子论的奠基人——尼尔斯·玻尔，而仲裁的学者则是1908年诺贝尔化学奖得主，著名科学家欧内斯特·卢瑟福。创新的起点常常来源于打破常规的思考，只要敢于挑战传统思维模式，就能找到多种解决方案，而每个创新过程都值得被尊重与探索。

启示分析

从这一案例中，我们可以提炼出创新的三个基本特征，如下所示。

差异性：学生的解决方法突破了传统的气压差计算方式，展现了独特的思维方式。

可行性：新的解决方案不仅理论上合理，还能通过简单的实验验证。

价值性：创新方法解决了问题，并能够在实际应用中带来明确的结果。

这种思维方式展示了创新的灵活性和多样性。创新并不总是要拘泥于"标准答案"，而是要勇于探索、发现适合当下情境的解决方案。

≫ 案例二   去除电线上的积雪：从疯狂想法到创新解决

在寒冷的冬季，某地区电力和通信线路因积雪过重而时常发生坍塌事故，严重影响了居民的日常生活。尽管许多人曾尝试解决这一问题，但效果一直不理想。

有一天，当地通信公司经理召开了一场创新研讨会，邀请了来自各行各业的专家与技术人员。在这次会议上，大家遵循着"鼓励疯狂的想法，延迟批判"的原则，提出了各种极富创意的解决方案：

① 设计专用的电线清雪机，沿电线逐条清除积雪；

② 利用电热机在电线表皮加热，融化积雪；

③ 使用振荡器通过振动去除积雪；

④ 甚至有人建议，坐直升机带大扫帚清扫电线上的积雪。

对于这些荒诞的想法，大多数与会者认为不切实际，但大家还是没有提出反对意见。

就在大家陷入沉思时，一名工人受"直升机扫雪"想法的启发，突然想到：直升机高速旋转的螺旋桨能够通过气流把积雪吹掉。这一方案看似疯狂，但实际操作上却具有可行性。经过进一步讨论，大家认为这一方案具备实现的可能性，迅速打开了思路并得到了采纳。

启示分析

这个案例体现了创新思维的以下特点。

差异性：初看起来荒诞的"直升机扫雪"方案，实际上是基于对现有技术的大胆联想，突破了常规的思考框架。

可行性：通过实际的飞行和操作验证，直升机能够高效地去除电线上的积雪。

价值性：这一创新方案解决了长期困扰当地居民的雪灾问题，提高了公共设施的稳定性，具有重要的社会价值。

从这个案例中，我们可以看到：创新并不仅仅是科学实验室中的专利，它也来自生活中对常见问题的创新性解答。

华为技术有限公司是中国的一家全球领先的高科技企业。与其他企业不同，华为长期坚持不上市，保持低调，不炒作自己。创始人任正非更是很少接受媒体采访，保持着低调的企业家形象。

尽管华为的产值远不及国有巨头和房地产公司，但任正非和华为的创新精神却得到了社会的广泛认可。2016年，任正非受邀参加全国科技创新大会，并在会上向两院院士讲解科技创新和创业精神。

华为的成功，正是得益于持续的技术创新和敢于突破的企业文化。华为的创新精神不仅仅体现在技术突破上，更体现在其不追随市场潮流，而是秉持"创新改变世界"的信念。

启示分析

华为的发展展示了创新的三个特征。

差异性：坚持自主研发，走不同于市场的路。

可行性：通过不断投入，华为在全球市场中站稳脚跟。

价值性：华为的创新带来了巨大的社会和经济效益，推动了全球通信技术的发展。

华为的故事表明，创新不仅需要与众不同的思维，更需要坚定不移的执行力。

创新的三个特征：差异性、可行性、价值性。它们对于创新来说是缺一不可，没有差异性就没有创新的起点，有了差异性但是仅仅停留在概念阶段也是纸上谈兵，只有努力去把具有差异性的创新做出来、实现了，这个创新才可能给我们带来物质和精神的价值。

1.5　开启创新的方法——头脑风暴

在工程项目开发过程中，团队成员经常会遇到"卡壳"的阶段。这就需要开启创新与创意最常用的方法——头脑风暴（brainstorming）。

头脑风暴是一种通过集思广益激发创新思维的工具，它特别适合工程设计早期阶段，用于快速生成大量解决方案。正如托马斯·爱迪生所说："天才是1%的灵感，加上99%的汗水。"而头脑风暴，正是帮助我们激发那1%灵感的利器。

头脑风暴是一种集体创造性思维方法，由美国广告大师亚历克斯·奥斯本提出，旨在激发团队成员自由表达观点，突破常规限制，以数量带动质量，寻求创新性解决方案。

核心原则有以下四点。

① 鼓励多产：越多想法越好。

② 不作评判：暂不评价任何观点。

③ 求新求异：鼓励大胆、不同寻常的点子。

④ 借力发展：建立在他人想法的基础上再发展。

在工程实践中，头脑风暴通常包括以下五个步骤。

① 明确问题：选定需解决的工程问题或技术难点。

② 设定目标：设定清晰的思维方向或创新任务。

③ 自由发言：小组成员在规定时间内提出尽可能多的想法。

④ 归类整理：对提出的想法进行分类、整合与初步筛选。

⑤ 评估决策：结合可行性、经济性和创新性选择潜在解决方案。

具体步骤如下所述。

（1）确定一个目标

目标是整个头脑风暴的导航灯塔。一个明确的目标能引导小组聚焦讨论，避免发散跑题。为了提高头脑风暴的效率，目标制定应遵循SMART原则，即目标应具备五个特性，如表1-1所示。

表1-1　目标制定五个特性

英文缩写	中文含义	具体解释
S-specific	具体的、有针对性的	明确所要解决的问题或技术方向，如"降低水处理装置能耗"比"改进设备"更明确
M-measurable	可衡量的	可以通过数据或指标评估结果，如"减少能耗10%以上"
A-achievable	可实现的	目标应在当前技术、资源条件下具备可操作性，具有工程可行性
R-relevant	相关的	与项目主题、课题任务密切相关，避免跑题，如在"智能制造"项目中聚焦生产效率提升
T-time-based	有时限的	设定讨论或目标实现的时间范围，如"在30分钟内提出5个可行性方案"或"设计阶段内完成概念验证"

（2）头脑风暴会场

有效的头脑风暴，需要一个激发创造力的物理或线上空间。

理想会场的要素如下。

环境舒适：空间宽敞、有白板或投影工具，座位呈环形或U形。

氛围轻松：避免正式会议室的压抑感，可以放轻音乐或使用趣味启动活动（如"一分钟疯狂发想"）。

角色设定清晰，具体如下。

主持人：负责引导讨论、控制节奏。

记录员：完整记录所有观点。

时间提醒员：确保流程紧凑有序。

线上平台，如Zoom+Miro、腾讯会议+飞书文档也可替代实体会场，适合远程合作团队。

（3）头脑风暴案例

在《机器人系统设计》课程中，某工程设计小组的任务是为校园服务机器人提出具备实际应用价值的创新功能，提升其服务效率与智能水平。教师鼓励学生采用头脑风暴法进行初期构思。

目标设定（符合SMART原则）：在30分钟的头脑风暴环节中，提出不少于8项可实施的功能性或结构性创新设计方案，用于优化校园服务机器人的性能与用户体验。

specific：聚焦校园服务机器人功能提升。

measurable：数量目标为8项以上。

achievable：考虑当前机器人技术可行性。

relevant：服务对象为校园日常应用场景。

time-based：时间控制在30分钟内完成创意生成。

头脑风暴实施过程如下所述。

会场设置：在智能机器人实验室进行，使用白板与便利贴。

成员分工：主持人1名，记录员1名，发言成员4名。

规则制定：禁止批评他人观点；鼓励发散思维和跨领域联想；可基于他人想法进行扩展；发言方式为自由抢答；全程计时控制在30分钟。

以下为头脑风暴过程中提出的代表性设计创意：

① 可伸缩托盘系统，适应不同尺寸快递盒，实现自动升降装载；

② 人脸识别+语音投递，用户身份识别与自然语言交互结合；

③ 履带/轮式切换底盘，增强在楼梯、草坪等多地形通行能力；

④ 紫外线消毒模块，配送过程中实现包裹外部消毒处理；

⑤ 自学习导航路径规划，结合校园地图进行路径优化与记忆；

⑥ 课表联动导航服务，结合学生课表推送上课提醒并引导至教室；

⑦ 智能问询与导航，在新生季提供实时答疑和引导服务；

⑧ 夜间安全护送功能，集成紧急呼叫与自动伴随功能，保障夜间安全。

随后，他们进行了可行性调研、原型设计与实验测试，为课程项目提交了一套具备真实使用场景的智能服务机器人原型方案。

要提升头脑风暴的效率和质量，注意事项见表1-2。

表1-2 注意事项

注意事项	说明
不作批评	无论观点多么"奇怪"，都不应立刻否定，避免压制思维
欢迎异想天开	工程创新往往源于最初"不可能"的设想
鼓励建构性延伸	鼓励在他人观点基础上继续发展或组合
限定时间	建议每轮控制在15～30分钟，保持紧凑节奏
确保全员参与	主持人应关注沉默成员，鼓励表达
及时记录	使用思维导图、便利贴、录音等方式避免信息遗漏

1.6 创新设计思维

1.6.1 创新方法概述

人类在漫长的进化与发展过程中，逐步掌握了大量关于社会与自然的基本规律。每一次重大的历史进步，本质上都是对客观规律、科学知识和实践经验的创造性运用。创新作为推动科技进步与经济社会发展的核心动力，始终贯穿于人类文明的发展进程之中。唯物辩证法指出，规律是事物内部固有的、本质的、必然的、稳定的联系，具有客观性，既不能被创造，也不能被消灭。因此，作为人类实践活动的重要组成部分，创新活动亦必须遵循其内在的规律性。唯有深入理解并系统总结这些规律，才能形成具有指导意义的创新方法，从而提升创新活动的效率与成功率。

事实上，众多学者和专家自古以来便致力于对创新活动的规律进行系统研究，并取得了丰硕的成果。早在古希腊时期，亚里士多德便提出了归纳与演绎相结合的逻辑方法，为后世科学方法的建立奠定了基础。后人在此基础上，将实验数据进行归纳总结，或通过将复杂问题分解为若干简单要素加以分析，取得了显著成效。这表明，方法是人类对客观规律的把握与反映，是科学理论的外在表现形式。通过劳动与实践，人类不断认识和掌握客观世界的规律，并将其运用于实际操作中，从而形成各种方法。这些方法不仅提升了工作效率，也有效减少了资源的浪费。随着实践的深入，人类对创新活动的规律性的认识逐步上升至理论层面，由此构建了系统的创新方法体系。

自约瑟夫·熊彼特（Joseph Schumpeter）在20世纪初提出"创新"这一核心概念以来，创新逐渐成为学术研究的重要领域，并在理论与实践层面不断深化。现代创新方法正是在对创新规律的系统研究的基础上总结而来。尽管目前国内外尚未对"现代创新方法"形成统一的定义，但其基本特征已被学界广泛认可。概括而言，现代创新方法通常具备以下五个方面的基本特征：

（1）创新方法的基本特征

① 与创新活动密切相关。创新方法作为创新行为的辅助工具，紧密依托于科研、开发、生产等各类创新实践。其应用应当能够在提升创新效率、提高创新成功率或降低创新风险等方面发挥积极作用。

② 具有规范的流程与科学的内在机理。创新方法应具备清晰的操作流程和明确的应用情境，并能够通过相应的理论体系加以解释。例如，某些方法能够增强创新者的思维强度，或影响其对问题的搜索域与搜索速率，体现出方法在认知与实践层面的科学性。

③ 具备较强的普适性。有效的创新方法通常具有跨行业、跨领域的适用性，能够通过系统的培训与引导，在不同类型的组织与企业中推广应用，并产生可衡量的实际成效。

④ 有明确的提出者与研究群体。一种创新方法应当有明确的提出者，其既可以是个人，也可以是研究团队或机构。同时，该方法应在一定范围内获得认可，并持续有学者对其进行研究与实践验证。

⑤ 拥有丰富的成功应用案例。无论何种创新方法，若缺乏大量成功案例的支撑，则难以在学术界和实践中获得广泛接受与应用。

在上述特征的基础上，现代创新方法的科学原理构成了其发挥作用的根本保障。这些方法之所以能够有效推动创新实践，是由于其内在的科学机理对创新过程产生了积极影响。从理论层面来看，创新方法的科学机理主要体现在以下四个方面：

（2）创新方法的科学机理

① 增强创新主体的思维强度。人类的思维活动受到心理和生理因素的双重影响。研究表明，当个体处于受到启发、目标即将达成或竞争性氛围中时，大脑会接收到强烈的激励信号，从而显著提升思维的活跃程度与创造力。例如，头脑风暴法通过营造开放与竞争的思维环境，激发创新者的思维潜力，使其能够迅速产生多样化的创意方案。

② 明确创新目标与问题根源。在许多创新实践中，问题难以解决往往源于对其本质原因的认知不清。创新方法通过系统的问题分析流程，帮助创新主体识别问题的根本原因，明确解决方案的方向，从而提高问题解决的效率。典型的方法包括"5 Why"分析法、5W2H问题分析法、功能分析与功能搜寻，以及TRIZ理论中的"最终理想解"模型等。

③ 扩展创新的搜寻域。现代科技手段，如大数据、云计算与人工智能等，为创新方法的应用提供了新的技术平台。这些技术不仅增强了信息处理与知识获取的能力，还帮助创新者跳出原有经验与领域限制，从更广阔的跨学科知识体系中寻找解决方案，极大地拓展了创新的搜寻空间。

④ 提升搜寻方案的效率与系统性。除了技术工具的辅助，许多创新方法本身也致力于提升搜寻方案的效率。它们通过科学、系统、逻辑性强的步骤设计，帮助创新者避免陷入"思

维 - 设计 - 研发"的线性陷阱，缩短创新路径，节约时间成本。例如，TRIZ 理论作为一套高度系统化的创新方法，通过结构化的创新原则和工具，显著提高了创新过程的逻辑性与可操作性。

创新方法不仅是对创新规律的理论概括与实践总结，更是提升创新能力、实现创新目标的重要手段。在当前知识经济与创新驱动发展的背景下，深入研究和有效应用创新方法，已成为推动科技进步与社会发展的关键路径之一。

1.6.2　TRIZ 创新理论

1.6.2.1　TRIZ 理论概述

在科技文明发展演变的各个历史阶段，人类始终面临着诸多技术性问题。这些技术问题中，相当一部分属于典型的模型化问题，其解决路径通常较为明确，并基于物理学、化学，以及工程技术等基础科学的原理与规律。对于此类结构清晰、原理明确的技术问题，通常仅需查阅相关技术手册或参考标准工程实践即可获得有效解决方案。

然而，当技术系统中出现较为复杂且难以通过常规手段解决的问题时，例如系统存在严重的功能缺陷、缺乏必要的有用功能或引入了有害功能，此时问题已不再属于常规技术问题，而是进入了所谓的发明问题情境（inventive problem situation）。这一类问题的显著特征在于：问题的初始定义往往模糊不清，缺乏明确的解决方向或启示；在尝试解决过程中，常常遭遇看似"不可克服"的技术障碍。其根源在于，现代技术系统通常由多个相互关联的子系统构成，涉及能量、信息、功能等多维度的交互关系。因此，对某一局部进行改进时，往往会导致系统其他部分性能的显著下降，甚至引发新的问题。这类系统性冲突在 TRIZ 理论中被称为技术矛盾（technical contradictions）。

TRIZ 理论（theory of inventive problem solving，发明问题解决理论）由苏联发明家阿奇舒勒（Genrich Altshuller）于 20 世纪 50 年代末创立，其理论基础建立在对技术系统进化规律的系统研究之上。TRIZ 理论认为，技术矛盾并非偶然现象，而是技术系统在演化过程中普遍存在的客观规律。通过识别并揭示这些矛盾，可以将原本模糊的发明问题情境转化为结构清晰、可操作的发明问题，从而为创新活动提供明确的路径与方法。

与传统试错法不同，TRIZ 理论的核心优势在于其系统性与规律性。在面对复杂的发明问题时，TRIZ 理论并非依赖于随机搜索或经验积累，而是通过构建矛盾矩阵、应用创新原理（如分割、组合、反向作用等），以及分析技术系统的进化趋势等手段，从海量的潜在解决方案中高效地识别出最优路径。这种方法不仅显著提高了创新效率，还降低了资源浪费与研发成本。

阿奇舒勒进一步指出，发明过程中所应用的科学原理与创新法则并非凭空产生，而是客观存在于人类已有知识体系中的。大量技术发明所面临的本质问题与矛盾具有高度的共性，TRIZ 理论将其归纳为技术矛盾与物理矛盾（physical contradictions）。这些矛盾在不同技术领域中反复出现，其对应的创新原理与解决方案亦可跨领域迁移与应用。例如，某一原理在机械系统中用于优化结构强度，在电子系统中则可用于提升信号传输效率。

基于这一思想，阿奇舒勒及其团队领导下的苏联专家，历时 50 余年，对数以百万计的专利文献进行了系统化的收集、分析与归纳，从中提炼出具有普适意义的创新原理与方法，最终构建了一整套体系化、可操作、可推广的发明问题解决理论——TRIZ 理论。该理论不仅为技术创新提供了理论依据，也为现代创新方法的发展奠定了坚实基础。

1.6.2.2　TRIZ理论核心思想

自20世纪50年代末由苏联著名发明家阿奇舒勒提出以来，TRIZ理论已历经六十多年的发展历程。随着人类文明的不断演进，尤其是科技水平的持续提升，TRIZ理论逐渐成为现代创新方法论的重要组成部分。作为一种系统化、理论化的创新方法论体系，TRIZ理论不仅为科学研究和工程技术中的复杂问题提供了解决路径，也日益在产品开发、系统优化、技术创新等实践中发挥着关键作用。

（1）TRIZ理论两个核心思想

基于对大量专利文献的系统分析与归纳，阿奇舒勒提出TRIZ理论的两个核心思想，它们不仅奠定了TRIZ理论的理论基础，也指导了其方法论体系的构建。

① 创新原理具有跨领域普适性。阿奇舒勒在研究中发现，不同行业、不同技术系统中所面临的问题，往往可以通过相同的科学原理或创新策略加以解决。这一发现打破了传统创新方法中对"灵感"与"试错"的依赖，强调了对创新规律的系统总结与跨领域迁移。TRIZ理论正是基于这一思想，对全球范围内不同工程领域的专利进行归纳，提炼出40个创新原理（40 inventive principles），并将其推广应用于各类创新场景。

这一原理的提出，使得TRIZ理论成为一种高度抽象化、可迁移性极强的创新方法论。它不仅适用于某一特定技术领域，更能在不同行业之间形成知识的共享与迁移，显著提升了创新效率与成功率。

② 技术系统的发展遵循客观进化规律。在对大量创新案例的分析过程中，阿奇舒勒进一步发现：技术系统或产品的进化并非随机发生，而是遵循一定的客观规律。这些规律表现为技术系统在结构、功能、材料、能量等多个维度上的系统性演化路径。例如，不论是设计一张桌子、一台冰箱，还是一个复杂的切割工具，其进化过程往往呈现出相似的特征，如功能的多样化、结构的柔性化、自动化程度的提高等。

正是由于这些进化规律的存在，不同国家、不同时期的发明者在面对类似问题时，常常会提出相似的解决方案。这一现象表明，技术系统的发展具有可预测性和可引导性。基于此，阿奇舒勒提出了技术系统进化法则（laws of technical system evolution），将系统在进化过程中的规律进行分类与归纳，形成了若干具有指导意义的进化路线。

TRIZ理论中的技术系统进化法则揭示了系统在演化过程中可能遵循的路径，其不仅是对历史经验的总结，更是对未来发展趋势的预测工具。它为工程师在产品设计与系统优化中提供了方向性指导，有助于在技术演进过程中把握关键节点，实现创新突破。

创新原理与技术系统进化法则是TRIZ理论体系中最早形成并具有代表性的两大内容。它们不仅体现了TRIZ理论的两个核心思想，也构成了TRIZ理论所有工具与方法的理论内核。

创新原理为解决技术矛盾提供了通用性方案，帮助创新者在面对复杂问题时，快速识别出可行的解决方案。技术系统进化法则为产品的持续改进提供了演化路径，帮助技术人员预测未来的技术方向，避免盲目研发。

从TRIZ理论的两条核心思想出发，可以得出以下几点重要结论：

① 产品或技术系统的进化具有规律性，其发展过程并非无序，而是遵循可识别的路径；

② 工程矛盾在生产实践中具有重复性，不同领域中可能面临相似的矛盾；

③ 彻底解决矛盾的发明原理具有可掌握性，通过系统学习与训练，可以掌握这些原理并加以应用；

④ 其他学科的科学原理可迁移应用于本领域的技术问题，跨学科的知识整合是TRIZ理

论的重要特征。

TRIZ理论在长期的实践与研究过程中，逐步形成了其基本哲理体系。这些哲理不仅揭示了创新活动的本质规律，也为创新方法的构建与应用提供了理论基础。

（2）TRIZ理论基本哲理的核心原则

TRIZ理论的基本哲理可概括为以下六条核心原则。

① 工程系统的统一发展规律。TRIZ理论认为，所有工程系统的发展均遵循相同的演化规律。这种规律不仅适用于具体的技术产品，也适用于服务系统、管理流程等各类系统。通过识别并应用这些规律，可以有效地分析发明问题、预测技术系统的演进趋势，并为新产品和新系统的开发提供科学依据。该哲理强调，技术系统的发展并非随机事件的累积，而是可建模、可预测、可引导的系统性演化过程。

② 冲突驱动系统演化。如同社会系统的发展往往由矛盾与冲突推动一样，工程系统的演化同样依赖于对冲突的识别与解决。在TRIZ理论中，冲突被视为系统进化的内在驱动力。通过解决系统中的技术矛盾、物理矛盾或资源矛盾，可以推动系统向更高层次发展。因此，创新过程本质上是对系统中冲突的系统化识别与科学化解。

③ 发明问题的冲突本质。TRIZ理论指出，任何一项发明或创新问题都可以形式化为一个冲突问题，即在现有系统（原型系统）中存在某些需求无法被满足，或其满足方式已不再适用。发明问题的本质在于"需求与现有系统之间的不兼容性"。因此，求解发明问题的过程，实际上是在不采用折中方案的前提下，寻求冲突的真正解决路径。TRIZ理论强调，创新不应仅依赖于权衡取舍，而应通过揭示问题根源，实现突破性解决。

④ 跨学科知识的系统整合。为有效解决冲突问题，TRIZ理论强调跨学科知识的系统整合与迁移。在许多情况下，问题的解决并不依赖于本领域的现有知识，而是需要引入工程师尚未掌握或不熟悉的物理、化学、生物、信息等领域的科学效应与原理。TRIZ理论建立了一个涵盖多种科学原理的效应知识库，为创新者提供了解决问题的"原理库"。这一哲理表明，创新的本质是知识的重组与跨领域迁移，而非单纯的技术改进。

⑤ 创新成果的科学评价标准。TRIZ理论提出了一系列用于评估发明创造质量的科学判据，强调创新成果应具有系统性、普适性与可验证性。具体而言，TRIZ理论提出以下三个关键评价维度。

基于专利信息的系统研究。一项高质量的发明创造应当建立在大量专利文献的系统分析基础之上。TRIZ理论认为，基于偶然发现或个别案例的发明往往缺乏理论支撑，难以实现推广与应用。实践表明，许多具有重大影响的发明通常是在对不少于1万至2万项专利信息进行系统归纳与分析后提出的。

发明问题的层级分析。TRIZ理论强调对发明问题进行层级划分与系统分析。低层次的发明往往仅适用于特定情境，缺乏普适性与推广价值，而高层次的发明则具有系统性、创新性与前瞻性，能够适用于更广泛的问题情境。因此，TRIZ理论倡导创新者关注问题的深度与广度，避免陷入低水平、重复性的改进。

基于试验与实践的提炼过程。TRIZ理论认为，真正的创新成果应当来自大量试验与实践的系统总结。只有通过科学实验的验证与系统数据的分析，才能提炼出具有科学依据的创新方法与技术路径。这一原则体现了TRIZ理论对实证研究与方法论严谨性的高度重视。

⑥ 理论与技术系统的生命周期一致性。TRIZ理论指出，理论的生命周期与技术系统的生命周期具有高度一致性。这意味着，任何创新理论的有效性都应与技术系统的发展阶段相匹配。在技术系统的不同发展阶段，所面临的主要矛盾、所需解决的问题类型、可采用的创

新方法也会有所不同。因此，TRIZ理论强调，创新方法的开发与应用应当与技术系统的发展阶段相协调。

此外，TRIZ理论认为，试错法（trial-and-error method）在多数情况下难以产生多个系统性解。这是因为试错法缺乏对问题本质的深入理解，容易陷入局部优化或经验主义的陷阱。相比之下，TRIZ理论通过系统建模与科学分析，能够为复杂问题提供多个可选的创新路径，从而提高创新的效率与成功率。

上述六条基本哲理构成了TRIZ理论的哲学基础与方法论前提。它们不仅为创新问题的建模与求解提供了理论依据，也为创新成果的评估与推广提供了科学标准。TRIZ理论通过揭示创新活动的共性规律，将原本看似随机的发明过程转化为可预测、可操作、可重复的系统性活动。

TRIZ理论的提出，标志着创新方法从经验型向科学化、系统化的转变。它不仅为工程师提供了理论指导，也为企业的产品开发、技术优化和创新管理提供了方法论支撑。在当前创新驱动发展的背景下，TRIZ理论的应用价值日益凸显，特别是在解决传统方法难以处理的复杂技术问题时，TRIZ理论展现出显著的优越性。

通过TRIZ理论，技术人员可以：系统识别并建模技术矛盾；借助发明原理快速生成创新方案；利用进化法则预测产品发展趋势；通过知识使能方法实现跨学科创新。这些方法共同构成了TRIZ理论体系的方法论闭环，为技术创新提供了科学、系统、可操作的路径。

1.6.2.3　TRIZ理论主要内容及方法

从最通俗的意义上讲，创新是指以创造性的方式识别问题并提出解决方案的过程。这一过程不仅体现了人类认知能力的提升，也反映了人类对客观规律的深刻理解和灵活运用。TRIZ理论作为系统化创新方法论，其核心价值在于为创新者提供了一套结构化、理论化、可操作化的工具体系，从而在发现问题与解决问题的过程中实现创造性思维与科学方法论的有机统一。

TRIZ理论并非简单的技巧集合，而是建立在对大量专利与技术创新案例进行系统分析基础上的科学理论体系。它强调对技术系统进行建模、分析和预测，并通过识别和解决系统中的矛盾来实现突破性创新。因此，TRIZ理论的强大作用不仅体现在其方法的系统性与逻辑性，更在于其对创新规律的揭示与创新路径的引导。

（1）TRIZ理论主要内容

现代TRIZ理论体系经过长期的发展与完善，已形成一个多层次、多维度的创新方法论框架。其主要构成内容包括以下几个方面。

① 创新思维方法与问题分析方法。TRIZ理论强调系统化的问题分析与创新思维训练。在问题识别与建模阶段，TRIZ理论提供了多种思维工具与分析方法，如多屏幕法（multi-screen method）等，用于全面分析技术系统的过去、现在与未来状态，以及系统与环境之间的互动关系。

对于更为复杂的技术问题，TRIZ理论引入了物质 - 场分析法（substance-field analysis），这是一种用于建模系统内部相互作用关系的科学工具。通过该方法，可以将系统中的功能关系抽象为由两种物质和一种场构成的三元模型，从而帮助技术人员准确识别系统中的关键矛盾与功能缺陷，为后续的创新提供清晰的问题聚焦。

② 技术系统进化法则。在对数以百万计的专利进行系统分析的基础上，TRIZ理论归纳总结出8个基本技术系统进化法则，揭示了技术系统在演化过程中所遵循的客观规律。这些法则涵盖了系统结构、功能、材料、能量等多个维度，为工程师在产品开发与技术改进中提供了理论预测工具。

通过应用这些进化法则，可以识别当前产品的技术状态，预测其未来可能的发展方向，从而为新产品设计和技术升级提供科学依据。例如，结构动态性进化法则表明，技术系统在演化过程中其结构将由刚性逐渐过渡到柔性，最终趋向于场的实现。这一趋势在许多实际产品中得到了验证，如从传统键盘到柔性硅胶键盘，再到虚拟投影键盘的演变过程。

③ 物质-场分析方法。物质-场分析是TRIZ理论中用于功能建模和问题识别的重要工具。其基本思想是：任何功能都可以分解为两个物质和一个场的相互作用。其中，物质通常指系统中的物理实体，场则表示作用于这些物质之间的能量或信息关系。通过构建物质-场模型，可以清晰地展示系统中各个要素之间的相互作用关系，从而揭示系统中存在的功能缺失、有害作用或无效作用等问题。

该方法在产品设计与功能优化中具有广泛应用。它不仅有助于理解系统内部的结构与功能关系，还能为后续的创新原理应用和矛盾解决提供基础。通过物质-场分析，技术人员可以系统地识别问题的核心所在，并为创新方案的提出提供方向性指导。

④ 创新原理。TRIZ理论认为，不同领域的发明往往遵循相同的科学原理和逻辑。通过对大量专利的归纳与提炼，TRIZ理论提出了40个创新原理，这些原理涵盖了从"分割"到"反向作用"等多种创新策略，为解决技术矛盾提供了通用性解决方案。

每个创新原理都具有明确的应用场景和操作逻辑，能够帮助工程师在面对特定矛盾时，迅速找到可能的创新路径。这些原理不仅适用于某一特定技术领域，更能在跨领域创新中发挥重要作用，体现了TRIZ理论的普适性与系统性。

⑤ 发明问题的标准解法。针对由物质-场分析所构建的不同问题模型，TRIZ理论进一步总结出一系列标准解法（standard solutions），用于指导问题的解决过程。这些解法包括对模型的修正、转换、添加物质或场等策略，具有高度的操作性和适用性。

标准解法的提出，使得TRIZ理论不仅停留在理论层面，而且更具备实践指导功能。通过匹配问题模型与标准解法，技术人员可以快速生成可行的创新方案，显著提升创新效率与成功率。

⑥ 发明问题的解决算法ARIZ。对于复杂、矛盾不明确或涉及多个系统参数的发明问题，TRIZ理论提出了ARIZ（algorithm for the invention of inventive problem solving，发明问题解决算法），作为解决发明问题的系统化逻辑工具。ARIZ是一个非计算性、逻辑性强的分析过程，包含问题识别、问题转化、矛盾揭示、理想解定义等多个步骤。

ARIZ的核心目标是通过问题的逐步再定义与转化，将模糊的、多维度的发明问题转化为结构清晰、可操作的创新任务，最终实现问题的科学解决。该算法在处理高难度、多约束的创新问题时具有显著优势，是TRIZ理论体系中最具代表性的方法之一。

⑦ 科学原理知识库。TRIZ理论体系中还包含一个庞大的科学原理知识库（knowledge base of scientific effects），该知识库基于对物理、化学、几何、生物等多学科领域的数百万项专利文献的系统分析与归纳。通过这一知识库，可以为技术问题的解决提供多样化的原理支持，从而拓展创新者的知识边界，促进跨学科创新。

该知识库的构建不仅体现了TRIZ理论的系统化与数据驱动特征，也为创新实践提供了丰富的方案来源。例如，在材料科学、能源系统、机械工程等领域，已有大量成功案例表明，科学原理知识库的应用能够显著提升创新的科学性与可行性。

TRIZ理论通过系统化的方法论工具，将创新活动从经验驱动转向规律驱动。其理论体系涵盖了从问题识别到解决方案生成的全过程，具有高度的科学性、逻辑性和实用性。TRIZ理论不仅提供了解决技术矛盾的路径，还通过技术系统进化法则揭示了产品演化的客观规律，为创新实践提供了前瞻性指导。

在当前创新驱动发展的背景下，TRIZ理论已被广泛应用于工程设计、产品开发、技术管理等多个领域。它不仅有助于解决复杂技术问题，还能提升企业的创新能力与核心竞争力。因此，TRIZ理论的深入学习与应用，对于推动技术创新、提高研发效率具有重要的理论与实践意义。

TRIZ理论的核心思想在于技术系统进化原理（principle of technical system evolution）。按照这一原理，任何技术系统在其生命周期中始终处于不断演化的状态，而解决技术冲突则是推动其进化的关键驱动力。在技术系统的一般冲突（如性能提升与资源消耗之间的矛盾）被解决后，其进化速度将趋于下降，而要实现技术系统的突破性进化，必须识别并解决那些深层次的、阻碍系统进一步发展的冲突。为系统性地解决这些技术冲突，TRIZ理论构建了一套科学的、可重复使用的问题求解流程。该流程通常包括以下三个阶段：问题模型化（modeling the problem），将实际工程问题转化为TRIZ理论体系中的标准问题模型；模型求解（solving the model），根据问题模型选择相应的TRIZ理论工具与方法，生成解决方案模型；方案具体化（implementing the solution），将抽象的解决方案模型转化为实际可操作的技术方案。这一流程体现了TRIZ理论将抽象建模与具体实践相结合的特点，也反映了其在创新过程中的系统性与逻辑性。

（2）四类问题模型

技术系统在实际运行过程中可能面临的问题形式多种多样，因此，TRIZ理论将这些问题归纳为四类标准问题模型，每类模型对应特定的分析工具与解决策略。这四类问题模型分别如下所述。

① 技术矛盾问题（technical contradictions）。技术矛盾是指在技术系统中，两个技术参数之间存在相互制约的关系。通俗而言，就是在提升某一参数性能的同时，另一参数的性能却不可避免地恶化。例如，提高产品的强度可能会导致其重量增加。

TRIZ理论通过矛盾矩阵（contradiction matrix）将常见的技术矛盾与其对应的创新原理进行映射，从而为创新者提供系统化的启发。在将实际问题转化为技术矛盾后，可以利用矛盾矩阵快速识别出可能的创新原理，再结合工程实际，生成可行的解决方案。

② 物理矛盾问题（physical contradictions）。物理矛盾是指技术系统中的某一参数需要同时满足两种相互排斥的需求。例如，材料需要既坚硬又柔软，或者系统需要同时处于高温与低温状态。

TRIZ理论提出了解决物理矛盾的分离原理（separation principles），即通过将矛盾的需求在空间、时间、条件或整体与部分的维度上进行分离，从而实现矛盾的消解。分离方法包括：空间分离，在系统不同空间位置上满足不同需求；时间分离，在不同时间点上满足不同需求；条件分离，在不同条件下满足不同需求；整体与部分分离，将系统分解为部分，在不同部分上分别满足不同需求。一旦确定了适用的分离方法，便可结合相应的创新原理，进一步生成具体的解决方案模型。

③ 物-场矛盾问题（substance-field contradictions）。物-场矛盾问题是指技术系统中用于实现某一功能的结构要素（即两个物质与一个场的组合）存在功能缺失、有害作用或无效作用等问题。

TRIZ理论通过物质-场分析法（substance-field analysis）对系统功能进行建模，识别问题所在。在此基础上，TRIZ理论提供了76种标准解法，用于指导问题的修正与优化。技术人员可根据所构建的物-场模型，选择对应的标准解法，并结合创新原理，生成具有针对性的解决方案。

④ 知识使能问题（knowledge-based or "How To" problems）。知识使能问题是指通过寻找实现特定技术功能的方法与科学原理来解决的问题。TRIZ理论认为，每一个技术功能都可以用一个简洁的结构句式"SVO"（subject-verb-object，主语 - 谓语 - 宾语）来表达。例如，"电阻丝加热水"中，电阻丝是主语（S），加热是谓语（V），水是宾语（O）。

在解决此类问题时，通常以"VO"（谓语 - 宾语）作为技术功能的描述，然后通过系统检索技术资源信息（即可能的"S"），构建出所有可能实现该功能的组合。这一过程强调了知识的系统性检索与跨领域迁移，为创新者提供了丰富的解决方案来源。

在实际工程实践中，面对具体问题时，应首先对其进行属性识别与根源分析，明确其属于哪一类问题模型。这不仅有助于选择合适的TRIZ理论工具与方法，也能够提升问题求解的效率与准确性。

尽管TRIZ理论允许对同一问题采用不同模型进行求解，但不同模型的出发点和适用范围不同，因此必须具体问题具体分析，例如：若问题表现为两个参数之间的冲突，可优先采用技术矛盾模型；若问题涉及单一参数的矛盾需求，则可采用物理矛盾模型；若问题表现为系统功能的失效，则可采用物 - 场模型；若问题需引入新的科学原理或技术方法，则可采用知识使能模型。通过灵活运用TRIZ理论的多维度问题模型与工具体系，可以生成多种备选方案，并从中选择最优解。这一过程不仅提升了创新的系统性与科学性，也减少了传统试错法中的盲目性，显著提高了研发效率与创新成功率。

TRIZ理论的问题求解流程体现了其理论体系中的建模 - 求解 - 实施三阶段结构，是其从理论走向实践的重要桥梁。通过将实际问题转化为模型，再利用模型求解，最终实现技术系统的优化与创新，TRIZ理论为工程师提供了一种科学化、系统化、可操作化的创新路径。在现代工程教育与创新管理中，TRIZ理论的这一流程已被广泛应用于产品设计、技术优化、系统升级等多个领域。其核心价值在于：通过模型化问题、结构化求解、系统化创新，实现对技术系统矛盾的识别与解决，推动技术系统持续进化。

1.6.3 其他创新理论

1.6.3.1 头脑风暴法

头脑风暴法是一种群体性、创造性思维方法，旨在通过集体讨论激发参与者的创造性思维，从而产生大量新颖、多样的解决方案或创意。该方法由美国心理学家亚历克斯·奥斯本于20世纪50年代提出，最初用于广告创意领域，后被广泛应用于产品设计、问题解决、技术创新等多个领域。

头脑风暴法的核心在于鼓励自由联想，不拘泥于逻辑、经验或传统思维的束缚，通过无批判性的集体思维活动，实现思维的发散与创新的突破。它是一种非结构化的创造性思维工具，强调思维的广度与多样性，尤其适用于问题定义模糊或解决方案尚未明确的创新初期阶段。

（1）头脑风暴法的原理
头脑风暴法的原理主要基于以下两个方面。

① 思维的群体效应。在一个开放、自由的环境中，个体思维受到群体中其他成员创意的激发，从而产生更多的联想和新思路。这种"思维共振"现象是头脑风暴法能够产生大量创意的重要基础。

② 延迟评判原则。头脑风暴法强调在创意产生阶段不进行任何批评或评价，以避免思维的抑制。只有在创意数量达到一定规模后，才进入筛选与优化阶段。这一原则来源于心理学

中的创造性思维理论，认为自由表达是创新思维的必要条件。

（2）头脑风暴的基本原则

为了保证头脑风暴法的实施效果，奥斯本提出了四条基本原则，也被称作"奥斯本原则"或"4F原则"。

① 自由表达原则（free thinking）。所有参与者都可以自由表达自己的想法，无论其是否合理或是否与现有知识相悖。该原则旨在打破传统思维定式，激发新颖的思维方式。

② 大量输出原则（fluency）。鼓励参与者尽可能多地提出想法，数量优先于质量。大量创意的产生有助于扩大创新的广度，并在其中筛选出具有价值的方案。

③ 无批判原则（freedom from judgment）。在创意生成阶段，不允许对任何想法进行批评或否定。这一原则有助于营造开放的创新氛围，避免参与者的思维受到负面反馈的抑制。

④ 结合与完善原则（flexibility and combination）。鼓励对他人提出的创意进行组合、修改与完善，从而形成更具创新性的解决方案。这是头脑风暴法从"发散思维"向"收敛思维"过渡的重要步骤。

（3）头脑风暴的实施阶段

头脑风暴法的实施通常包括以下几个阶段。

① 问题定义阶段。在开始头脑风暴之前，必须对问题进行清晰、明确的定义。问题的表述应简洁、具体，避免过于宽泛或模糊，以确保参与者能够围绕同一目标进行思考。

② 创意生成阶段。在该阶段，参与者被要求自由表达与问题相关的所有可能想法。主持人引导讨论，鼓励大家打破常规思维，提出尽可能多的创意。这一阶段强调"数量优先"，不进行任何评价或筛选。

③ 创意筛选阶段。在创意数量达到一定规模后，进入筛选与优化阶段。参与者对创意进行分类、评价，剔除重复或不切实际的建议，保留具有可行性或创新性的方案。

④ 方案实施阶段。最终选出的创意将被进一步细化、实施。该阶段可能涉及方案的可行性分析、成本评估、技术实现路径等，是将创意转化为实际解决方案的关键环节。

（4）头脑风暴的类型

根据不同的应用场景和实施方式，头脑风暴法可以被划分为多种类型。常见的分类方法包括以下几种。

① 传统头脑风暴法。这是奥斯本最初提出的面对面集体讨论方法，通常由6～10人组成小组，在主持人引导下进行创意生成。该方法强调口头表达与即时反馈，适用于需要快速激发创意的场景。

② 书面头脑风暴法。该方法通过书面表达的方式进行创意生成，每个参与者独立写下自己的想法，随后进行匿名展示与集体讨论。与传统方法相比，书面头脑风暴法更有利于减少群体压力与思维从众现象，适用于需要个体独立思考的创新活动。

③ 电子头脑风暴法（electronic brainstorming）。随着信息技术的发展，头脑风暴法也发展出基于计算机或网络平台的电子形式。参与者通过在线平台提交创意，系统自动汇总并展示。该方法具有无地域限制、匿名性强、记录完整等优点，适合跨地域协作或大规模创意收集的场景。

④ 自由联想式头脑风暴（free association brainstorming）。该方法鼓励参与者通过自由联想的方式提出创意，不设定明确的约束条件。这种方法特别适用于初步探索阶段，旨在激发更多潜在的创新点子。

⑤ 限制性头脑风暴（constrained brainstorming）。与自由联想式相反，限制性头脑风暴在

创意生成阶段设定一定的约束条件，如时间、资源、材料、成本等。该方法适用于资源有限或目标明确的创新场景，有助于聚焦创意方向。

（5）头脑风暴法的优缺点

头脑风暴法：有利于激发集体创造力，产生多样化的解决方案；通过延迟评判，保护创新思维的原始性；适用于问题定义模糊或需要多角度思考的场景；可通过不同变体适应多种创新环境。

尽管头脑风暴法具有较强的创意激发能力，但其在系统性与可重复性方面存在一定局限：该方法可能受群体思维（groupthink）影响，导致创意趋同；创意数量多但质量参差不齐，需要进一步筛选；依赖主持人的能力与群体氛围，实施效果可能不稳定；对于复杂技术问题或系统性矛盾的解决能力有限。

1.6.3.2 列举法

列举法是一种系统化思维方法，其核心思想是通过有条理地罗列相关要素，从多个维度对问题进行分解与分析，从而激发创新思维并提出改进方案。该方法在创新思维训练、产品功能优化、问题识别与解决等领域具有广泛的应用价值。列举法强调全面性、系统性与可操作性，通过将问题对象拆解为若干可列举的要素，为创新活动提供结构化的思考路径。

列举法的理论基础主要来源于系统思维与组合创新理论。其基本原理包括：系统分解原理，将复杂对象或问题分解为若干可操作的要素，便于逐一分析与改进；组合创新原理，通过不同要素的排列组合，产生新的功能或结构形式；属性覆盖原理，确保所有关键属性均被覆盖，避免遗漏重要创新方向；思维可视化原理，通过列举的方式，将抽象思维具象化，提高思维的清晰度与可追溯性。这些原理共同支撑了列举法在创新过程中的作用，使其成为一种结构化、可操作性强的创新方法。

（1）列举法应用的基本原则

为确保列举法的有效实施与创新成果的质量，其应用过程中需遵循以下几项基本原则。

① 全面性原则。在列举过程中应尽可能涵盖所有可能的属性、功能、结构和材料，避免遗漏关键要素。全面性是确保创新广度的基础。

② 系统性原则。所有列举内容应按照一定的逻辑顺序进行组织，形成系统化的信息结构，便于后续分析与组合。

③ 多样性原则。鼓励在列举中提出多种不同的方案或属性，以增强创新的多样性与可选性。

④ 可操作性原则。所列举的属性或功能应具备实际应用的可能性，避免提出过于抽象或无法实现的要素。

⑤ 启发性原则。列举的目的是激发创新思维，因此所列举的要素应具有启发性，能够引导思考者从不同角度进行联想与拓展。

（2）列举法的实施过程

列举法的实施通常构成一个由分析到创新的系统化流程，下面以智能手表设计为例，简单介绍列举法的实施过程。

① 明确目标与对象。首先，需要明确创新的目标与研究对象。例如，在产品功能优化中，目标可能是提升用户体验，对象可以是智能手表的交互方式。

② 确定列举维度。根据问题的性质，选择合适的列举维度。常见的维度包括功能维度（如操作、显示、控制、反馈等），结构维度（如材料、形状、连接方式等），属性维度（如重量、尺寸、颜色、耐久性等），使用场景维度（如室内、户外、移动、固定等）。

③ 有条理地列举要素。在确定维度后，进行系统性的要素列举。例如，针对"智能手表的功能"这一维度，可以列举出时间显示、健康监测、通信功能、电池续航、外观设计、用户交互方式等。

④ 分析与组合创新。在完成要素列举后，进一步对所列内容进行功能分析、问题识别与组合创新。例如，通过组合健康监测与通信功能，可以提出"健康数据自动上传至云端并通知家属"的创新方案。

⑤ 优化与筛选方案。在产生多个组合方案后，需对方案进行优化与筛选，剔除不可行或重复的创意，保留具有创新性与实用性的方案，作为最终的实施建议。

（3）列举法的分类

根据列举维度与实施方式的不同，列举法可以划分为以下几类。

① 功能列举法。该方法以功能为列举核心，通过分析对象的全部功能或潜在功能，提出功能改进或功能组合的创新方案。例如，在手机设计中，可列举其现有功能与用户潜在需求功能，提出新增功能的建议。

② 属性列举法。属性列举法以产品或系统的属性特征为列举对象，如尺寸、形状、材料、颜色、温度、压力等。通过分析这些属性的可变性，寻找优化或创新的路径。例如，通过改变手机的厚度或材质，可实现轻量化与个性化设计。

③ 缺点列举法。该方法以识别现有系统或产品的缺点为出发点，通过列举问题或不足，提出改进方案。例如，列举传统键盘的缺点，如体积大、易损坏、不便于携带等，从而提出柔性键盘或虚拟键盘的解决方案。

④ 希望点列举法。希望点列举法强调用户需求与期望的收集，通过列举用户对产品或服务的希望点，寻找满足这些希望点的创新方案。例如，用户希望手机电池更耐用、屏幕更大、价格更便宜等，这些希望点可以引导技术团队进行系统性创新设计。

⑤ 组合列举法。该方法通过对多个维度的要素进行交叉组合，产生新的功能或结构形式。例如，将材料列举与结构列举相结合，可以提出轻质高强度的新材料结构方案。

列举法是一种以系统化思维为基础的创新方法，其核心在于全面、系统地罗列相关要素，并通过对这些要素的分析与组合，提出改进或创新方案。根据不同的应用目标，列举法可细分为功能、属性、缺点、希望点与组合列举法等类型，每种方法在创新实践中具有特定的适用场景。列举法通过系统化列举，使创新过程更加清晰、有条理，适用于各类创新活动，具有低门槛与高可操作性，可系统地覆盖问题对象的多个方面，避免遗漏关键创新点，通过要素列举，可以激发创新者从不同角度进行思考，在问题尚未明确或需求尚不清晰时，列举法能够帮助形成初步的创新方向。

尽管列举法具有操作简便、启发性强、覆盖面广等优势，但其在创新深度、系统分析能力与跨领域迁移能力方面存在一定局限：列举法主要适用于功能、结构或属性层面的改进，对于复杂系统性问题或深层次矛盾的解决效果较弱；列举的全面性与启发性往往依赖于创新者的知识广度与经验积累；由于列举维度较多，组合后可能出现大量重复或不可行的方案，需要进一步筛选；列举法本身不提供深层次的矛盾分析或建模工具，在面对复杂工程问题时，需与其他方法结合使用；列举法通常基于某一特定领域进行要素分析，在跨学科创新中的应用受到限制。

1.6.3.3　联想法

联想法是一种通过类比、联想、隐喻或意象激发创造性思维的创新方法，其核心在于利用已知信息与未知问题之间的关联性，通过心理联想机制生成新的创意或解决方案。联想法强调从已有知识出发，通过联想建立跨领域、跨对象的思维桥梁，从而突破传统思维定式，实现创新突破。在现代创新方法体系中，联想法常用于产品设计、技术开发、服务创新等领域的创意激发与方案生成阶段。

联想法的理论基础主要来源于心理学中的联想机制及认知科学中的类比推理理论。其基本原理包括以下几点：联想的多样性，人类思维具有高度的联想能力，能够从一个概念跳跃到另一个看似无关的概念，这种跳跃往往能激发创新灵感；类比的启发性，通过类比不同领域的对象或现象，可以揭示隐藏的相似性与潜在的创新路径；隐喻的结构映射，通过将某一对象的结构特征映射到另一对象，可以引导创新者从新的视角审视问题；意象的具象化引导，通过构建具体的意象或情境，可以激发创新者对问题的直观感受与联想能力。联想法的本质在于利用已有知识的激活与跨领域联想的引导，使创新思维从线性逻辑走向非线性发散，从而突破思维瓶颈。

（1）联想法应遵循的基本原则

为了确保联想法的有效实施与创新成果的科学性，其应用过程中需遵循以下基本原则。

① 跨领域联想原则。鼓励从不同领域、不同学科中寻找灵感，避免局限于单一知识背景。

② 自由联想原则。在联想过程中，应保持思维的开放性与自由度，不局限于逻辑与常识，以激发更多创意。

③ 结构映射原则。通过将某一对象的结构特征与目标问题进行类比与映射，引导创新者构建新的解决方案框架。

④ 隐喻引导原则。利用隐喻、比喻或象征性表达，帮助创新者从抽象到具象、从已知到未知进行思维迁移。

⑤ 情境驱动原则。通过构建具体的情境或意象，激发创新者的感性思维与直觉判断，从而拓展问题的解决路径。

（2）联想法实施步骤

联想法的实施过程通常包括以下几个阶段，形成一个从联想激发到创意生成的系统化流程。

① 明确问题与目标。在实施联想法之前，需对问题进行清晰界定与目标分析。明确问题的类型、约束条件，以及期望的创新方向，有助于后续联想的聚焦与引导。

② 确定联想对象与维度。根据问题特征，选择若干具有启发性的联想对象，这些对象可以是自然现象、日常生活物品、艺术作品、历史案例等。同时，确定联想的维度，如功能、结构、材料、形态、行为方式等。

③ 进行联想与类比。在明确目标与对象后，通过自由联想与类比推理，将目标问题与联想对象进行对比，寻找二者之间的相似性与差异性。这一过程可以通过隐喻、意象、功能映射等方式实现。

④ 生成创意与方案。通过联想与类比，生成一系列初步的创意或方案。这些方案可能来源于对联想对象的直接借鉴，也可能通过结构重组或功能迁移形成新的设计思路。

⑤ 优化与筛选方案。在创意生成后，需对方案进行可行性分析、优化与筛选。这一阶段可结合其他创新方法，如头脑风暴法、TRIZ理论、功能分析法等，对方案进行系统化评估与改进。

（3）联想法的类型

根据联想的触发方式、对象来源与实施形式的不同，联想法可进一步划分为以下几种主要类型。

① 自由联想法。自由联想法强调无约束的思维跳跃，不设特定联想对象，仅提供问题背景，引导创新者进行开放式的联想与创意生成。该方法适用于问题定义模糊、需求不明确的早期创新阶段。

② 强制联想法。强制联想法通过人为设定两个或多个看似不相关的对象，要求创新者在二者之间建立联系。例如，将"鱼"与"手机"进行联想，从而提出"防水手机"或"鱼形手机外壳"等创新方案。该方法有助于打破思维定式，激发非传统创意。

③ 隐喻联想法。隐喻联想法以隐喻与象征性表达为手段，通过构建一个抽象或具象的隐喻模型，引导创新者从新的视角审视问题。例如，将"城市交通拥堵问题"隐喻为"血管阻塞"，从而启发"交通分流"与"智能信号系统"的设计思路。

④ 意象联想法。意象联想法强调通过构建意象或情境，激发创新者的直觉思维与感性联想。例如，通过描绘"未来的教室"意象，引导设计者思考智能化、沉浸式教学设备的创新方向。

⑤ 跨领域联想法。跨领域联想法以跨学科、跨行业对象为联想来源，通过不同领域的知识迁移，实现创新突破。例如，从航空工程中的"空气动力学"迁移到建筑领域，提出"风洞优化建筑外形"的创新设计思路。

（4）联想法的优缺点

联想法是一种以跨领域联想与类比推理为基础的创新方法，其核心在于通过已有知识的激活与跨对象的映射，引导创新者突破思维定式，提出新的解决方案。联想法的优点：思维发散性强，通过联想机制，能够突破常规思维，激发多样化的创新方案；启发来源广泛，可从自然、社会、艺术、历史等多个领域中提取灵感，拓展创新视野；操作简便，不需要复杂的工具或技术，便于在团队中快速实施；促进跨学科创新，通过知识迁移，有助于实现不同领域之间的协同创新；提升思维灵活性，通过不同对象之间的类比，可以增强创新者的思维迁移能力与问题解决能力。

尽管联想法具有操作简便、启发性强、来源广泛等优点，但在系统性、可重复性与理论深度方面存在一定局限：由于联想的随机性，生成的创意可能缺乏逻辑性与可操作性；创新成果的质量往往依赖于创新者知识的广度与深度，知识结构单一者难以产生高质量联想；联想过程可能受到个人经验与偏好的影响，导致创新方向偏离实际需求；联想法主要适用于功能、结构或形态层面的创新，对于系统性技术矛盾的解决能力较弱；相较于TRIZ理论等系统化创新方法，联想法缺乏理论建模与系统分析工具，创新过程不易重复与推广。

1.6.3.4　设问法

设问法是一种以提出问题为核心手段的创新方法，其基本思想是通过系统化的提问策略，引导创新者从不同角度审视问题，激发深层次思考，从而发现潜在的改进空间与创新机会。设问法强调问题驱动思维，通过设计一系列有针对性的问题，推动创新者突破原有思维框架，探索新的解决方案。

设问法不仅是一种思维工具，更是一种结构化的问题引导机制，在产品开发、技术改进、服务创新及系统优化等领域具有广泛的应用价值。设问法的典型代表包括5W1H法、奥斯本检核表法（Osborn checklist method）、SCAMPER法等，这些方法均通过设问的方式引导创新思维的展开。

设问法的理论基础主要来源于认知心理学中的问题驱动学习与创造性思维中的启发式方法。其基本原理包括：问题驱动原理，通过提出一系列关键问题，引导创新者从问题出发，探索可能的解决方案路径；思维引导原理，设问法通过预设的思维引导框架，帮助创新者系统性地展开联想与分析；多角度审视原理，设问法鼓励从功能、结构、材料、使用方式、应用场景等多个维度进行提问，从而实现对问题的全面剖析；逆向思维原理，部分设问法采用反向提问，即从"是否可以取消""是否可以颠倒"等角度出发，引导创新者突破常规思维；启发性原理，设问法通过设计具有启发性的问题，促使创新者产生新的想法与解决方案。

（1）设问法应遵循的原则

为确保设问法的实施效果与创新成果的科学性，其应用过程中需遵循以下基本原则。

① 问题导向原则。所有设问都应围绕具体问题或目标对象展开，避免泛泛而谈，确保思维的针对性。

② 系统性提问原则。提问应具有系统性与逻辑性，避免随机发问，以确保创新路径的完整性与可追踪性。

③ 多维度设问原则。鼓励从功能、结构、材料、方式、环境、时间、成本等多个维度提出问题，以增强创新思维的广度与深度。

④ 启发性与开放性原则。提问应具有启发性与开放性，鼓励创新者跳出常规思维，探索新的可能性。

⑤ 问题与解决方案的对应原则。每一个问题都应指向一个可能的改进方向或创新机会，以增强设问法的实践指导价值。

（2）设问法实施步骤

设问法的实施通常包括以下几个阶段，形成一个由问题引导到方案生成的系统化流程。

① 明确目标与对象。在应用设问法前，需对创新目标与研究对象进行明确界定。例如，若目标是优化某一产品的设计，则需确定产品的功能、结构、使用方式等关键属性。

② 构建设问框架。根据问题的性质与创新目标，构建一个结构化的设问框架。该框架可基于常见的设问模型，如5W1H、SCAMPER、奥斯本检核表等，也可以根据具体需求进行定制。

③ 系统化提问。在构建设问框架后，依次提出各个问题，并对每个问题进行深入分析与思考。例如，对于"是否可以改变材料"这一问题，创新者可以思考使用新材料是否能提升产品性能或降低成本。

④ 生成创意与方案。通过回答设问，创新者可以生成多个初步创意或改进方案。这些方案可能源于对问题的直接回应，也可能通过问题之间的逻辑关联形成新的设计思路。

⑤ 评估与优化方案。在方案生成后，需对方案进行可行性评估与优化。这一步骤可结合其他创新方法，如头脑风暴法、功能分析法、TRIZ理论中的矛盾分析等，进一步完善创意。

（3）设问法的类型

根据提问的结构、内容与目的的不同，设问法可划分为以下几种主要类型。

① 5W1H设问法。5W1H设问法是一种基础性的提问策略，其提问框架包括以下内容。

Who（谁）：谁在使用该产品？谁可以改进该产品？

What（什么）：产品的功能是什么？是否可以改变功能？

When（何时）：产品在何时使用？是否可以改变使用时间？

Where（何地）：产品在何地使用？是否可以改变使用环境？

Why（为何）：为什么这样设计？是否有更好的方式？

How（如何）：如何实现该功能？是否可以采用其他实现方式？

该方法通过六个基本问题，引导创新者从多个角度思考问题，适用于初步问题分析与创意激发。

② 奥斯本检核表法。奥斯本检核表法由亚历克斯·奥斯本提出，是一种标准化的设问工具，通过一系列固定问题引导创新思维。其典型问题包括：

能否将该功能与其他功能合并？

能否将该产品简化？

能否将该结构颠倒？

能否将该材料替换？

能否将该产品适应化？

能否将该功能放大或缩小？

这些问题具有启发性与通用性，适用于多种创新场景，尤其适合产品设计与功能改进。

③ SCAMPER法。SCAMPER是一种系统化的设问模型，其名称由以下七个动词或词组的首字母组成。

S（substitute，代替）：能否替代某些部分或材料？

C（combine，结合）：能否将某些部分进行组合？

A（adapt，改编）：能否借鉴其他领域的方案进行适配？

M（modify，修改）：能否对该产品进行修改或变形？

P（put to other use，用于其他用途）：能否将该产品用于其他用途？

E（Eliminate，消除）：能否去除某些部分或功能？

R（reverse，颠倒）：能否将该产品或功能进行倒置？

SCAMPER法强调功能与结构的再设计，是一种以问题引导重构与再发明的创新方法。

④ 逆向设问法。逆向设问法通过反向思维引导创新者从"如何使产品失效""如何使流程中断"等角度进行提问，从而发现潜在的改进点与创新机会。该方法适用于系统优化与问题诊断，有助于识别隐藏的缺陷与改进空间。

⑤ 引导式设问法（guided questioning method）。引导式设问法通过设计一系列具有引导性的问题，帮助创新者逐步深入问题本质。例如，在产品功能优化中，可以依次提问：

该功能的当前实现方式是什么？

是否有更高效的方式？

是否可以引入新的材料或技术？

是否可以简化操作流程？

该方法强调问题的逐步递进与逻辑引导，适用于系统性创新与技术改进。

（4）设问法的优缺点

设问法是一种以问题引导创新为核心手段的创新方法，其通过系统化、结构化的提问策略，激发创新者从不同角度进行思考，从而发现潜在的改进空间与创新机会。设问法优点：思维引导性强，通过系统化的问题框架，引导创新者从多个角度进行思考；操作简便，通常不需要复杂工具，便于在团队讨论或个人思考中实施；适用范围广，可应用于产品设计、服务创新、流程优化等多种创新场景；促进深度思考，通过层层递进的问题，促使创新者深入挖掘问题本质；易于教学与实践，设问法的结构化问题便于教学演示与学生实践操作，在高等教育中具有良好的应用前景。

尽管设问法具有操作简便、思维引导性强、适用范围广等优点，但在问题设计质量、创新深度、系统分析能力等方面存在一定局限：设问法依赖问题设计质量，设问法的效果在很大程度上取决于问题的设置是否科学、全面，设计不当可能导致思维局限；可能陷入形式化，若仅机械地回答问题，可能缺乏创新深度，导致思维僵化；缺乏系统分析工具，设问法本身不提供矛盾分析或系统建模工具，在面对复杂问题时需与其他方法结合使用；难以量化评估，设问法的创新成果难以通过量化指标进行评估，创新质量依赖于主观判断；创新路径可能重复，由于问题框架的固定性，可能导致创意重复或缺乏新颖性。

1.6.3.5　系统提问法

系统提问法是一种以结构化问题序列为基础的创新思维引导方法，旨在通过有逻辑、有层次的问题设计，激发创新者对问题的深入思考，从而系统性地提出创新方案。与一般的设问法不同，系统提问法强调问题之间的逻辑关联性与系统性，通过一系列递进性问题引导创新者从问题识别、需求分析到方案生成的全过程。

系统提问法广泛应用于产品设计、技术改进、服务优化、流程重构等创新活动中，是一种促进创新思维系统化与逻辑化的工具。其核心在于通过系统化的提问框架，引导创新者突破思维定式，发现潜在的问题空间与创新机会。

（1）系统提问法的基本原理

系统提问法的理论基础建立在系统思维、问题解决理论与认知引导机制之上，其基本原理包括以下内容。

① 系统性思维原理。将问题看作一个系统，通过多维度、多层级地提问，揭示系统内部的结构关系与矛盾点。

② 问题引导原理。通过设计一系列引导性问题，帮助创新者从问题表象深入到问题本质，引导其思维向创新方向发展。

③ 递进式认知原理。问题的提出具有递进性与逻辑性，从问题识别到方案生成，逐步推进创新过程。

④ 功能与结构映射原理。通过提问引导创新者分析产品或系统的功能需求与结构实现之间的匹配关系。

⑤ 创新路径的可追踪性原理。由于问题具有明确的逻辑结构，因此其创新路径具有可追踪性与可复现性，便于知识积累与方法传承。

（2）系统提问应遵循的基本原则

为确保系统提问法的有效性与科学性，其实施过程中需遵循以下基本原则。

① 系统性原则。所有问题应围绕创新对象构成一个系统化的提问体系，避免孤立发问。

② 递进性原则。提问应具有层次性与逻辑性，从表层问题逐步深入到核心问题，引导创新者系统性地分析问题。

③ 目标导向原则。所有设问应围绕创新目标与需求进行设计，确保提问具有明确的方向性与目的性。

④ 启发性与开放性原则。问题应具有启发性，能够激发创新者的想象力与创造力，同时保持开放性，不设唯一答案。

⑤ 多维度设问原则。鼓励从功能、结构、材料、用户需求、环境适应性、成本控制等多个维度提出问题，以增强创新思维的广度与深度。

⑥ 问题与方案的映射原则。每一个问题都应指向一个潜在的创新机会或改进方向，确保设问具有实践价值。

（3）系统提问法实施步骤

系统提问法的实施过程通常包括以下几个阶段，形成一个由问题驱动到方案生成的系统化流程。

① 明确创新目标与对象。在实施系统提问法前，需对创新目标与研究对象进行清晰界定。明确对象的功能、结构、使用方式等基本属性，有助于后续问题的设计与分析。

② 构建提问体系。根据对象的特征与创新目标，构建一个结构化的提问体系。该体系通常包括问题分类、问题层级与问题逻辑结构，确保提问具有系统性与逻辑性。例如，可以将问题分为"功能问题""结构问题""材料问题""交互问题"等类别，并在每类问题下设计多个子问题。

③ 逐层提问与分析。在提问体系构建完成后，按照问题的逻辑顺序，逐层提出问题，并引导创新者进行系统分析与思考。例如，从"当前功能是否满足用户需求"到"如何优化功能实现方式"，再到"是否可引入新材料实现更优性能"等。

④ 生成初步创意与方案。通过系统提问，创新者能够逐步发现潜在的改进方向与创新机会，从而生成初步的创意或方案。这些问题往往引导创新者从多个角度思考，避免思维单一化。

⑤ 评估与优化方案。在创意生成后，需对方案进行可行性评估、逻辑检验与优化。此阶段可结合功能分析、技术矛盾分析、可行性评价等方法，对方案进行系统筛选与完善。

（4）系统提问法的类型

根据提问的结构、目的与应用方式的不同，系统提问法可进一步划分为以下几种主要类型。

① 功能导向系统提问法。以产品或系统的功能实现为核心，设计围绕功能改进、功能扩展、功能替代等问题的提问体系，例如：当前功能是否满足需求？是否可以增加新功能？是否可以去除冗余功能？是否可以与其他功能合并？适用于产品功能优化与再设计，强调功能的系统性分析。

② 结构导向系统提问法。围绕结构设计与实现方式进行系统提问，引导创新者思考结构的可变性与优化空间，例如：当前结构是否合理？是否可以简化结构？是否可以改变结构材料？是否可以采用模块化结构设计？该方法适用于机械系统、建筑结构、电子产品等对结构优化有需求的领域。

③ 材料导向系统提问法。针对材料选择与性能进行系统提问，引导创新者从材料特性、替代材料、材料组合等方面思考改进方案，例如：当前材料是否满足性能需求？是否可以采用新型材料？是否可以进行材料复合处理？是否可以使用生物材料或可降解材料？适用于材料科学、绿色设计、环保产品开发等场景。

④ 用户导向系统提问法。以用户需求与使用体验为核心进行提问，引导创新者从用户视角出发，识别改进机会，例如：用户在使用过程中遇到了哪些问题？用户对现有功能有哪些不满？是否可以设计得更符合人体工学的结构？是否可以优化人机交互方式？该方法强调以用户为中心的创新路径，在服务设计与产品开发中具有广泛应用价值。

⑤ 跨系统提问法。通过将其他系统或领域的特性引入当前系统，构建跨领域的问题框架，例如：该系统在航空领域的对应设计是怎样的？是否可以借鉴生物系统的结构特性？是否可以应用智能制造中的模块化思想？该方法强调跨学科与跨领域知识迁移，有助于实现融合性创新。

（5）系统提问法的优缺点

系统提问法是一种以结构化问题体系为手段的创新思维方法，其核心在于通过系统性、递进式的提问，引导创新者从问题识别到方案生成的全过程。系统提问法优点：思维引导性强，通过结构化问题，引导创新者系统性地分析问题本质；逻辑清晰、路径可追踪，问题体系具有递进性与层次性，便于创新路径的记录与复现；操作简便，不需要复杂工具，适合团队协作与个人思维训练；适用于早期创新阶段，能够帮助创新者识别问题空间与创新机会；

促进深度思考，通过层层提问，促使创新者深入挖掘问题的潜在矛盾与改进方向；教学与实践兼容性强，由于问题体系结构清晰，便于在高等教育中作为创新思维训练工具。

尽管系统提问法具有操作简便、逻辑清晰、引导性强等优点，但在问题设计质量、创新自由度与系统分析深度方面存在一定局限：系统提问法依赖问题设计质量，若问题体系设计不合理，可能引导创新者进入思维误区；创新结果可能受限，由于问题具有结构化与引导性，可能限制思维的自由度，导致创新结果趋同；缺乏矛盾分析工具，系统提问法本身不提供矛盾识别与解决机制，在处理复杂矛盾时需与其他方法结合使用；难以应对高度复杂系统，对于高度复杂、多变量交互的问题系统，系统提问法可能难以覆盖所有关键因素；主观性较强，创新结果往往依赖于提问者的知识背景与思维习惯，缺乏统一的评价标准。

1.6.3.6 形态分析法

形态分析法（morphological analysis method，简称形态分析）是一种系统化的组合创新方法，其核心在于通过分解系统要素并构建其可能的组合形态，从而生成多种潜在的解决方案。该方法由瑞士天文学家兹维基（Fritz Zwicky）于20世纪40年代提出，最初用于天体物理研究，后被广泛应用于产品设计、技术开发、系统优化等领域。

形态分析法强调结构化思维与要素组合的逻辑性，通过将问题对象拆解为若干关键变量，并为每个变量列举出多种可能的实现方式，最终形成一个多维变量组合矩阵，用于系统分析与方案生成。该方法不仅能够激发创新思维，还能够系统评估方案的可行性与创新性，是一种兼具发散性与收敛性的创新工具。

（1）形态分析法的基本原理

形态分析法的理论基础建立在系统工程学、组合数学与多变量决策分析之上，其基本原理包括以下几个方面。

① 系统分解原理。将复杂系统或问题对象分解为若干关键变量，每个变量代表系统的一个维度。

② 变量组合原理。通过变量之间的交叉组合，生成所有可能的解决方案形态。

③ 多维分析原理。在分析过程中，考虑多个变量之间的相互作用与影响，避免单一维度的思维局限。

④ 逻辑完整性原理。确保所列举的变量及其可能形态具有逻辑完整性与覆盖性，以提高创新路径的全面性。

⑤ 方案筛选原理。在组合分析的基础上，通过可行性分析与评价机制，筛选出最优或最具潜力的方案。

（2）形态分析法应遵循的基本原则

为确保形态分析法的有效实施与创新成果的科学性，其应用过程中需遵循以下基本原则。

① 变量选择原则。所选变量应能够涵盖系统的主要功能、结构、材料、工艺等关键维度，确保分析的全面性。

② 形态穷尽原则。对于每个变量，应尽可能穷尽其所有可能的实现方式或形态，以避免遗漏潜在创新路径。

③ 组合逻辑性原则。变量之间的组合应具有逻辑可行性与技术合理性，排除明显不可行的组合形态。

④ 多维分析原则。在分析过程中，需综合考虑变量之间的相互影响与约束条件，以提升方案的系统性与实用性。

⑤ 目标导向原则。形态分析应围绕特定的创新目标进行，避免无目的的组合生成。

⑥ 可操作性原则。所生成的方案应具有实际应用的可能性，便于后续的实验验证与工程实现。

（3）举例说明形态分析法的实施步骤

形态分析法的实施构成一个由分解到组合、由发散到收敛的系统化流程，下面以医疗设备设计为例，简单介绍形态分析法的实施过程。

① 明确问题与创新目标。在应用形态分析法前，需对问题背景与创新目标进行明确界定。例如，若目标是设计一款新型便携式医疗设备，则需明确其核心功能、使用场景、目标用户等关键信息。

② 系统分解与变量确定。将问题对象分解为若干关键变量，每个变量代表系统的一个可变维度。例如，对于便携式医疗设备，可能的变量包括功能（如监测、报警、记录等）、材料（如金属、塑料、复合材料等）、供电方式（如电池、太阳能、USB 充电等）、通信方式（如蓝牙、Wi-Fi、有线连接等）、用户界面（如触摸屏、语音控制、按键操作等）。

③ 列举各变量的可能形态。对每个变量分别列举出可能的实现形态。例如，"功能"变量可能包括血压监测、心率检测、血氧测量、数据同步功能、远程报警功能等。这一过程要求创新者具备跨领域知识储备，以便提出多样化的实现方式。

④ 构建形态矩阵。将所有变量及其形态组合成一个形态矩阵，形成一个多维组合空间。每一行代表一个变量，每一列代表一个变量组合的方案。通过矩阵的构建，可以系统化地展示所有可能的组合方案。

⑤ 分析组合方案的可行性。对形态矩阵中的各个组合方案进行可行性分析与筛选，评估其技术可行性、经济性、用户体验、环境适应性等因素。此阶段可通过专家评审、用户调研、技术验证等方式进行。

⑥ 优化并选择最终方案。在可行性分析的基础上，对方案进行进一步优化，综合考虑创新性与实用性，最终选择最优或最具潜力的组合方案，作为创新成果的实施建议。

（4）形态分析法的类型

根据分析对象的复杂性、变量数量及组合方式的不同，形态分析法可进一步划分为以下几种类型。

① 传统形态分析法。适用于变量数量较少（通常在5～10个变量之间）的问题系统。其组合矩阵较为直观，适合产品功能设计、结构优化等场景。例如，在设计一款智能笔时，可对笔的功能、材料、供电方式、连接方式等变量进行形态分析，生成多个组合方案。

② 多维形态分析法。当系统变量较多或相互作用复杂时，可采用多维形态分析法，通过多变量交互分析模型评估组合方案的可行性。例如，在开发智能医疗系统时，需考虑硬件、软件、通信、数据安全、用户界面等多个维度的组合关系。

③ 模糊形态分析法。适用于变量之间关系不明确或存在不确定性的创新问题。该方法引入模糊逻辑与权重分析，对变量组合进行模糊评估与优先级排序。例如，在绿色建筑设计中，变量如能耗、材料环保性、施工难度等可能存在模糊性，适合采用模糊形态分析法进行方案评估。

④ 用户导向形态分析法。以用户需求与使用场景为核心变量，构建形态矩阵。该方法强调以用户为中心的创新路径，通过分析用户对不同功能、结构、交互方式的偏好，生成符合用户期望的创新方案。例如，在设计智能穿戴设备时，可结合用户反馈，对功能组合进行优化。

⑤ 技术导向形态分析法。以技术参数与实现方式为主要变量，适用于技术系统优化。例

如，在机械系统设计中，变量可包括传动方式、材料强度、加工工艺等，通过形态分析生成多种结构组合方案。

（5）形态分析法优缺点

形态分析法是一种以系统分解与变量组合为基础的创新方法，其核心在于通过构建多维形态矩阵，系统地生成并评估多种可能的解决方案。形态分析法优点：系统性强，通过变量分解与形态组合，形成完整的创新路径体系；逻辑清晰，形态矩阵的构建使创新方案具有可追溯性与可重复性；操作灵活，适用于多变量系统，且可根据需求扩展变量与形态；促进跨领域创新，通过引入不同领域的变量与形态，实现知识迁移与创新融合；适合团队协作，形态分析法的结构化过程便于多人参与分工协作；教学应用性强，由于其逻辑清晰、步骤明确，形态分析法在高等教育创新课程中具有良好的教学与实践结合性。

尽管形态分析法具有系统性强、逻辑清晰、操作灵活等优点，但在变量选取、组合数量、创新深度与主观判断等方面存在一定局限：形态分析法变量选取复杂，变量的选取与划分需要较强的系统分析能力，否则可能导致组合空间过于庞大或遗漏关键要素；组合数量爆炸，当变量与形态较多时，组合数量呈指数级增长，分析与筛选过程复杂；依赖主观判断，在可行性分析与方案筛选阶段，主观性较强，缺乏客观量化标准；创新深度有限，形态分析法主要适用于已有技术路径的组合创新，对于突破性创新的启发性较弱；对知识储备要求高，创新者需具备多领域知识，否则难以提出合理的形态组合；难以处理非线性关系，当变量之间存在非线性或高度耦合的关系时，形态分析法可能难以准确评估组合效果。

1.6.3.7 整理类技法

整理类技法是一类以系统化分类与结构化整理为核心的创新方法，其主要目的是通过对问题、功能、需求、解决方案等要素进行科学分类与组织，从而提高思维的条理性、逻辑性与创新效率。该方法广泛应用于产品设计、流程优化、用户需求分析、知识管理等创新活动中，尤其适用于信息复杂、要素众多、逻辑关系模糊的创新场景。

整理类技法强调逻辑思维与系统思维的结合，通过分类、归纳、组织、排序等方式，将杂乱的信息转化为结构清晰、便于分析与再利用的知识体系，为后续的创新活动提供系统化的输入与支撑。

（1）整理类技法的基本原理

整理类技法的理论基础主要来源于认知科学、系统工程学与信息科学，其基本原理包括以下内容。

① 分类归纳原理：通过将信息按属性、功能或逻辑进行分类，实现信息的组织与整合。

② 信息结构化原理：将非结构化信息转化为结构化表达方式，便于进一步分析与创新。

③ 逻辑关系识别原理：通过分类与整理，识别要素之间的关联性与差异性。

④ 知识重组原理：在整理过程中，通过重新组织信息，激发新的组合方式与创新思路。

⑤ 认知简化原理：通过分类与归纳，降低认知复杂度，使创新者能够更清晰地把握问题本质与创新方向。

（2）整理类技法应遵循的基本原则

为确保整理类技法的有效性与系统性，其应用过程中需遵循以下基本原则。

① 分类明确性原则。分类标准应清晰、可操作，避免主观性过强或边界模糊的分类方式。

② 信息完整性原则。所有相关要素均应被纳入整理范围，确保信息的全面性与系统性。

③ 逻辑一致性原则。分类应符合逻辑一致性与系统结构要求，避免分类体系内部矛盾。

④ 层次递进性原则。分类过程应具有层次性与递进性，从宏观到微观逐步细化，便于后续分析与应用。

⑤ 用户导向原则。在涉及用户需求或功能整理时，应以用户为中心，确保分类体系符合实际应用逻辑与用户认知结构。

⑥ 可视化表达原则。鼓励使用图表、表格、树状图、矩阵图等可视化手段，增强整理过程的可读性与可操作性。

（3）整理类技法实施步骤

整理类技法的实施通常包括以下几个阶段，构成一个由信息采集到系统整理、由无序到有序的创新支持流程。

① 信息采集与初步整理。在创新活动开始前，首先对相关信息、功能、需求、技术方案等进行采集，并进行初步的去重、归并与初步分类。

② 确定分类维度与标准。根据问题的性质与目标，确定分类的维度与标准。例如，对产品功能进行分类时，可采用"用户需求维度""技术实现维度""使用场景维度"等。

③ 分类与归纳。按照既定维度与标准，对采集的信息进行系统分类与归纳。可采用树状结构、矩阵结构、层级结构等方式进行组织。例如，将用户需求分为"核心需求""辅助需求""潜在需求"三类，并在每一类下进一步细化。

④ 逻辑关系分析。在分类完成后，对各类别之间的逻辑关系、依赖关系、冲突关系进行分析，识别其中的关键矛盾点与优化空间。例如，分析某一功能是否与现有结构存在冲突。

⑤ 知识重组与创新引导。通过分类与逻辑分析，对信息进行重新组织与组合，从而引导出新的功能组合、流程优化、产品形态等创新方案。

⑥ 输出整理成果。最终输出结构清晰的分类体系、逻辑关系图、知识框架图等，为后续的创新活动提供系统化输入与决策支持。

（4）整理类技法的类型

根据分类对象、目的与方式的不同，整理类技法可进一步划分为以下几种类型。

① 功能分类法。以产品或系统的功能为分类对象，将所有功能按照用户需求、技术可行性、实现方式等维度进行分类与整理。适用于产品功能优化与系统架构设计。

② 需求分类法。以用户需求为核心，对需求进行结构化分类。例如，分为"基本需求""期望需求""激发需求"等，便于需求优先级排序与创新方向聚焦。

③ 技术分类法。以技术路径、技术方案、技术特性为分类标准，将现有技术或潜在技术进行系统归纳与分类。适用于技术路线规划与创新技术选型。

④ 流程分类法。以流程节点或操作步骤为分类对象，将流程中的每个环节进行功能定义、问题识别与优化建议的整理与归纳。适用于流程优化与系统重构。

⑤ 知识分类法。以知识结构、知识内容、知识来源为分类依据，对已有知识进行系统整理与知识图谱构建。适用于知识管理、创新思维训练与跨领域知识迁移。

⑥ 结构分类法。以系统结构或组件结构为分类维度，将各结构要素进行逻辑划分与组织，便于分析结构间的相互作用与改进空间。适用于机械系统、建筑结构、电子产品设计等场景。

（5）整理类技法优缺点

整理类技法是一种以系统分类与结构化整理为基础的创新方法，其核心在于通过科学分类与逻辑归纳，提升创新过程的条理性与系统性。整理类技法优点：提升思维条理性，通过分类与整理，使创新过程更加条理清晰、逻辑严谨；便于知识管理，可构建结构化知识体系，便于后续知识检索、复用与迁移；支持多维度分析，适用于多维度、多要素的复杂创新问题，有助于全面把握问题本质；促进跨领域融合，通过知识分类与技术分类，可实现跨学科、跨领域的知识整合与创新引导；适合团队协作，结构化的分类方式便于多人分工协作与信息共享；教学兼容性强，分类整理过程可作为创新思维训练的重要工具，提升学生系统分析与归纳能力。

尽管整理类技法具有逻辑清晰、知识管理性强、团队协作便利等优点，但在分类标准设定、操作复杂性、创新启发性与系统适应性等方面存在一定局限：整理类技法依赖分类标准合理性，若分类标准设定不合理，可能导致信息错位、逻辑混乱；操作过程烦琐，对于信息量大、维度多的问题，分类与整理过程较为复杂，耗时较长；创新启发性有限，分类整理本身不直接产生创新方案，需与其他创新方法结合使用；易陷入结构化思维定式，若分类过于固定，可能限制创新的自由度与多样性；缺乏动态分析能力，分类过程通常为静态处理，难以应对动态变化的创新环境；对复杂系统适应性有限，在面对高度非线性、多变量交互系统时，分类整理可能难以完全覆盖所有影响因素。

1.6.3.8 德尔菲法

德尔菲法（Delphi method）是一种基于专家意见的结构化预测与决策方法，广泛应用于创新方案评估、技术路线选择、未来趋势预测等复杂决策场景。其核心思想是通过匿名反馈、多轮征询与意见整合，使专家群体在无直接交流的前提下逐步达成相对一致的判断与建议，从而提升决策的科学性与前瞻性。

德尔菲法由美国兰德公司（RAND Corporation）于20世纪50年代提出，最初用于军事技术预测，后被广泛应用于科研规划、产品开发、政策制定等领域。该方法强调专家知识的整合与决策过程的系统性，是一种定量与定性相结合的创新支持工具。

（1）德尔菲法的基本原理

德尔菲法的理论基础主要来源于群体决策理论、信息反馈机制与专家判断融合模型，其基本原理包括如下内容。

① 专家知识整合原理。通过整合多位专家的知识与判断，提高决策的全面性与权威性。

② 匿名反馈原理。专家之间不直接交流，以减少权威影响与群体压力，确保意见的独立性与多样性。

③ 多轮迭代原理：通过多轮意见征询与反馈，逐步收敛专家观点，形成共识性判断。

④ 量化统计原理。在每一轮中，通过统计分析对专家意见进行集中趋势与离散程度的量化处理。

⑤ 结构化问题设计原理。每轮征询的问题设计应逻辑清晰、目标明确，确保专家回答具有可比性与一致性。

⑥ 信息反馈与修正机制。每轮结束后，汇总与反馈专家意见，引导专家在下一轮中调整观点、修正判断。

（2）德尔菲法应遵循的基本原则

为确保德尔菲法的实施效果与决策质量，其应用过程中需遵循以下基本原则。

① 专家独立性原则。所有专家应独立思考、独立作答，避免因交流产生的思维趋同或权威影响。

② 问题结构化原则。每一轮征询的问题应具有明确的逻辑结构与清晰的表述，便于专家理解与回应。

③ 匿名性原则。专家身份应严格保密，以消除群体偏见与权威效应，提高意见的客观性

与真实性。

④ 多轮征询原则。通常进行三轮及以上的征询，通过反馈与修正机制逐步达成共识。

⑤ 统计处理原则。专家意见需通过统计方法进行处理，如计算均值、中位数、标准差、离散系数等，以量化判断的一致性与可信度。

⑥ 反馈透明性原则。每轮意见的汇总与反馈应清晰、透明、逻辑性强，便于专家理解群体判断趋势，从而进行有针对性的修正。

⑦ 目标导向原则。每一轮的问题设计与专家征询应围绕明确的创新目标或决策方向进行，避免偏离主题。

（3）德尔菲法实施步骤

德尔菲法的实施过程通常包括以下几个阶段，构成一个由问题设计到多轮征询、由意见整合到决策输出的系统化流程。

① 明确研究目标与问题范围。在应用德尔菲法前，需对研究目标、问题范围与关键变量进行清晰界定。例如，在评估某项新技术的市场潜力时，需明确评估维度，如技术成熟度、市场接受度、成本控制、政策支持等。

② 选择与组织专家小组。选择5～15名相关领域的专家，确保其具备专业知识、独立判断能力与表达能力。专家应具有多元背景与经验，以增强意见的多样性与代表性。

③ 设计首轮问题与意见征询表。根据研究目标，设计首轮问题与意见征询表，通常包括：对某一技术的未来发展趋势进行预测；对某一创新方案的可行性进行评估；对某一技术指标的优先级进行排序。问题形式可包括开放式问题、评分式问题、排序式问题等，以满足不同研究需求。

④ 进行第一轮意见征询。将问题表匿名发送给专家，要求其独立填写并提交意见。意见可包括判断依据、评分理由、建议方向等，便于后续分析与反馈。

⑤ 汇总与分析首轮意见。对专家意见进行统计分析与归纳整理，计算各指标的集中趋势与离散程度，识别关键共识与分歧点。例如，若多数专家认为某技术的成熟度较低，则可在下一轮中重点关注该维度。

⑥ 反馈并进行第二轮征询。将首轮意见的统计结果匿名反馈给专家，引导其在已有数据的基础上修正判断。专家可参考群体意见，但应保持独立思考，避免群体思维。

⑦ 重复多轮征询与反馈。通常进行2～4轮征询，每轮均进行意见汇总、统计分析与匿名反馈，直至专家意见趋于一致或稳定，达成共识性判断。

⑧ 输出最终决策结果。最终输出专家共识意见、关键判断依据、决策建议等，为创新活动提供数据支持与方向指引。

（4）德尔菲法的类型

根据问题类型、专家构成与实施方式的不同，德尔菲法可进一步划分为以下几种主要类型。

① 技术预测型德尔菲法。主要用于技术趋势预测与技术路线选择。例如，在评估未来5年内某项新能源技术的商业化潜力时，通过德尔菲法收集专家意见，形成技术成熟度评估与商业化路径预测。

② 方案评估型德尔菲法。用于创新方案的可行性评估与优先级排序。例如，在多个产品设计方案之间，通过德尔菲法进行专家评分与综合评估，筛选出最优方案。

③ 政策制定型德尔菲法。用于政策制定与战略规划中的专家咨询。例如，在制定高校科技创新政策时，通过德尔菲法收集教育专家、科研人员、管理者的多维度意见，形成科学合理的政策建议。

④ 风险评估型德尔菲法。用于识别与评估创新活动中的潜在风险。例如，在产品开发过程中，通过德尔菲法评估技术风险、市场风险、法律风险等，为决策提供风险预警与应对建议。

⑤ 多维度德尔菲法。当研究问题涉及多个维度时，可采用多维度德尔菲法，对各维度分别征询专家意见，最终形成多维决策支持体系。例如，在评估某项教育改革时，可从教学效果、资源投入、学生反馈、教师适应性等多个维度进行专家评分与分析。

（5）德尔菲法的优缺点

德尔菲法是一种以专家知识整合与多轮匿名征询为核心的系统决策方法，其核心在于通过结构化问题设计、量化统计分析与反馈修正机制，实现专家意见的系统整合与逐步收敛。德尔菲法优点：专家知识整合性强，通过多轮征询，整合多个专家的知识与判断，提高决策的科学性与全面性；避免群体偏见，匿名性设计确保专家独立思考与表达，减少群体思维与权威影响；可量化分析，通过统计方法对专家意见进行量化处理，便于数据化决策与可视化呈现；适用于复杂问题，尤其适合未来趋势预测、技术路线评估、政策制定等复杂、不确定性强的决策问题；结构清晰、过程可控，每一轮均有明确问题与反馈机制，便于过程控制与结果分析；教学应用性强，在高等教育中，德尔菲法可作为专家决策与系统评估的教学案例，提升学生多维度思维与决策能力。

尽管德尔菲法具有权威性强、结构清晰、过程可控等优点，但在实施周期、专家质量、主观性与沟通效率等方面存在一定局限：德尔菲法耗时较长，多轮征询与反馈过程可能周期较长，不适合时间敏感型决策；依赖专家质量，若专家选择不当，可能影响决策的权威性与准确性；主观性较强，尽管有统计分析，但专家判断仍具有主观性，难以完全量化；缺乏数据验证，专家意见通常基于主观判断与经验，缺乏实证数据支持；沟通效率低，由于专家之间无直接交流，信息传递效率较低，可能导致意见理解偏差；难以处理非线性关系，对于变量之间存在高度非线性或复杂交互关系的问题，德尔菲法可能难以全面覆盖。

习题

1-1 请根据课程和所学专业，提出创新创意的种子，并通过头脑风暴来完成方案。

玩转科技劳动创意目标（头脑风暴）
创意全称
关键词
特点一（差异性）
特点二（可行性）
特点三（价值性）
同组人姓名：
补充区：

1-2 请简述创新与创业的二元概念。

1-3 创新的基本特征是什么？

1-4 简述头脑风暴的SMART法则。

1-5 请作300字以内的自我介绍，突出独特性。

第 2 章

三维模型设计

<导读

本章从 3D（三维）建模出发，重点介绍 3D 建模方法与主流建模软件，然后以 Solidworks 为代表，介绍 3D 建模的草图绘制与特征创建，最后以真实案例介绍使用建模软件完成 3D 建模的过程。

< **本章知识点**

- 3D 建模的概念
- 3D 建模的主流软件
- Solidworks 软件建模方法
- Solidworks 软件建模实例

2.1　3D 建模概述

要建立一个物体的 3D 模型，要么用专业 3D 建模软件绘制，要么通过 3D 扫描仪扫描。前者需要有深厚的 3D 设计和软件操作经验，超出一般用户的能力范围。后者则需要昂贵的 3D 扫描仪。因此，早期 3D 打印的使用者都是行业用户，一般人难以企及。

近年来，随着 3D 建模技术的不断发展，这一情况已经有所改善。3D 建模软件的使用门槛在不断降低，越来越多简单易用的建模软件涌现出来，网上的 3D 数字模型资源也在不断地丰富，这些有利因素集合起来极大地促进了 3D 打印技术的发展及普及。

2.1.1　什么是 3D 建模

3D 建模，就是利用三维软件，将现实中的三维物体或场景在计算机中进行重建，最终实现在计算机上模拟出真实的三维物体或场景。这一过程中生成的三维数据就是使用各种三维数据采集仪或软件生成获得的数据，它记录了有限体表面在离散点上的各种物理参数。

三维模型包括的最基本的信息是物体各离散点的三维坐标，其他的可以包括物体表面的颜色、透明度、纹理特征等。3D 建模在机械设计、建筑设计、医用图像、文物保护、三维动画游戏、电影特技制作等领域起着重要的作用。一个三维模型的建立过程包括三维初始数据的获取，对初始数据进行诸如去除噪声点、简化等处理，按照不同的方式组织三维数据，最终实现在计算机中绘制出具有三维特征的模型。

3D 建模可以是根据 CAD 图纸画出的 1∶1 准确的实体，也可以是凭借图像及自己设定的数值来建立，完全可以实现将脑海里的构思通过 3D 建模使之具体化。所以，只要掌握了 3D 建模技术，就可以把一个构思转变为可以用眼睛看到的立体模型。3D 建模共分为 3 个步骤。

① 建模准备。首先学会使用一款 3D 建模软件，了解该款 3D 建模软件的功能特性。若有图纸或底图则可以导入图片辅助画图，以便更准确地建立模型。若没有辅助图片，可以估计

大概尺寸来建模，发现比例不对时，应及时修改。

② 生成实体。根据图纸或构思，使用3D建模软件提供的建模工具，生成模型实体。若是多个零件组合成为一个装配体，应特别注意装配关系。

③ 后期完善。建立好立体模型后，与预期效果作对比，可以通过修改尺寸、调整位置、缩放比例，以及颜色渲染等操作进一步完善模型。

本章将概述3D建模软件的基本概念、绘图软件及绘制过程。

2.1.2　3D建模软件发展概述

CAD（计算机辅助设计）是指利用计算机强大的图形处理能力和数值计算能力，辅助工程技术人员完成工程或产品的设计和分析的一种技术。自诞生以来，CAD已广泛应用于机械、电子、建筑、化工、航空航天，以及能源交通等相关领域。随着计算机技术的快速发展，工业设计的计算机化达到了相当高的水平。通过计算机进行数据分析、建立模型、导入生产系统等，计算机技术在人类生活和生产的重要环节中，产生越来越广泛的影响，并由此引发的新思想正逐渐渗透于工业设计学科领域中。在产品设计的计算机表达中，主要倾向于对产品的形态、色彩、材料等设计要素的模拟，是当今社会起主导作用的设计方式。

传统的设计方法是通过二维形式表达后，再制作成实体模型，然后根据模型的效果进行改进，再制作成工程图用于生产，这样从二维形式表达到制作模型的过程当中，人为的误差是相当大的，在绘制工程图纸时设计师对优化方面的考虑需要通过详尽的计算和分析才能作出正确的判别，有时候往往因难而退。而计算机辅助设计的介入，使人们真正地实现了三维立体化设计，产品的任何细节在计算机中都能详尽地展现给设计师，并能在任意角度和位置进行调整，在形态、色彩、肌理、比例、尺度等方面都可以作适时的变动。在生产前的设计绘图中，计算机可以针对所建立的三维模型进行优化结构设计，大大地节省了设计的时间和精力，而且更具有准确性。

3D打印是全新的领域，同样3D设计的领域也非常广泛，主要有建模、渲染、动画等多个方面。随着产品设计效率的飞速提高，现已将计算机辅助制造技术和产品数据管理技术、计算机集成制造系统及计算机辅助测试融于一体。CAD三维建模技术至今已经历了线框模型、表面模型、实体模型，以及快速发展中的特征建模、行为建模方法等几个阶段。

线框模型是指用多边形线框来描述三维形体的轮廓得到的模型。表面模型是指用有序连接的棱边围成的有限区域来定义立体的表面，再由表面的集合来定义立体所得到的三维模型。表面模型是在线框造型的基础上发展起来的，它的产生应归因于航空业与汽车业的迅猛发展。随着技术的进步，计算机辅助工程分析（CAE）的需求日益高涨，CAE要求能获得形体的完整信息，而线框和表面模型对形体的表述都不完整。在此背景下，实体模型技术产生于20世纪60年代末，商用化始于1979年，SDRC推出了世界上第一个完全基于实体模型技术的CAD/CAE/CAM一体化的软件I-DEAS。

实体模型技术与线框模型相比，增加了实体存在侧的明确定义，给出了表面间的相互关系等拓扑信息，因而能够精确表达零件的全部属性，有助于统一CAD、CAM、CAE的模型表达，在设计和加工上可以减少数据的损失，保持数据的完整性。实体模型常用的表示形式有：构造的实体几何（CSG）表示、边界（B-Rep）表示和扫描表示。

实体模型技术的优点：①确定了表面的方向性；②可定义材料的物理性能等简单参数；③是几何和拓扑意义上信息最为完备的模型；④一般实体模型均定义为有效的正则实体。实体模型技术存在的不足：①产品定义不完整，模型仅仅能定义产品的几何形状和拓扑关系，许多其他重要信息如公差与精度、材料性质、工艺与装配要求等不包括在模型中；②数据的抽象层次低，实体主要是几何概念，设计制造中的工程语义，如键、中心孔、装配关系等均不能表达；③支持产品设计、制造的程度较差，如设计模型修改的效率低、设计信息的跟随性差等。

20世纪80年代后期，CIMS（计算机集成制造系统）技术得到了长足发展。这就要求传统的造型系统除了满足自身信息的完备性之外，还必须为其他系统，如CAPP、PDM、ERP、CAM等提供反映设计人员意图的非几何信息，如公差、材料等。前面的三种造型方法都是从几何的角度出发，而对于非几何信息，如尺寸、材料、公差、工艺、成本等则没有反映，因而实体的信息是不完整的。在这种需求的推动下，出现了特征建模技术。

特征（feature）：客观事物特点的表征，是具有特定语义的信息单元。特征技术：适合为集成化、智能化、网络化的现代设计方法和先进制造技术提供共享信息的模型理论和技术。特征建模：基于特征理论和技术的CAD模型建造技术。特征模型：以特征为信息单元定义的CAD模型。特征反映了产品零件特点的、可按一定原则加以分类的产品描述信息，将特征引入几何造型系统的目的是增加几何实体的工程意义，为各种工程应用提供更丰富的信息，基于特征的造型把特征作为零件定义的基本单元，将零件描述为特征的集合。

行为建模技术是比基于特征的参数化建模更为先进的一种实体建模技术。它在设计产品时，综合考虑所要求的功能行为、设计背景和几何图形。采用知识捕捉和迭代求解的智能化方法，使工程师可以面对不断变化的要求，追求高度创新的、能满足行为和完善性要求的设计。该技术具有高度集成、高度智能的特点，其强大功能主要体现在三个方面：①智能模型。能捕捉设计信息和过程信息，以及定义一件产品所需要的各种工程规范。②目标驱动式设计。能优化每件产品的设计，以满足使用自适应过程特征从智能模型中捕捉的多个目标和需求变化，并可解决相互冲突的目标问题。③开放式可扩展环境。行为建模技术的第三大支柱，提供了无缝工程设计功能，能保证产品不会丢失设计意图。行为建模技术所创建的智能化产品模型具有关联、基于特征、参数化的特点，通用的再生机制又使得关联性贯穿于整个设计流程。

下面将介绍几种主流的3D建模软件，并介绍各软件的主要应用领域及优劣势。

2.1.3 3D建模的主流软件

近年来，各种三维建模软件在国内得到广泛应用，国内在三维建模软件方面的研发也日益成熟。随着3D技术的蓬勃发展，面向各种需求的、五花八门的3D建模软件纷纷进入人们的生活。接下来本小节将着重介绍几款目前应用较为广泛的3D建模软件。

（1）Solidworks

Solidworks为达索系统（Dassault Systemes S.A）下的子公司，专门负责研发与销售机械设计软件的视窗产品。三维设计软件现在有很多，而Solidworks软件是世界上第一个基于Windows开发的三维CAD系统，由于技术创新符合CAD技术的发展潮流和趋势，因此目前用得最多的就是Solidworks软件。

Solidworks有功能强大、易学易用和技术创新三大特点，这使得Solidworks成为领先的、主流的三维CAD解决方案。Solidworks能够提供不同的设计方案、减少设计过程中的错误，以及提高产品质量。Solidworks软件具有丰富的功能组件，操作简单方便、易学易用，在设计人群中使用率非常高。

Solidworks软件的优势在于Solidworks是基于Windows平台的全参数化特征造型软件，

它可以十分方便地实现复杂的三维零件实体造型、复杂装配和生成工程图。包括了零件模块、曲面模块、钣金模块和模型渲染等主要模块，图形界面友好，用户上手快。在进行一些较为简单的模型建模时相比其他设计软件步骤要更为简单，设计同样的模型效果，使用Solidworks软件建模时间更短，步骤更少，这也是众多的设计者都在使用Solidworks软件进行建模的原因。

此款设计软件在低端设计领域的优势不言而喻，但也存在一些较大的缺点，例如在一些高级曲面设计领域，此款软件就显得有心无力了。另外Solidworks软件最大的一个缺点就是它对硬件的要求非常高，当设计的模型文件较大时会导致软件的崩溃或者系统的崩溃，严重时甚至导致电脑死机。因此Solidworks软件主要应用于设计要求不是非常高的产业领域。主要应用领域：①机械设计领域；②中低端工业设计领域；③家电产品设计领域；④高校课堂教学等。

（2）AutoCAD

AutoCAD（Auto Computer Aided Design）是Autodesk（欧特克）公司于1982年首次开发的自动计算机辅助设计软件，用于二维绘图、详细绘制、设计文档和基本三维设计，现已经成为国际上广为流行的绘图工具。AutoCAD具有友好的用户界面，用户通过交互菜单或命令行方式便可以进行各种操作。它的多文档设计环境，让非计算机专业人员也能很快地学会使用。

AutoCAD软件主要的特点在于其具有完善的图形绘制功能和强大的图形编辑功能。另外还可以采用多种方式进行二次开发或用户定制，可以进行多种图形格式的转换，具有较强的数据交换能力，并且支持多种硬件设备、支持多种操作系统，具有通用性、易用性，适用于各类用户。此外，从AutoCAD2000开始，该系统又增添了许多强大的功能，如AutoCAD设计中心（ADC）、多文档设计环境（MDE）、Intermet驱动、新的对象捕捉功能、增强的标注功能，以及局部打开和局部加载的功能。

AutoCAD主要的优势在于其具有强大的图形编辑功能及完善的图形绘制功能。它在二维成型领域也是位佼佼者，可在二维和三维的世界里随意转换，在CAD出图方面具有非常大的市场。

因AutoCAD主要专注于图形的编辑和绘制，其在三维设计方面处于相对劣势，主要缺点也是在于其三维设计能力较低，由于此款软件属于参数化设计软件，在学习过程中还需要学习使用大量的快捷键功能以达到快速建模的目的。主要应用领域：①建筑工程、装饰设计、水电工程等的工程制图；②精密零件、模具等的工业制图；③建筑平面设计、园林设计等。

（3）Pro/Engimeer

Pro/Engimeer（简称为Pro/E）操作软件是美国参数技术公司（PTC）旗下的CAD/CAM/CAE一体化的三维软件。Pro/E软件以参数化著称，是参数化技术的最早应用者，在目前的三维造型软件领域中占有重要地位。Pro/E作为当今机械CAD/CAM/CAE领域的新标准而得到业界的认可和推广，是现今主流的CAD/CAM/CAE软件之一，特别是在国内产品设计领域占据重要位置。

Pro/E第一个提出了参数化设计的概念，并且采用了单一数据库来解决特征的相关性问题。另外，它采用模块化方式，用户可以根据自身的需要进行选择，而不必安装所有模块。Pro/E的基于特征方式，能够将设计至生产的全过程集成到一起，实现并行工程设计。它不但可以应用于工作站，而且也可以应用到单机上。Pro/E采用了模块化方式，可以分别进行草图绘制、零件制作、装配设计、钣金设计、加工处理等，保证用户可以按照自己的需要进行选择使用。

Pro/E的主要优势在于其可以随时由三维模型生成二维的工程图，自动标注尺寸。由于其具有关联的特性，并采用单一的数据库，因此修改任何尺寸，工程图、装配图都会相应地变动。这一优点在进行大型模型的修改时体现得淋漓尽致，减少了很多不必要的操作。另外，Pro/E软件具有的强大的参数化设计功能使其在模具设计领域占有非常重要的地位，在曲面设计方面也处于领先地位，因此对于资深的设计者来说，Pro/E是一个不错的选择。

但Pro/E软件包含大量的参数化模块，其中设计技巧多，对于初学者来说是一个非常大的挑战，并不适合没有基础的设计者使用。另外，复杂零件制作和复杂装配设计在前期速度较慢，后期修改参数很容易导致更新失败，对于线条的编辑能力也较弱，难以胜任大型的二维图形编辑。

（4）Unigraphics NX

UG（Unigraphics NX）是Siemens PLM Software公司出品的一个产品工程解决方案，它为用户的产品设计及加工过程提供了数字化造型和验证手段，Unigraphics NX针对用户的虚拟产品设计和工艺设计的需求，提供了经过实践验证的解决方案。

这是一个交互式CAD/CAM（计算机辅助设计与计算机辅助制造）系统。它功能强大，可以轻松实现各种复杂实体及造型的建构。UG可以为机械设计、模具设计，以及电器设计提供一套完整的设计、分析、制造方案。UG提供了包括特征造型、曲面造型、实体造型在内的多种造型方法，同时提供了自顶向下和自底向上的装配设计方法，也为产品设计效果图输出提供了强大的渲染、材质、纹理、动画、背景、可视化参数设置等支持。因强大的功能，它在诞生之初主要基于工作站，但随着PC硬件的发展和个人用户的迅速增长，UG在PC上的应用取得了迅猛的发展，已经成为模具行业三维设计的一个主流应用。

UG的最大优势在于建模灵活，其混合建模功能强大。混合建模设计模式可简单描述为在一个模型中允许存在无相关性的特征，如在建模过程中，可以通过移动、旋转坐标系创建特征构造的基点，这些特征和先前创建的特征没有位置的相关性。UG不仅提供了更为丰富的曲面构造工具，还可以通过一些另外的参数来控制曲面的精度、形状。另外，UG的曲面分析工具也极其丰富。因此UG的综合能力是非常强的，从产品设计、模具设计到加工、分析，再到渲染几乎无所不包。

UG建模软件在工业设计方面堪称完美，在很多方面都处于顶尖地位。对于这款顶级设计软件来说，唯一的不足就是设计者要完全学会并使用这款软件存在一定难度，因为这款软件包含的功能模块太多，功能技巧非常复杂，因此学习UG是一项非常大的挑战。

UG主要应用领域：①汽车行业；②模具制造行业；③航空航天领域。

（5）3D Studio Max

3D Studio Max，常简称为3ds Max或MAX，是Discreet公司（后被Autodesk公司合并）开发的基于PC系统的三维动画渲染和制作软件。3ds Max是大众化的且被广泛应用的设计软件，它是当前世界上销售量最大的三维建模、动画及渲染解决方案，广泛应用于视觉效果、角色动画及游戏开发领域。在众多的CG（计算机图形学）设计软件中，3ds Max是人们的首选，因为它对硬件的要求不太高，能稳定运行在Windows操作系统上，容易掌握，且国内外的参考书最多。

3ds Max在产品设计中，不但可以做出真实的效果，而且可以模拟出产品使用时的工作状态的动画，既直观又方便。3ds Max有三种建模方式：Mesh（网格）建模，Patch（面片）建模和Nurbs（非均匀有理B样条曲线）建模。最常使用的是Mesh建模，它可以生成各种形态，但对物体的倒角效果却不理想。3ds Max的渲染功能也很强大，而且还可以连接外挂渲染器，能够渲染出很真实的效果和现实生活中看不到的效果。而它的动画功能，在众多设计软件中的表现也是相当不错的。

3ds Max 设计软件最大的优势在于其基于 PC 系统的低配置要求、强大的角色动画制作能力及可堆叠的建模步骤，使模型制作易于改动。此款软件本身性价比高，它所提供的强大功能远远超过其自身低廉的价格，使制作产品的成本大大降低。另外 3ds Max 的制作流程十分简洁高效，只要设计思路清晰，是非常容易上手的，后续的高版本的操作也十分简便，操作的优化更有利于初学者学习。

此款设计软件存在的一个不足就是它的插件大多是由第三方做的，在运行过程中可能会出现兼容性问题。另外，3ds Max 设计软件在工业设计方面也显得有点力不从心，因此在这方面较为少用。

3ds Max 主要应用领域：①广告、影视行业；②三维动画、多媒体、游戏制作行业；③建筑设计、室内设计。

以上是部分3D建模软件的概述，针对不同行业各具特色，读者可根据自己的需求进行选择。

2.2　3D建模绘图基础

2.2.1　Solidworks 简介

Solidworks 公司是专业从事机械设计、工程分析和产品数据管理、软件开发和营销的高科技跨国公司，为达索系统（Dassault Systemes S.A）下的子公司。达索公司负责系统性的软件供应，并为制造厂商提供具有 Intermet 整合能力的技术服务。该集团提供涵盖整个产品生命周期的系统，包括设计、工程、制造和产品数据管理等各个领域中的最佳软件系统，著名的CATIAV5就出自该公司之手，目前达索的CAD产品市场占有率居世界前列。

本小节将对Solidworks的界面及基本功能进行介绍，如图 2-1 所示，Solidworks可以构建零件、装配图、工程图等几种类型的文件，下面以零件文件为例。

绘制界面内的几个模块如图 2-2 所示。

图 2-1　Solidworks 开启界面

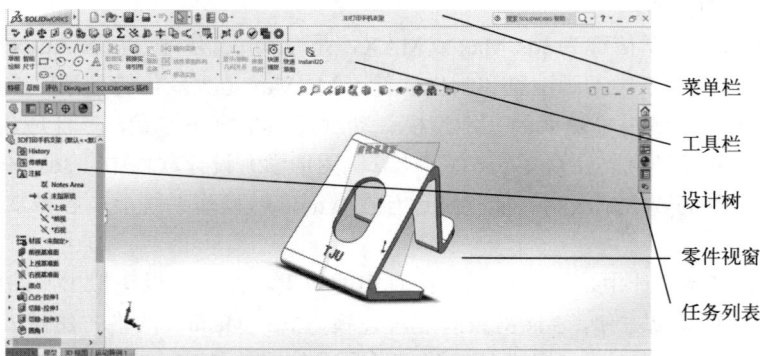

菜单栏
工具栏
设计树
零件视窗
任务列表

图 2-2　Solidworks 绘制界面的模块

常用快捷键介绍如表2-1所示。

表 2-1 常用快捷键介绍

快捷键	功能说明	快捷键	功能说明
S	快捷工具	Ctrl + C	复制
R	最近浏览文件	Ctrl + V	粘贴
G	放大镜	Ctrl + X	剪切
F	整屏显示	Ctrl + Z	撤销
Ctrl + 1 ～ 8	视图	Delete	删除
Ctrl +Tab	切换窗口	Enter	返回前一命令
空格键	视图方向		

鼠标的使用介绍如表2-2所示。

表 2-2 鼠标功能介绍

鼠标键	功能说明
左键	单击左键可选择绘制草图命令、生成特征的命令、执行确定命令等
右键	单击右键会出现快捷命令框
中键	滚动鼠标中键可对草图和三维模型进行放大或缩小，按住鼠标中键并移动鼠标可以对模型进行旋转操作
鼠标笔势	建模时按住鼠标右键拖动鼠标，可以快速选择工具，可自定义鼠标笔势中各个工具的位置，可以选择 4 笔势或 8 笔势

2.2.2 如何绘制草图

3D模型的建立一般是由创建草图和创建特征两部分组成的，因此建立模型的过程为先在某一基准面上绘制二维草图，再进行三维特征的创建。

2.2.2.1 草图基本元素

草图是大多数3D模型的基础。通常，创建模型的第一步是绘制草图，随后可以从草图生成特征。将一个或多个特征组合即生成零件。然后，可以组合和配合适当的零件以生成装配体。

草图指的是2D轮廓或横断面。可以使用基准面或平面来创建2D草图。除了2D草图，还可以创建包括X轴、Y轴和Z轴的3D草图。创建草图的方法有很多种。所有草图都包含以下元素。

（1）原点

原点为草图提供了定位点，如图2-3所示。

（2）基准面

在基准面上，可以使用直线或矩形之类的草图绘制工具来绘制草图，还可以创建模型的剖面视图，见图2-4。

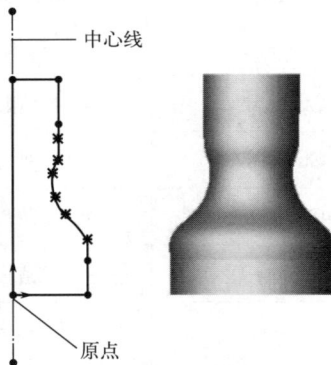

图2-3　基本元素——原点　　　　　图2-4　基本元素——基准面

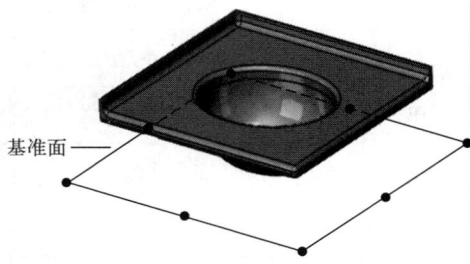

（3）尺寸

尺寸包括驱动尺寸和从动尺寸：驱动尺寸，指能够改变几何体形状或大小的尺寸，改变尺寸的数值将引起几何体的变化；从动尺寸，指尺寸的数值是由几何体来确定的，它不能用来改变几何体的大小，只能显示几何体的大小。

Solidworks 是一个尺寸驱动的三维设计软件，草图实体的大小最终由标注的尺寸值来决定。标注尺寸时，可以在属性管理器中修改尺寸的公差形式、公差值、尺寸箭头形式，以及尺寸文本。

① 线性尺寸标注。线性尺寸一般分为水平尺寸和垂直尺寸，可用来标注线段长度或两端点间的距离。

② 角度尺寸标注。在"智能尺寸"标注状态下，鼠标左键选择2条不平行或不垂直直线，或者选择3个不共线直线的点就可以进行角度尺寸标注。

③ 圆弧尺寸标注。圆弧尺寸标注分为标注圆弧半径、标注圆弧的弧长和标注圆弧对应弦长的线性尺寸。

a.圆弧半径标注。鼠标左键单击要标注的圆弧，移动光标拖出半径尺寸后，在合适位置放置尺寸，并在弹出的"修改"对话框中输入尺寸数值，单击"确定"按钮。

b.圆弧弧长标注。鼠标左键分别单击圆弧的2个端点，再单击圆弧，移动光标拖出的尺寸即为圆弧弧长，在"修改"对话框中输入尺寸数值，单击"确定"按钮。

c.圆弧弦长标注。鼠标左键分别单击圆弧的2个端点，并在"修改"对话框中输入尺寸数值，单击"确定"按钮。

标注草图尺寸时，最好先标注尺寸值较小的尺寸，然后再标注尺寸值较大的尺寸，这样可以避免草图图形出现严重的变形。

④ 尺寸编辑。在草图设计的过程中，常常需要对尺寸进行编辑，修改尺寸数值需要在草图绘制状态下，移动鼠标至需修改数值的尺寸附近，当尺寸被以高亮显示时双击鼠标，在弹出"修改"对话框的输入栏中输入尺寸数值，单击"确定"按钮，可完成尺寸的修改。

a.草图定义。包括完全定义、欠定义或过定义，如图2-5所示。

b.几何关系。在草图实体之间建立几何关系，如相等和相切等。

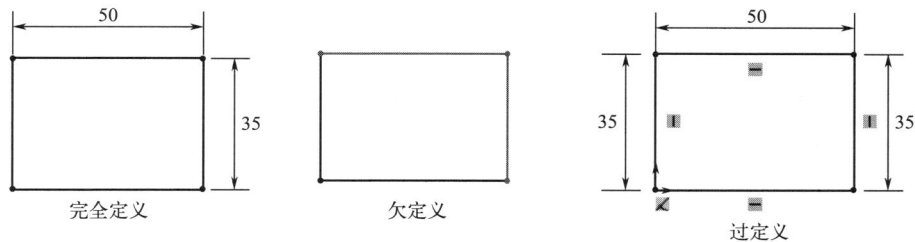

图2-5 基本元素——草图定义

2.2.2.2 绘制草图的准则

绘制草图一般需要遵循以下准则。

（1）确定最佳观察视角

最佳观察视角的确定主要应从以下几个方面综合考虑：

① 零件放置方位应使主要面与基准面平行，主要轴线与基准面垂直；

② 所选方向应尽可能多地反映零件的特征形状；

③ 较好地反映各结构形体之间的位置关系；

④ 有利于减少工程视图中的虚线，并方便布置视图等。

如图2-6所示，视角A对于设计人员来说更加便捷和方便观察。

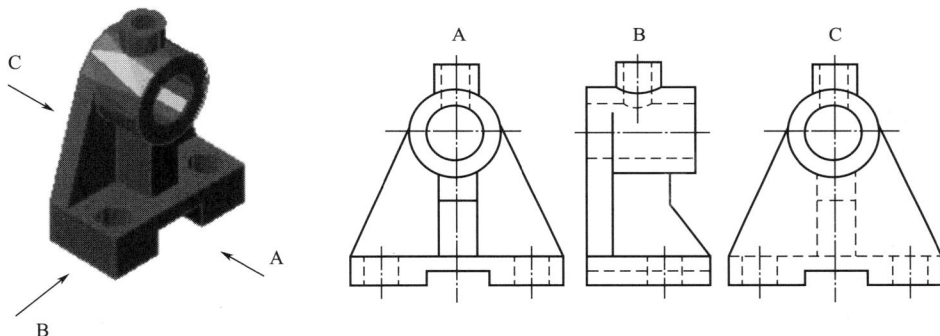

图2-6 最佳视角确定

（2）合理选择零件最佳轮廓

所谓零件最佳轮廓是指建立零件第一个特征应选择的草图。设计人员的设计意图直接决定了零件最佳轮廓。只有通过深入分析零件的结构特点，加之设计者丰富的机械方面的知识及经验，才能制定良好设计意图。

一般而言，可以把分析重点放在找出零件的主体结构方面，最能反映零件主体结构的草图往往可作为零件最佳轮廓。

（3）合理选择第一参考基准面

Solidworks提供了3个默认的参考基准面，即前视基准面、上视基准面和右视基准面，草图设计应从哪一个基准面开始，这是需要认真考虑的。理论上讲，第一参考基准面的选择往往不会影响零件建模的成败，但会影响零件的观察视角，也会影响建模方法的高效性。

（4）合理分解零件结构

通过对零件结构进行合理分解，可以有效使用各种建模特征，主要分为以下三个步骤：

①划分结构层次；②安排分解顺序；③确定结构关系。

（5）合理使用特征

特征使用在很大程度上会影响零件后期的修改方法和修改的便利性，合理的特征建模应当充分考虑零件的加工方法和结构特点。

2.2.2.3　绘制草图的基本工具

下面介绍基本的绘图工具，通过草图绘制工具能够完成基本的草图。

以下工具均可通过单击工具栏内图标完成相应操作。

① 直线。通过单击或拖动方式可绘制直线。

② 圆。可通过绘制"圆点+半径"等方式得到圆形。

③ 矩形。可通过绘制"长＋宽"等方式得到矩形。

④ 圆角、倒角。可通过"给出圆角半径或倒角距离"等方式得到圆角、倒角。

⑤ 剪裁、延伸。包括强劲剪裁、剪裁到最近端等。

⑥ 镜像。沿对称轴进行对称，若更改被镜像实体，镜像后图像也会改变。

⑦ 草图阵列。按一定局部结构进行阵列布置，分为线性阵列和圆周阵列。

⑧ 等距实体。通过给出等距距离，可双向等距。

2.2.3　如何创建特征

在二维草图完成后，就在选定的方向上创建一定特征，例如拉伸（切除）或旋转等操作，即为三维特征的创建。通常步骤包含以下几点：

① 选中已编辑好的草图；

② 在特征工具栏中，鼠标右键单击相应特征；

③ 设置特征的属性；

④ 单击"完成"完成特征的创建。

下面介绍一些基本特征的创建方式。

（1）拉伸特征

"拉伸"就是把一个草图沿垂直方向伸长，伸长的方向可以是单向或双向的。拉伸特征主要分为拉伸凸台/基体、拉伸切除和拉伸薄壁3种类型。建立拉伸特征的主要条件：必须有一个草图、必须指定拉伸的类型及相关的参数。

① 拉伸基体/凸台特征。拉伸凸台/基体的操作方法：

a.选择下拉菜单"插入"/"凸台/基体"/"拉伸"命令；

b.在特征工具栏中单击"拉伸凸台/基体"按钮；

c.设置对话框：选择拉伸的终止类型。例如，设置所需的拉伸总深度为40，如要加上拔模角度，请单击拉伸拔模角，输入角度5，如有必要请单击向外拔模。

② 拉伸切除特征。拉伸切除的操作方法：选择下拉菜单"插入"/"切除"/"拉伸"命令，在特征工具栏中单击"拉伸切除"按钮。设置对话框：选择拉伸的终止类型为完全贯穿，设置所需的拉伸总深度，如要加上拔模角度，请单击拉伸拔模角，例如输入拔模角为5。

③ 拉伸薄壁特征。生成薄壁特征时，不要求草图时封闭曲线，可以是开放的。当用户绘制了一个开环的轮廓时，薄壁特征标签就会出现在拉伸特征对话框中。例如，绘制一个50mm的圆，保持草图处于激活状态，单击特征工具栏上的拉伸特征，便会出现相应的特征编辑对话框。

（2）旋转特征

所谓旋转特征是旋转通过绕中心线的旋转草图来生成基体、凸台、切除或曲面。系统默认的旋转角度为360°。回转特征有三类：旋转基体/凸台、旋转切除、旋转曲面。必要条件：需要旋转的草图中必须含有一条中心轴。需要旋转的截面只能画在中心轴的一侧。

（3）扫描特征

扫描特征是沿着一条路径移动轮廓（截面）来生成基体、凸台、切除或曲面。遵循以下规则：对于基体或凸台扫描特征轮廓必须是闭环的；对于曲面扫描特征则轮廓可以是闭环的，也可以是开环的；路径可以为开环的或闭环的，但路径的起点必须位于轮廓的基准面上。步骤如下：①路径扫描，绘制3D草图扫描路径；②绘制扫描，轮廓建立基准面，并绘制扫描轮廓；③扫描轮廓与路径的穿透；④设置扫描，选择下拉菜单"插入"/"凸台/基体"/"扫描"命令在特征工具栏中单击"扫描"按钮。

（4）放样特征

放样特征是将多个截面或轮廓连接而成的特征，放样通过在轮廓之间进行过渡生成特征。本特征可以建立凸台、基体或切除。注意事项：可以使用两个或多个轮廓生成放样，可以仅第一个或最后一个轮廓是点，也可以这两个轮廓均为点。

（5）倒角及圆角特征

倒角的分类：角度-距离、距离-距离、顶点-倒角。圆角的分类：混合面圆角、等半径圆角、变半径圆角。

（6）阵列

所谓"阵列"是将零件的"特征"或"实体"按要求的定位重复地生成，运用阵列特征可以方便快捷、精确地创建零件的重复结构，阵列特征类型主要有线性阵列、圆周阵列、草图驱动的阵列和镜像等。

（7）镜像

"镜像"是将源特征相对一个平面（这个平面称为镜像基准面）进行复制。

2.3　3D建模方法与实战案例

本节将通过案例实战，具体讲解3D建模的技术方法，下面以绘制一个手机支架为例进行描述，其最终效果如图2-7所示。

步骤一：鼠标左键选择Solidworks桌面快捷方式，双击该快捷方式，打开软件。

步骤二：选择图示中的"新建"命令按钮，新建一个零件，弹出操作界面，并保存文件。

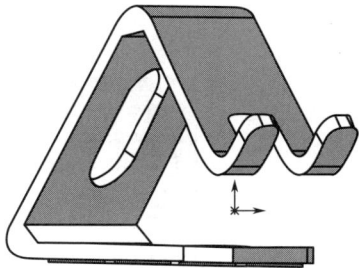

图2-7　手机支架最终效果图

步骤三：在草图中选择前视基准面，绘制草图，见图2-8。

步骤四：如图2-9所示，选择直线工具，绘制草图。

步骤五：修改并标注草图中各个尺寸，如图2-10所示。

步骤六：拉伸凸台，如图2-11所示，选择特征中拉伸凸台选项，方向选择两侧对称，可以根据自己需求设定相应的拉伸宽度。

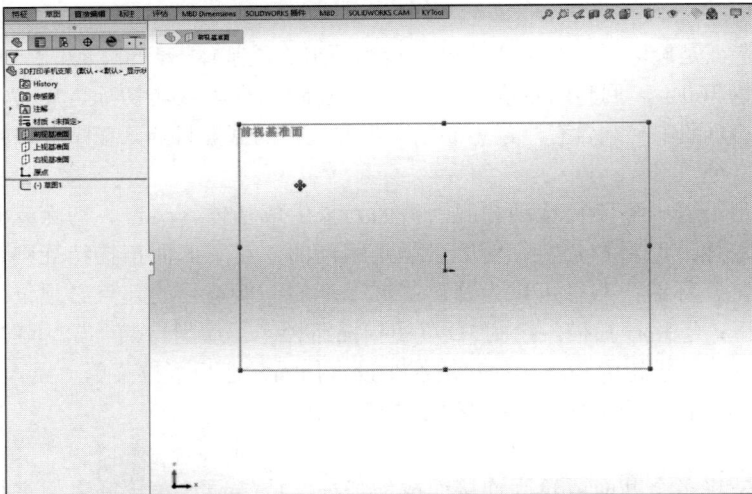

图2-8　选择前视基准面

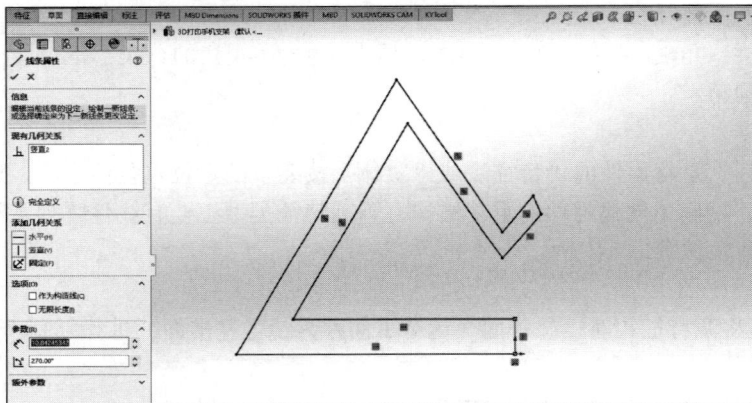

图2-9　模型草图绘制

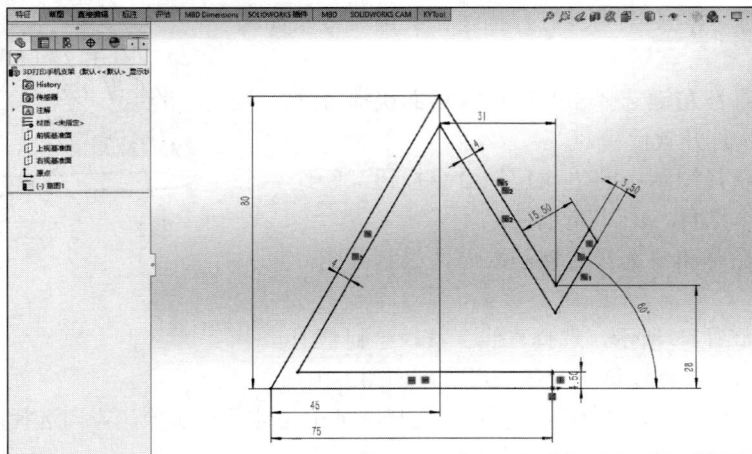

图2-10　草图尺寸标注

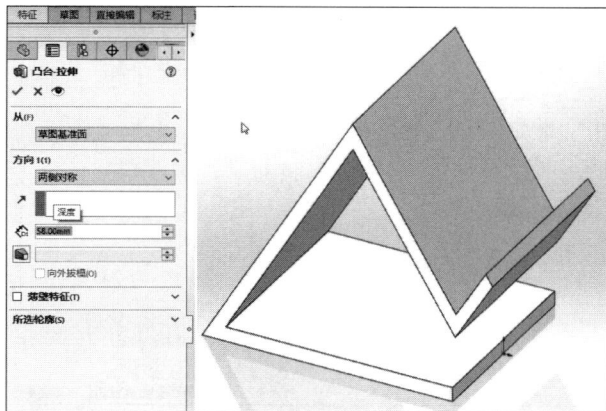

图2-11　拉伸凸台设置及效果

步骤七：为让支架更加美观，设计上小下大的金字塔模样，通过草图绘制斜切角及对称轴，选择镜像实体工具并选择镜像轴，完成镜像，如图2-12所示。

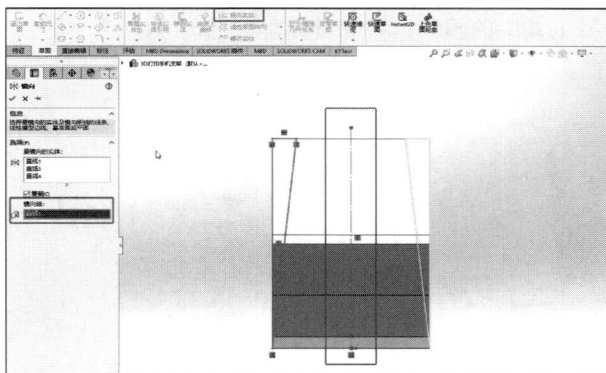

图2-12　绘置斜切角及对称轴

步骤八：拉伸切除，如图2-13所示，标注支架上边缘需要保留的尺寸，并将其他多余部分通过拉伸切除去掉，选择"完全贯穿-两者"，完成支架的斜切样式。

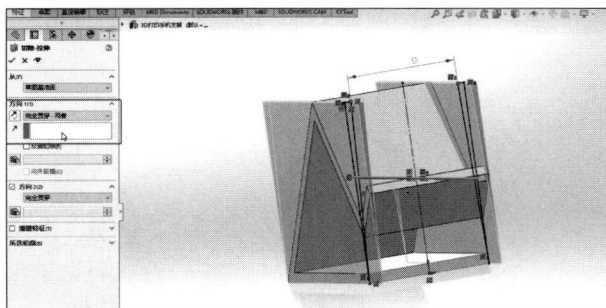

图2-13　斜切面拉伸切除

步骤九：为手机预留充电位置，如图2-14所示，绘制需要切除的位置及对称轴，并通过镜像功能生成全部要预留充电位置的草图，同时标注相应尺寸。

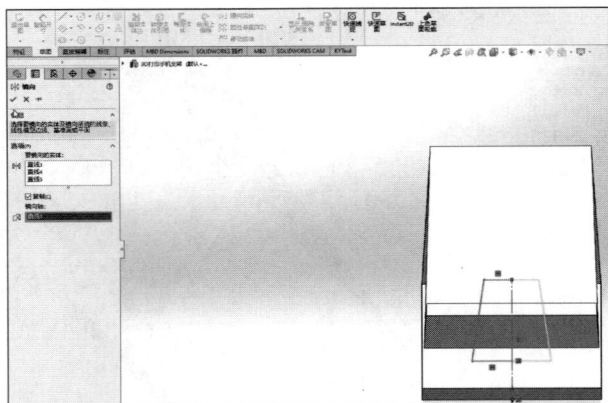

图2-14 绘制充电预留口

步骤十：拉伸切除，如图2-15所示，选择特征中的拉伸切除功能，第一个方向可选择"成形到一面"，第二个方向可选择"完全贯穿"。

步骤十一：绘制圆角，如图2-16所示，为支架添加一些圆角进行过渡，让支架使用起来更加圆润和安全。选择工具中的圆角，并为其添加尺寸。

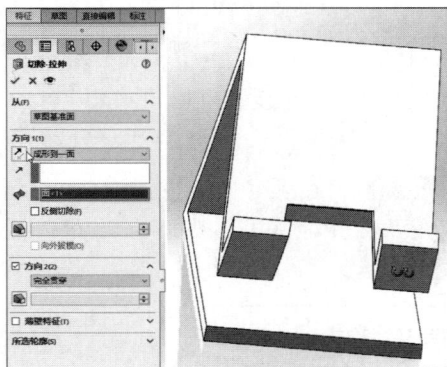

图2-15 拉伸切除设置及效果1

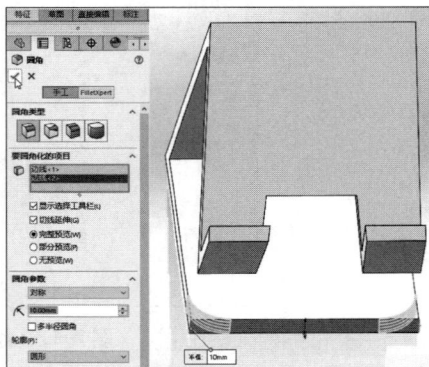

图2-16 草图绘制圆角及效果

步骤十二：添加倒角，如图2-17所示，部分位置容易损坏，通过增加倒角增厚材料。

步骤十三：如图2-18所示，在支架外缘及各部分边角添加圆角，并根据模型大小设定其半径。

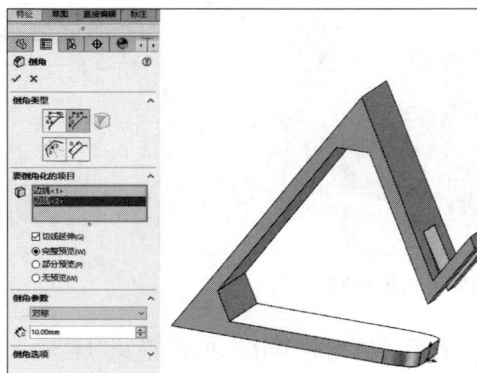

图2-17 绘制倒角及效果

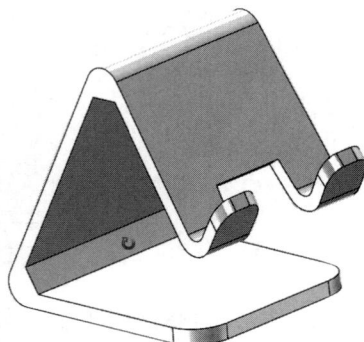

图2-18 绘制圆角

步骤十四：绘制底面支座支撑，如图2-19所示，为保证支架摆放时更加稳定，在底面绘制三个圆形底座，选择草图工具栏中的圆形，设置几何关系相等，并为草图添加尺寸。

步骤十五：拉伸凸台，如图2-20所示，为上一步绘制的三个圆形添加拉伸凸台特征，让其有一定凸起，可以平稳放置。

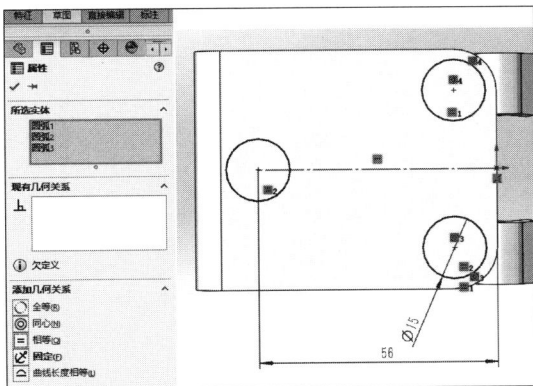

图2-19　绘制底面支座支撑

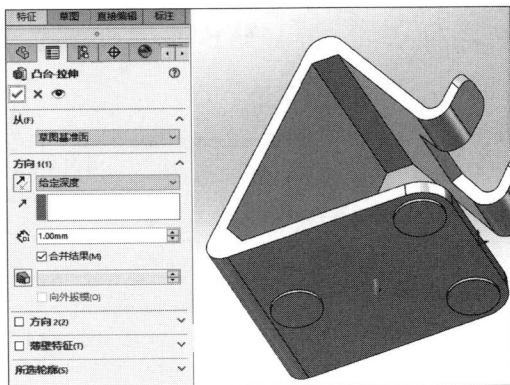

图2-20　拉伸凸台设置及效果

步骤十六：设置背部镂空，如图2-21所示，为让支架能够更加轻盈，在背部去除一定部分，选择草图工具栏中的绘制工具，并为其标注尺寸。

步骤十七：拉伸切除，如图2-22所示，选择特征中的拉伸切除，方向选择"成形到一面"，并设置其成形的面。

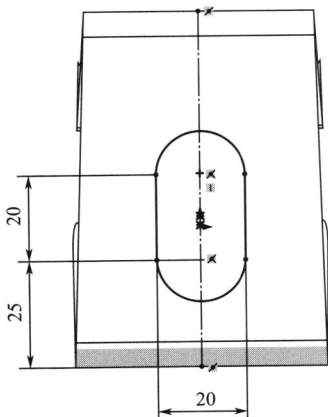

图2-21　绘制背部镂空草图

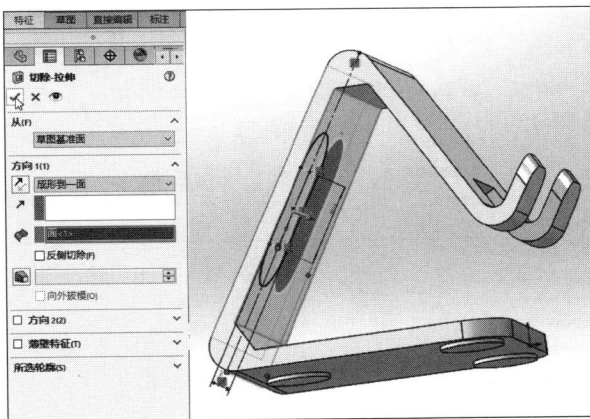

图2-22　拉伸切除设置及效果2

步骤十八：添加文本，如图2-23所示，可以在图形上添加一定文本等，让作品更具定制感。点击草图绘制，选择将要绘制的面，点击文本功能，并在文字栏内输入想要定制的文字，可通过选择文字栏下方的字体、字号等进行修改。

步骤十九：文字的拉伸切除，如图2-24所示，为保证在打印过程中能够较为清晰地显示文字，选中文字对其添加拉伸切除特征，本案例中将其厚度定为0.3mm，完成了整个支架的整体绘制。

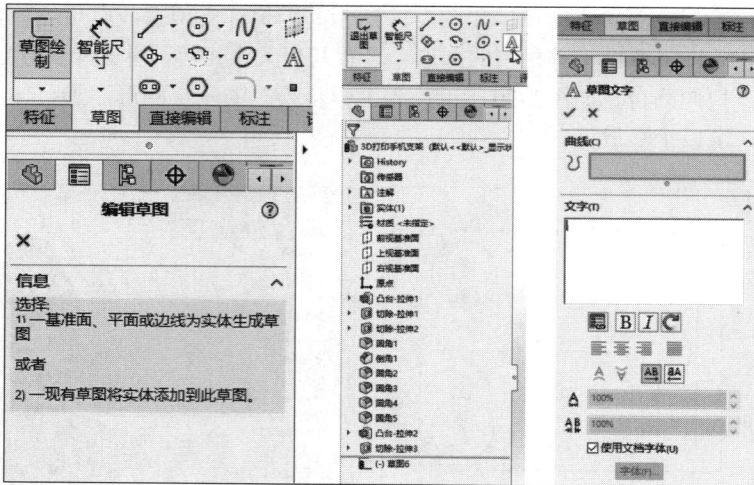

图 2-23　添加文本设置

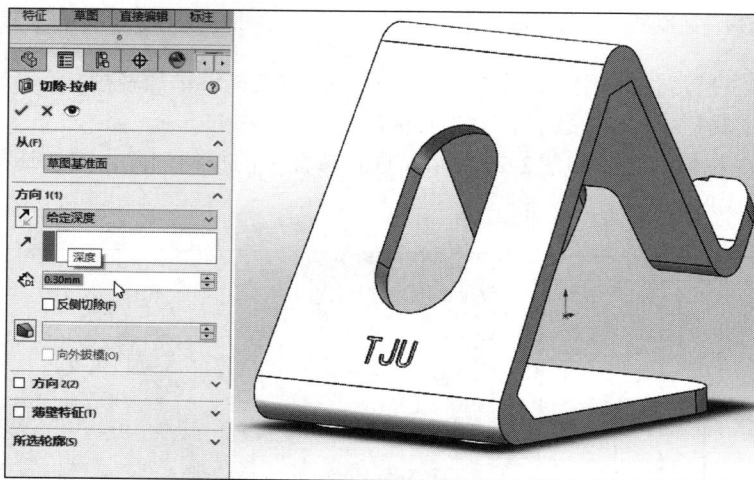

图 2-24　拉伸切除设置及效果 3

习题

2-1　Solidworks 绘制草图过程中包括哪些基本元素？

2-2　常见的三维模型绘制软件及其主要应用领域有哪些？

2-3　Solidworks 基本特征有哪些？

2-4　3D 建模步骤是什么？

第**3**章

数字孪生技术

〈 导读

本章详细介绍了数字孪生技术，包括其在当今数字化时代作为推动工业智能化核心力量的崛起背景，阐述了从起源于美国国家航空航天局对飞行器健康管理研究到受多种技术推动和产业需求驱动的发展历程，深入剖析了概念、特点、组成要素等内涵，探讨了建模、数据采集与处理、人工智能与机器学习、可视化与交互等关键技术，展示了在汽车制造、航空航天、电子制造、机械制造等行业的应用案例及效果，最后对技术深化与融合、应用领域拓展、协同合作与平台化发展、标准规范与安全保障等未来发展趋势进行了展望。

〈 本章知识点

- 数字孪生的概念
- 数字孪生的关键技术
- 数字孪生技术在汽车、航空航天、电子、机械制造行业的应用及效果
- 数字孪生技术的未来趋势

3.1 数字孪生技术：驱动工业智能化的新引擎

在当今这个被数字化浪潮全面席卷的时代，全球各个领域都在经历着深刻且迅猛的变革，工业领域自然也不例外。随着信息技术的日新月异，大数据、物联网、人工智能等前沿科技如同一股股强劲的动力，推动着工业朝着智能化的方向大步迈进。而在这一宏大的发展进程中，数字孪生技术犹如一颗璀璨的新星，凭借其独特且极具变革性潜力的特质，正逐渐崭露头角，成为推动工业智能化发展当之无愧的核心力量。

数字孪生技术的核心要义在于，它能够在虚拟的数字空间中，为现实世界里的物理实体精心打造出与之精准对应的数字化副本。这个数字化副本绝非简单的复刻，而是通过建立起一套完善且高效的数据交互机制，实现与物理实体之间的实时联动。借助密布在物理实体各个关键部位的传感器，源源不断地采集诸如温度、压力、振动频率、运行状态等全方位的数据信息，并实时传输至虚拟空间中的数字化副本上。如此一来，数字化副本便能依据这些实时更新的数据，精准且动态地模拟物理实体的实际运行状态，仿佛一面镜子，时刻反映着物理实体的"一举一动"。

不仅如此，数字孪生技术的强大之处还体现在它具备对物理实体进行深度模拟、精准预测，以及优化调整的能力。基于复杂的算法模型和海量的数据积累，它可以模拟物理实体在不同工况、不同环境条件下的运行表现，提前预判可能出现的问题或者潜在的优化空间。例如，在工业生产线上，通过数字孪生技术能够模拟设备在长时间高负荷运转后的磨损情况，

预测设备故障发生的时间节点，进而提前安排维护保养工作，避免因设备突发故障而导致的生产停滞，极大地提升了生产效率。同时，还可以根据模拟和预测的结果，对生产流程、设备参数等进行优化调整，使整个工业生产系统始终保持在最佳运行状态，实现资源的高效利用，减少能源消耗与浪费，为工业生产赋予了前所未有的精度、效率，以及可持续性。

鉴于数字孪生技术如此重要且极具影响力，本章将会围绕其展开全面且深入的探讨。本书将从数字孪生技术的基础概念入手，详细剖析其内涵与本质，帮助读者清晰地理解这一技术究竟是如何运作的。接着，会深入挖掘支撑数字孪生技术得以实现的一系列关键技术，涵盖建模技术、数据处理技术、仿真技术，以及交互技术等等，这些技术如同精密仪器中的各个零部件，相互协作、缺一不可，共同构筑起了数字孪生技术这座"大厦"。在此基础上，还会将目光投向数字孪生技术在工业领域的广泛应用，无论是产品的设计研发阶段，还是生产制造过程，抑或是供应链管理、设备维护等多个环节，数字孪生技术都在发挥着不可忽视的重要作用，展现出其独特的应用价值。最后，本书也会对数字孪生技术未来的发展趋势进行前瞻性的展望，揭示它在不断演变的工业环境中，将如何继续拓展其应用边界，与其他新兴技术深度融合，进一步巩固其在智能制造中的核心地位，持续为工业智能化发展注入源源不断的创新动力。

3.2 数字孪生技术的概念与内涵

3.2.1 发展历程与背景

（1）起源与早期探索

数字孪生概念最早可追溯到美国国家航空航天局（NASA）在2002年对飞行器健康管理的研究，当时为了提高飞行器的安全性和可靠性，研究人员尝试构建飞行器的虚拟模型来模拟其飞行状态和预测故障。这一初期探索为数字孪生技术的发展奠定了基础，开启了其在复杂工程系统中的应用研究。

在随后的几年里，数字孪生技术在航空航天领域不断发展，主要用于飞行器的设计验证、性能优化和维护保障。通过建立高精度的飞行器数字模型，结合飞行试验数据，工程师能够在虚拟环境中对飞行器进行全面测试和改进，有效缩短研发周期，提高产品质量。

（2）技术推动因素

信息技术的飞速发展是数字孪生技术兴起的关键驱动力。云计算技术的成熟为数字孪生提供了强大的计算资源和存储能力，使得大规模复杂模型的构建和运行成为可能。企业无需再投入大量资金购置和维护本地服务器，只需通过云服务平台即可灵活获取所需的计算资源，降低了数字孪生技术的应用门槛。

物联网技术的普及使得物理实体与虚拟模型之间的数据连接更加便捷和高效。传感器成本的降低和性能的提升，使得在物理设备上部署大量传感器成为现实，能够实时采集丰富的运行数据并传输至虚拟模型。同时，5G等高速通信技术的发展，保证了数据传输的低延迟和高可靠性，满足了数字孪生对实时性的严格要求。

大数据处理和分析技术的进步为数字孪生提供了数据处理的手段。面对海量、多源、异构的工业数据，大数据技术能够进行有效的清洗、存储、管理和分析，挖掘出数据中的潜在价值。机器学习和人工智能算法的应用，使数字孪生模型能够从数据中学习和发现规律，实现对物理实体的智能预测和优化决策。

（3）产业需求驱动

制造业对提高生产效率、降低成本和提升产品质量的追求促使数字孪生技术的应用。在复杂产品制造过程中，如汽车、飞机、高端装备等，数字孪生可以实现虚拟生产调试，提前发现设计和工艺问题，优化生产流程，降低废品率和返工率。通过对生产设备的实时监测和预测性维护，降低设备故障率，提高设备利用率，从而实现生产效率和质量的双重提升。

工业4.0和智能制造战略的推进为数字孪生技术创造了广阔的发展空间。企业需要实现数字化转型，将生产过程数字化、智能化，以应对市场竞争和个性化定制需求。数字孪生作为智能制造的关键技术之一，能够实现物理世界与虚拟世界的深度融合，为企业提供全流程的数字化解决方案，帮助企业实现生产模式的创新和升级。

3.2.2　数字孪生技术的概念

数字孪生技术是一种利用数字化手段，在虚拟数字空间为现实世界中的物理实体创建高度精准且与之对应的数字化副本的创新技术。它通过构建起一套全面、高效的数据交互体系，借助大量部署在物理实体关键部位的传感器，实时采集包括物理特性、运行状态等各方面的详细数据，并即时传输至虚拟空间的数字化副本中，以此实现数字化副本与物理实体之间紧密且实时的双向联动。该技术并非仅仅停留在对物理实体的简单数字化模拟，而是在此基础上，依托复杂的算法模型及对海量数据的深度挖掘与分析，具备对物理实体进行深度且多维度的模拟、精准地预测，以及基于分析结果进行优化调整的能力，进而实现对物理实体全生命周期过程的有效映射与管控，为工业等众多领域在提高生产精度、提升运行效率，以及保障可持续发展等方面提供强有力的支撑。

3.2.3　数字孪生技术的特点

（1）实时性与同步性

数字孪生技术具备强大的数据采集和传输能力，通过在物理实体上部署密集且高精度的传感器网络，能够实时捕捉实体的各类状态信息，如温度、压力、振动、位置等。这些数据几乎在瞬间传输至虚拟模型，确保虚拟模型与物理实体在状态上保持高度同步，实现二者之间的实时交互。无论是物理实体的微小变化还是瞬间发生的事件，都能在虚拟模型中即时得到反映，这种实时性和同步性为精准监测、快速决策，以及及时干预提供了坚实基础。

（2）高保真度与精准映射

虚拟模型对物理实体的还原程度极高，在几何形状、物理特性、行为模式等多个维度实现精准映射。从宏观的整体结构到微观的细节特征，从静态的物理属性到动态的运行规律，虚拟模型都能以近乎真实的方式呈现。例如，在模拟工业设备时，不仅能准确描绘设备的外观和内部结构，还能精确模拟其在不同工况下的力学性能、热传导特性，以及流体动力学行为等，使虚拟模型成为物理实体的高度逼真数字化副本。

（3）双向交互性与闭环控制

数字孪生建立了物理实体与虚拟模型之间的双向数据通道，实现了双向交互。一方面，物理实体的实时数据驱动虚拟模型进行动态更新和模拟分析。另一方面，虚拟模型根据分析结果生成优化指令，并实时反馈至物理实体，对其进行精准控制和调整。这种闭环控制机制使得物理实体的运行能够不断优化，同时虚拟模型也能根据实际情况持续改进，形成一个相互促进、协同发展的良性循环，有效提升系统的整体性能和稳定性。

（4）多维度融合性与综合性分析

数字孪生技术融合了多种学科和技术领域，涵盖机械工程、电子信息、计算机科学、数学建模、数据分析等多个方面。它能够整合来自不同数据源、不同类型的数据，包括结构化数据（如传感器测量值、设备参数等）和非结构化数据（如图像、音频、文本等），并运用多种分析方法和算法进行综合性处理。通过多维度融合和分析，数字孪生可以挖掘出隐藏在数据背后的深层次信息和规律，为全面了解物理实体的性能、预测潜在的问题，以及制定优化策略提供丰富的依据。

（5）全生命周期覆盖性与可持续性

数字孪生贯穿物理实体的整个生命周期，从最初的设计规划阶段开始，就可以利用虚拟模型进行性能预测、可行性分析和优化设计。在制造过程中，通过实时监测和模拟，确保产品质量和生产效率。在使用阶段，持续跟踪设备的运行状态，进行故障预测和维护管理。即使到了退役阶段，数字孪生依然可以提供数据支持，用于设备的回收处理和经验总结。这种全生命周期的覆盖性使得数字孪生能够实现对物理实体的长期、可持续管理，充分发挥其在各个阶段的价值，促进资源的有效利用和循环经济的发展。

3.2.4　数字孪生技术的组成要素

（1）物理实体

物理实体是数字孪生的基础，涵盖了工业生产中的各种实际对象，如机械设备、生产线、工厂建筑、交通工具等。它是数字孪生模型所对应的真实存在，具有真实的物理属性、行为和运行状态。

物理实体通过内置或外接的各类传感器，如温度传感器、压力传感器、振动传感器、位移传感器等，实时采集自身的运行数据，包括工作参数、环境信息、性能指标等。这些数据是数字孪生模型进行实时更新和模拟分析的重要依据。

物理实体的运行状态和行为受到外部环境和内部因素的共同影响，其变化情况直接反映在采集到的数据中，从而为数字孪生系统提供了动态的信息源，使虚拟模型能够准确跟踪和模拟物理实体的实际情况。

（2）虚拟模型

虚拟模型是数字孪生技术的核心组成部分，它是利用数字化技术构建的物理实体的虚拟映射。它通过三维建模、计算机辅助设计、计算机辅助工程等技术手段，精确描绘物理实体的几何形状、结构特征、材料属性等外观和内部信息，为后续的模拟分析奠定基础。

虚拟模型不仅包含静态的几何模型，还集成了物理模型和行为模型。物理模型基于物理原理和数学公式，描述物理实体的力学、热学、电学等物理特性和相互作用关系，能够模拟物理实体在不同工况下的物理行为，如应力应变分布、热量传递过程、电磁场变化等。行为模型则通过对物理实体运行数据的分析和学习，构建其动态行为模式和逻辑规则，例如设备的故障模式、生产过程的工艺流程逻辑等，从而实现对物理实体行为的准确预测和模拟。

虚拟模型能够根据物理实体实时采集的数据进行动态更新和演进，保持与物理实体的高度同步，同时通过模拟分析和优化算法，为物理实体提供决策支持和优化建议，实现对物理实体的性能优化和运行控制。

（3）数据与连接

数据是数字孪生技术的"血液"，它包括物理实体实时采集的数据、历史运行数据、环境数据、设计数据等多源异构数据。这些数据来源广泛，格式多样，具有海量性、高速性、多样性和价值密度低等大数据特点。

数据连接则负责实现物理实体与虚拟模型之间的数据传输和交互。通过有线或无线通信技术，如以太网、Wi-Fi、蓝牙、5G等，传感器采集到的数据能够实时、稳定地传输至虚拟模型。同时，虚拟模型生成的优化指令和控制信号也能够通过连接通道准确下达至物理实体，确保双向数据交互的及时性和准确性。

数据的处理和管理在数字孪生系统中至关重要。需要采用数据清洗、数据转换、数据融合、数据存储等技术手段，对原始数据进行预处理和优化，提取有价值的信息，构建统一的数据格式和标准，为虚拟模型的运行和分析提供高质量的数据支持。同时，建立数据安全机制，保障数据的完整性、保密性和可用性，防止数据泄露和恶意攻击。

（4）服务与应用

基于数字孪生模型和实时数据，提供一系列的服务和应用功能，以满足不同用户在不同场景下的需求。例如，通过数据分析和挖掘技术，为企业管理者提供决策支持服务，包括生产计划优化、设备维护策略制定、质量控制分析、供应链管理优化等。

在设备维护领域，提供故障诊断服务，利用虚拟模型对设备运行数据进行实时监测和分析，结合故障预测算法，提前发现设备的故障隐患，准确诊断故障类型和位置，并提供相应的维修建议和解决方案，实现设备的预测性维护，降低设备停机时间和维修成本。

在产品设计阶段，提供虚拟验证服务，利用数字孪生模型进行产品性能测试、设计优化和虚拟装配验证，缩短产品研发周期，提高产品设计质量。同时，在培训和教育领域，开发模拟培训应用，为操作人员提供基于虚拟环境的培训课程，使其熟悉设备操作流程和应急处理方法，提高操作技能和安全意识。

服务与应用还包括人机交互界面的设计和开发，使用户能够直观地与数字孪生系统进行交互，查看物理实体的实时状态、模拟分析结果，输入控制指令，等，实现人与数字孪生系统的高效协同工作。

3.3　数字孪生技术的关键技术

数字孪生技术作为一项具有变革性潜力的创新技术，融合了多学科领域的知识和技术，其实现依赖于一系列关键技术的协同作用。以下将对数字孪生技术的关键技术进行详细说明。

3.3.1　建模技术

（1）三维几何建模

数字孪生技术的基础是建立高精度的物理实体三维几何模型。通过计算机辅助设计软件、三维扫描技术等手段，可以获取物理实体的精确几何形状和尺寸信息，例如：在汽车制造领域，利用CAD软件可以设计出汽车的各个零部件，并将其组装成完整的三维模型；而在建筑行业，三维激光扫描技术可以快速获取建筑物的外部形状和内部结构信息，为建立数字孪生模型提供基础数据。

三维几何建模不仅要准确还原物理实体的外观，还要考虑其内部结构和复杂的几何特征。对于一些具有复杂曲面和精细结构的物体，如航空发动机叶片、人体器官等，需要采用高级的曲面建模技术和细分建模技术，以实现更高的建模精度和真实感。同时，为了提高模型的可编辑性和可扩展性，通常采用参数化建模方法，将模型的几何形状和尺寸定义为一组参数，通过调整参数可以快速生成不同形态的模型。

（2）物理建模

物理建模是数字孪生技术的核心之一，它旨在描述物理实体的物理特性和行为规律。物理建模基于物理学原理和数学模型，通过对物理实体的力学、热学、电学、流体力学等物理现象进行建模，实现对物理实体在不同工况下的性能预测和行为模拟，例如：在机械制造领域，通过建立机械结构的力学模型，可以预测机械部件在受力情况下的变形、应力分布和疲劳寿命；在电子设备领域，通过建立电路模型，可以模拟电子元件的电气特性和信号传输过程。

物理建模的方法包括有限元分析（FEA）、有限体积法（FVM）、边界元法（BEM）等。这些方法通过将物理实体离散化为有限个单元或节点，建立相应的数学方程，求解这些方程可以得到物理实体的物理特性和行为。物理建模的精度和可靠性取决于模型的准确性、边界条件的设置和求解算法的效率。为了提高物理建模的精度，通常需要进行大量的实验验证和模型校准，以确保模型能够准确反映物理实体的实际行为。

（3）行为建模

行为建模主要关注物理实体的动态行为和逻辑规则。与物理建模不同，行为建模更侧重于描述物理实体在不同环境和条件下的决策、控制和交互行为，例如：在智能交通系统中，通过建立车辆的行为模型，可以模拟车辆在道路上的行驶行为、交通规则遵守情况和与其他车辆的交互；在工业自动化领域，通过建立机器人的行为模型，可以模拟机器人的运动轨迹、任务执行过程和与周围环境的交互。

行为建模通常采用基于规则的方法、机器学习方法和其他人工智能算法等。基于规则的方法通过定义一系列的规则和逻辑来描述物理实体的行为，例如交通规则、生产流程等。机器学习方法通过对大量的历史数据进行学习，自动提取物理实体的行为模式和规律，例如通过对车辆行驶数据的学习，可以预测车辆的行驶轨迹和行为。其他人工智能算法如深度学习、强化学习等可以实现更加复杂的行为建模，例如通过训练深度神经网络，可以实现机器人的自主决策和控制。

（4）多尺度建模

物理实体通常具有多尺度的特征，从微观的原子、分子尺度到宏观的物体尺度，不同尺度下的物理现象和行为具有很大的差异。数字孪生技术需要建立多尺度的模型，以实现对物理实体在不同尺度下的全面描述和分析，例如：在材料科学领域，需要建立从原子尺度到宏观尺度的多尺度模型，以研究材料的力学性能、热传导性能和电磁性能等；在生物医学领域，需要建立从细胞尺度到人体尺度的多尺度模型，以研究人体的生理功能和疾病发生机制。

多尺度建模的方法包括跨尺度耦合方法、多分辨率建模方法和混合建模方法等：跨尺度耦合方法通过将不同尺度的模型进行耦合，实现不同尺度下物理现象的相互作用和影响；多分辨率建模方法通过建立不同分辨率的模型，实现对物理实体在不同细节层次上的描述；混合建模方法则结合了多种建模方法，根据物理实体的特点和需求选择合适的建模方法进行组合。多尺度建模的挑战在于如何实现不同尺度模型之间的无缝连接和数据传递，以及如何提高多尺度模型的计算效率和精度。

3.3.2 数据采集与处理技术

（1）传感器技术

传感器技术是数字孪生技术实现物理实体与虚拟模型数据交互的关键。通过在物理实体上部署各种类型的传感器，可以实时采集物理实体的运行状态、环境参数和性能指标等数据。传感器的类型包括温度传感器、压力传感器、位移传感器、加速度传感器、电流传感器、电压传感器等，不同类型的传感器可以测量不同的物理量。例如，在工业生产过程中，通过安装温度传感器和压力传感器可以实时监测设备的运行温度和压力，通过安装位移传感器可以测量设备的位移和变形情况。

传感器的性能和精度直接影响数字孪生模型的准确性和可靠性。为了提高传感器的性能，需要采用先进的传感器技术，如微机电系统（MEMS）传感器、光纤传感器、无线传感器网络等。MEMS传感器具有体积小、重量轻、功耗低、成本低等优点，可以实现对物理量的高精度测量。光纤传感器具有抗电磁干扰、耐腐蚀、耐高温等优点，可以在恶劣环境下稳定工作。无线传感器网络可以实现对大规模物理实体的分布式监测和数据采集，提高数据采集的效率和覆盖范围。

（2）数据传输技术

数据传输技术负责将传感器采集到的数据实时传输到数字孪生模型中进行处理和分析。数据传输技术包括有线传输技术和无线传输技术：有线传输技术如以太网、USB、RS-232/485等，具有传输速度快、稳定性高、可靠性强等优点，但需要布线，适用于固定安装的物理实体；无线传输技术如Wi-Fi、蓝牙、ZigBee、LoRa、NB-IoT等，具有无需布线、安装方便、灵活性高等优点，但传输速度和稳定性相对较低，适用于移动或分布式的物理实体。

为了确保数据传输的实时性和可靠性，需要采用合适的数据传输协议和技术，例如：在工业自动化领域，通常采用实时以太网协议（如PROFINET、EtherCAT等）实现高速、实时的数据传输；在物联网应用中，通常采用低功耗广域网（LPWAN）技术，如LoRa、NB-IoT等实现远距离、低功耗的数据传输。同时，为了提高数据传输的安全性，需要采用加密技术和认证技术，防止数据被篡改或窃取。

（3）数据处理技术

数据处理技术是数字孪生技术的核心环节之一，它负责对传感器采集到的海量数据进行清洗、转换、存储和分析，提取有价值的信息，为数字孪生模型的运行和决策提供支持。数据处理技术包括数据清洗技术、数据转换技术、数据存储技术和数据分析技术等。

数据清洗技术用于去除数据中的噪声、异常值和重复数据，提高数据的质量和准确性。数据转换技术将不同格式的数据转换为统一的数据格式，便于数据的存储和分析。数据存储技术包括关系型数据库、非关系型数据库、分布式文件系统等，用于存储海量的数字孪生数据。数据分析技术包括统计分析、机器学习、深度学习等，用于挖掘数据中的潜在规律和模式，实现对物理实体的状态监测、故障诊断、性能预测和优化控制等功能。

（4）数据融合技术

物理实体通常具有多个数据源，不同数据源的数据可能存在冗余、冲突和不一致性。数据融合技术通过对多个数据源的数据进行融合处理，提高数据的质量和可靠性，为数字孪生模型提供更加准确和全面的信息。数据融合技术包括传感器融合、多模态数据融合和时空数据融合等。

传感器融合是将多个传感器的数据进行融合，提高传感器的测量精度和可靠性，例如：通过融合多个加速度传感器的数据，可以提高对物体运动状态的测量精度；通过融合多个温度传感器的数据，可以提高对环境温度的测量精度。多模态数据融合是将不同类型的数据（如传感器数据、图像数据、文本数据等）进行融合，实现对物理实体的多维度描述和分析。时空数据融合是将时间序列数据和空间数据进行融合，实现对物理实体在时间和空间上的动态描述和分析。

3.3.3　人工智能与机器学习技术

（1）数据分析与挖掘

数字孪生技术产生的海量数据为人工智能和机器学习技术提供了丰富的数据源。通过对数字孪生数据进行分析和挖掘，可以发现物理实体的运行规律、潜在问题和优化空间。数据分析和挖掘技术包括统计分析、聚类分析、关联规则挖掘、异常检测等。

统计分析可以对数字孪生数据的基本特征进行描述，如均值、方差、标准差等，了解数据的分布情况和趋势。聚类分析可以将数字孪生数据划分为不同的类别，发现数据中的相似性和差异性。关联规则挖掘可以发现数字孪生数据中不同变量之间的关联关系，为故障诊断和优化控制提供依据。异常检测可以检测数字孪生数据中的异常值和异常模式，及时发现物理实体的故障和异常情况。

（2）机器学习算法

机器学习算法是数字孪生技术实现智能决策和优化控制的关键。通过对数字孪生数据的学习，机器学习算法可以自动提取物理实体的行为模式和规律，实现对物理实体的状态监测、故障诊断、性能预测和优化控制等功能。机器学习算法包括监督学习算法、无监督学习算法和强化学习算法等。

监督学习算法如线性回归、决策树、支持向量机、神经网络等，通过对有标签的数字孪生数据进行学习，建立输入变量和输出变量之间的映射关系，实现对物理实体的状态预测和分类。无监督学习算法如聚类算法、主成分分析、自编码器等，通过对无标签的数字孪生数据进行学习，发现数据中的潜在结构和模式，实现对物理实体的异常检测和故障诊断。强化学习算法通过与环境的交互，学习最优的决策策略，实现对物理实体的优化控制。

（3）智能决策支持

基于人工智能和机器学习技术的分析结果，数字孪生技术可以为用户提供智能决策支持。智能决策支持包括故障诊断与预测、优化控制策略制定、生产计划优化等。

故障诊断与预测是通过对数字孪生数据的分析，及时发现物理实体的故障迹象，并预测故障发生的时间和部位，为设备维护和维修提供决策支持。优化控制策略制定是根据数字孪生模型的模拟结果和机器学习算法的优化建议，制定最优的控制策略，实现对物理实体的性能优化和节能降耗。生产计划优化是根据数字孪生模型对生产过程的模拟和预测，优化生产计划和资源配置，提高生产效率和质量。

3.3.4　可视化与交互技术

（1）三维可视化技术

三维可视化技术是数字孪生技术实现物理实体与虚拟模型直观展示的关键技术。通过将数字孪生模型以三维图形的形式展示出来，用户可以更加直观地了解物理实体的外观、结构和运行状态。三维可视化技术包括虚拟现实（VR）技术、增强现实（AR）技术和混合现实（MR）技术等。

VR技术通过创建一个完全虚拟的环境，使用户沉浸其中，实现对物理实体的全方位观察和交互。AR技术将虚拟信息叠加在真实环境中，使用户在现实世界中看到虚拟的数字孪生模型，实现对物理实体的增强现实体验。MR技术则是将虚拟信息与真实环境融合，实现更加自然和真实的交互体验。三维可视化技术的应用可以提高用户对数字孪生模型的理解和认知，为决策提供更加直观的依据。

（2）交互技术

交互技术是数字孪生技术实现用户与数字孪生模型自然交互的关键技术。通过手势识别、语音识别、触摸屏等交互技术，用户可以更加方便地与数字孪生模型进行交互，实现对物理实体的远程控制和操作。交互技术包括人机交互技术、多模态交互技术和自然交互技术等。

人机交互技术是指用户与计算机之间的交互方式，包括键盘、鼠标、触摸屏等传统交互方式，以及手势识别、语音识别、眼动追踪等新型交互方式。多模态交互技术是指结合多种交互方式，实现更加自然和高效的交互体验。自然交互技术是指模仿人类自然行为的交互方式，如手势、语音、表情等，实现更加自然和直观的交互体验。

（3）远程监控与控制

远程监控与控制技术是数字孪生技术实现对物理实体远程管理的关键技术。通过互联网技术，用户可以随时随地对物理实体进行远程监控和控制，实现对物理实体的实时管理和操作。远程监控与控制技术包括远程监控技术、远程控制技术和物联网技术等。

远程监控技术通过传感器和网络技术，将物理实体的运行状态实时传输到远程监控中心，用户可以通过监控终端实时查看物理实体的运行情况。远程控制技术通过网络技术，将用户的控制指令传输到物理实体，实现对物理实体的远程控制。物联网技术则是将物理实体连接到互联网，实现物理实体之间的互联互通和协同工作。远程监控与控制技术的应用可以提高物理实体的管理效率和可靠性，降低管理成本和风险。

3.4 数字孪生技术应用案例——流程工业数字孪生系统

流程工业是指以原材料或能源为基础，通过物理、化学或生物过程连续或间歇地生产特定产品的一类工业体系。这类工业在国民经济中占据重要地位，广泛应用于化工、石油、制药、冶金、食品加工、能源等多个领域，其生产过程具有以下特点。

连续性：生产过程通常是连续的，而不是离散的。

复杂性：涉及多种化学反应、物理过程和设备交互。

高能耗：生产过程对能源和原材料的需求较高。

安全性要求高：设备运行和生产环境对安全性和稳定性要求极高。

流程工业数字孪生系统通过在数字世界中创建物理流程工业系统的实时虚拟模型，以实现对物理系统的监控、预测和优化。数字孪生系统在流程工业中的应用，可以显著提高生产效率、降低运营成本、增强安全性，促进可持续发展，其关键组成部分如下所述。

（1）物理系统（plant）

传感器和设备：实时采集物理系统的运行数据，如温度、压力、流量、能耗等。

执行机构：如阀门、泵、电机等，用于控制物理系统的运行。

（2）数字模型（digital model）

三维建模：构建物理系统的三维虚拟模型。

动态仿真模型：基于物理系统的行为和过程，建立数学模型以模拟其动态响应。

数据模型：描述物理系统的结构、状态、参数等信息。

（3）数据集成与通信

物联网（IoT）平台：连接传感器和执行机构，实现数据的实时传输。

数据存储与管理：使用数据库或数据湖存储历史和实时数据。

数据接口：通过API、OPC UA等协议实现与外部系统的通信。

（4）数据分析与优化

大数据分析：对采集的数据进行处理和分析，提取有价值的信息。

人工智能（AI）与机器学习（ML）：用于预测设备故障、优化生产参数等。

数字孪生引擎：驱动数字模型的运行和更新。

（5）可视化与交互界面

虚拟仪表盘：展示物理系统的运行状态和数字孪生的模拟结果。

增强现实（AR）和虚拟现实（VR）：用于可视化和远程操作。

决策支持工具：为管理人员提供实时的决策支持。

本书以典型的酿造流程工业为例，介绍数字孪生系统的构建。酿造流程工业是流程工业中的一个重要子类，主要涉及利用生物技术（如发酵）将原料转化为酒精类饮品、调味品或食品等产品。酿造过程通常包括原料处理、发酵、蒸馏、陈酿、过滤、调配和灌装等环节，具有高度的连续性与间歇性结合、多阶段生物化学反应、对环境参数（如温度、湿度、pH值）敏感、质量控制严格等特点。

酿造生产流程较为复杂，具有代表性，其主要步骤包括：原料处理（清洗、粉碎、蒸煮，以破坏细胞结构，释放淀粉）、糖化与发酵（通过酒曲将淀粉转化为可发酵的糖，再转化为酒精和二氧化碳）、蒸馏（将发酵液中的酒精提取出来，提高酒精浓度）、陈酿与储存（将蒸馏后的酒液在陶坛、不锈钢罐或橡木桶中存放）、过滤与稳定处理（去除酒液中的杂质和悬浮物，使酒体清澈）、灌装与包装（将调配好的酒液灌入瓶中，贴标签、装箱，准备销售）等。生产流程可以分解为多个部分，控制参数多样且复杂。构建数字孪生系统，可以使用多种工业数字孪生软件完成该过程，以Virtual Universe Pro软件为例，它是法国IRAI公司出品的一款功能强大、开放、突出真实性和可编辑性的机电一体化仿真软件。为了实现高仿真度，Virtual Universe Pro为每个虚拟设备模型零件赋予了大量的细节参数，使得它可以在很大程度上具有实际物体的属性。模型零件的细节参数在Virtual Universe Pro中以寄存器地址的形式存在。通过关联外部控制器中的输入/输出信号与Virtual Universe Pro中的寄存器地址，即可实现Virtual Universe Pro中所对应的零件动作，还可以向控制器反馈虚拟部件的运行状态数据（图3-1）。

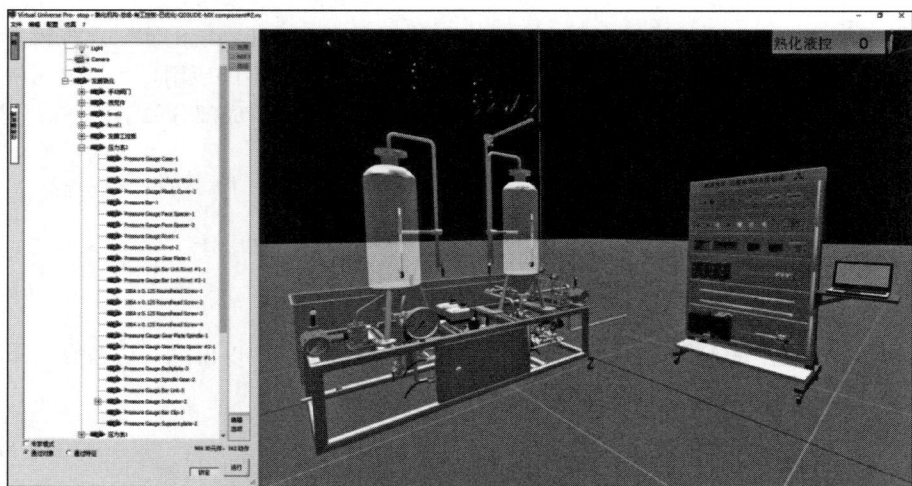

图3-1　流程工业数字孪生系统

Virtual Universe Pro中的通信组件UGatway（UG）内嵌了与控制器的通信程序，可以通过USB或以太网进行实时数据交换。来自控制器的控制数据改变虚拟仿真模型零件的寄存器数值，Virtual Universe Pro即可将寄存器数值转换成相应模型零件的动作。与此同时，将代表模型零件状态属性的寄存器数值反馈给控制器，形成闭环控制（图3-2）。

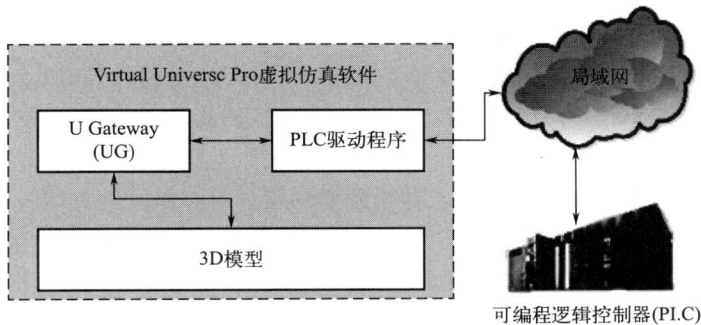

图3-2　数字孪生系统结构图

通过构建数字孪生系统，可以实现酿造流程的智能化与信息化，进而实现增效、节能、安全的生产过程。配套的虚拟仿真实验可通过实验空间网站搜索"面向酿造过程的复杂系统控制虚拟仿真实验"在线访问。

① 实时监控与可视化。通过数字孪生系统，可以实时监控物理系统的运行状态，如设备健康状况、生产参数、能耗等，可视化界面能够以图形化方式展示数据，便于快速发现问题。

② 预测性维护。利用历史数据和机器学习算法，预测设备的故障和维护需求，如反应釜的腐蚀情况、泵的磨损程度等，提前安排维护，减少停机时间。

③ 优化生产流程。数字孪生系统可以模拟不同的生产场景，优化操作参数（如温度、压力、流量等）以提高效率。

④ 培训与仿真。通过虚拟模型，对操作人员进行培训，模拟各种故障场景，提高应对能力。

⑤ 能源管理与可持续发展。数字孪生系统可以分析能耗数据，优化能源使用，减少碳排放，例如通过模拟优化锅炉的燃烧参数，降低能源消耗。

⑥ 供应链与物流优化。数字孪生系统可以与供应链管理系统集成，优化原材料采购、库存管理和物流调度。

3.5　数字孪生技术面临的挑战与解决方案

3.5.1　技术层面的挑战

（1）数据质量与准确性

① 当前困局。数字孪生技术高度依赖大量准确的数据来构建和更新虚拟模型。然而，在实际应用中，数据的质量和准确性往往难以保证。传感器的误差、数据传输过程中的干扰，以及数据采集的不完整性等问题都可能导致数据质量下降。例如，在工业生产环境中，传感器可能会受到高温、高压、振动等因素的影响，从而产生测量误差。此外，不同来源的数据可能存在格式不一致、单位不统一等问题，也会影响数据的准确性和可用性。

② 解决方案。

a.采用先进的数据采集技术,如高精度传感器、无线传感器网络等,提高数据采集的准确性和可靠性。同时,对采集到的数据进行实时监测和质量评估,及时发现和纠正数据中的错误和异常值。例如,利用数据校验算法和异常检测算法,对传感器数据进行实时监测和分析,确保数据的质量和准确性。

b.建立数据治理体系,制定数据标准和规范,加强数据管理和维护。对数据进行分类、存储、备份和恢复,确保数据的安全性和可用性。同时,建立数据共享机制,促进不同部门和系统之间的数据共享和协同工作。例如,建立企业级的数据仓库和数据湖,实现数据的集中管理和共享。

c.利用数据融合和数据挖掘技术,对多源异构数据进行融合和分析,提取有价值的信息。例如,将传感器数据、历史数据、业务数据等进行融合,利用机器学习算法和数据挖掘技术,挖掘数据中的潜在规律和模式,为数字孪生模型的构建和优化提供支持。

（2）模型复杂性与计算资源需求

① 当前困局。数字孪生技术通常需要构建复杂的物理模型和数学模型,以准确地描述物理实体的行为和性能。这些模型往往涉及多个学科领域的知识,如力学、热学、电学、流体力学等,因此模型的构建和求解过程非常复杂。同时,数字孪生技术需要实时更新虚拟模型,以反映物理实体的动态变化,这就需要大量的计算资源和时间。例如,在航空航天领域,数字孪生模型需要考虑飞行器在高速飞行过程中的空气动力学、结构力学、热传导等多种物理现象,模型的复杂性和计算资源需求非常高。

② 解决方案。

a.采用简化模型和近似方法,降低模型的复杂性和计算量。例如,对于复杂的物理系统,可以采用基于物理原理的简化模型或者基于数据驱动的近似模型,在保证一定精度的前提下,提高模型的计算效率。

b.利用高性能计算技术,如云计算、并行计算、分布式计算等,提高计算资源的利用率和计算效率。例如,将数字孪生模型部署在云计算平台上,利用云计算的弹性计算资源和并行计算能力,实现大规模数字孪生模型的快速求解和实时更新。

c.采用模型优化和压缩技术,减少模型的参数数量和所需存储空间,提高模型的运行效率。例如,利用模型压缩算法和稀疏表示技术,对数字孪生模型进行压缩和优化,降低模型的计算复杂度和存储需求。

（3）实时性与响应速度

① 当前困局。数字孪生技术的一个重要特点是能够实时反映物理实体的状态和行为,以便及时作出决策和调整。然而,在实际应用中,由于数据采集、传输、处理和模型更新等环节的延迟,往往难以实现真正的实时性。例如,在工业生产过程中,如果数字孪生系统不能及时响应设备故障或生产异常情况,就可能导致严重的后果。此外,对于一些对实时性要求非常高的应用场景,如自动驾驶、航空航天等,数字孪生技术的响应速度可能无法满足要求。

② 解决方案。

a.优化数据采集和传输系统,采用高速数据传输技术和实时数据处理算法,减少数据传输和处理的延迟。例如,利用5G通信技术、边缘计算技术等,实现数据的快速采集和处理,提高数字孪生系统的实时性和响应速度。

b.采用高效的模型更新算法和并行计算技术,加快虚拟模型的更新速度。例如,利用增量式模型更新算法和分布式并行计算技术，实现数字孪生模型的快速更新和实时响应。

c.利用预测算法和预加载技术，提前预测物理实体的状态变化，缩短响应时间。例如，利用机器学习算法和时间序列分析技术，对物理实体的状态变化进行预测，提前加载相关数据和模型，提高数字孪生系统的响应速度。

（4）互操作性与标准化

① 当前困局。数字孪生技术涉及多个领域和多个系统的集成，如传感器、数据采集系统、建模软件、仿真平台、可视化工具等。然而，目前不同的数字孪生系统之间往往缺乏互操作性和标准化，这就导致了系统集成的难度较大，数据共享和协同工作的效率较低。例如，不同厂商的传感器可能采用不同的数据格式和通信协议，建模软件和仿真平台之间可能无法直接兼容，这就给数字孪生技术的应用带来了很大的障碍。

② 解决方案

a.制定统一的数字孪生技术标准和规范，涵盖数据格式、通信协议、模型接口、可视化方法等方面。例如，制定数字孪生数据标准、数字孪生模型标准、数字孪生通信协议标准等，促进不同数字孪生系统之间的互操作性和数据共享。

推动数字孪生技术的开源和开放，鼓励不同的厂商和研究机构共同参与数字孪生技术的研发和应用。例如，建立数字孪生技术开源社区，共享数字孪生技术的代码、算法和模型，促进数字孪生技术的发展和成熟。

b.加强国际合作与交流，共同推动数字孪生技术的标准化和互操作性。例如，参与国际数字孪生技术标准制定组织，与国际同行分享数字孪生技术的经验和成果，促进数字孪生技术的全球化发展。

3.5.2　数据安全与隐私保护挑战

（1）数据泄露风险

① 当前困局。数字孪生技术涉及大量的敏感数据，如物理实体的设计参数、运行状态、生产工艺等。这些数据如果被泄露或滥用，可能会给企业带来严重的损失。例如，在工业领域，竞争对手可能通过窃取数字孪生数据来获取企业的商业机密和技术优势，在医疗领域，患者的个人健康数据如果被泄露，可能会导致个人隐私泄露和医疗安全问题。

② 解决方案。

a.采用数据加密技术，对敏感数据进行加密存储和传输，确保数据的安全性。例如，利用对称加密算法和非对称加密算法，对数字孪生数据进行加密，防止数据被窃取和篡改。

b.建立访问控制机制，对数字孪生系统的用户进行身份认证和授权管理，确保只有授权用户才能访问敏感数据。例如，利用用户身份认证技术、访问控制列表技术等，对数字孪生系统的用户进行管理和控制。

c.加强网络安全防护，采用防火墙、入侵检测系统、加密技术等，保护数字孪生系统的网络安全。例如，利用网络防火墙技术、入侵检测系统技术等，对数字孪生系统的网络进行防护，防止网络攻击和恶意软件的入侵。

（2）网络攻击威胁

① 当前困局。数字孪生技术通常依赖于网络进行数据传输和通信，这就使得数字孪生系统容易受到网络攻击的威胁。黑客可以通过网络攻击手段，如恶意软件、拒绝服务攻击、网络钓鱼等，破坏数字孪生系统的正常运行，窃取敏感数据或者篡改虚拟模型。例如，在智能交通领域，黑客可能通过攻击数字孪生系统来控制交通信号灯或者车辆导航系统，从而引发

交通事故。

② 解决方案。

a.建立网络安全监测和预警机制,对数字孪生系统的网络进行实时监测和分析,及时发现和预警网络攻击。例如,利用网络流量监测技术、入侵检测系统技术等,对数字孪生系统的网络进行监测和分析,及时发现网络攻击的迹象。

b.制定应急预案,对网络攻击事件进行快速响应和处理,降低网络攻击的影响。例如,制定网络攻击应急预案,明确应急响应流程和责任分工,对网络攻击事件进行快速响应和处理,降低网络攻击的损失。

c.加强员工的网络安全意识培训,提高员工的网络安全防范能力。例如,定期组织员工参加网络安全培训,提高员工的网络安全意识和防范能力,减少人为因素导致的网络安全事故。

（3）隐私保护问题

① 当前困局。数字孪生技术在收集和处理数据的过程中,可能会涉及个人隐私信息的收集和使用。例如,在智能城市领域,数字孪生系统可能会收集居民的出行轨迹、消费习惯等个人信息。如果这些信息被不当使用或泄露,可能会侵犯个人隐私。此外,数字孪生技术在医疗、金融等领域的应用也可能会涉及个人隐私保护问题。

② 解决方案

a.采用隐私保护技术,如数据加密、匿名化、差分隐私等,对个人隐私信息进行处理,降低隐私泄露的风险。例如,利用数据加密技术对个人隐私信息进行加密存储和传输,利用匿名化技术对个人隐私信息进行处理,降低个人隐私信息被识别的风险。

b.建立隐私保护法律法规和监管机制,加强对数字孪生技术应用中个人隐私保护的监督和管理。例如,制定数字孪生技术应用中的隐私保护法律法规,明确个人隐私信息的收集、使用、存储和保护要求,加强对数字孪生技术应用中个人隐私保护的监管和执法力度。

c.加强用户的隐私意识教育,提高用户对个人隐私保护的重视程度。例如,通过宣传和教育活动,提高用户的隐私意识和自我保护能力,引导用户合理使用数字孪生技术,保护个人隐私信息。

3.5.3　人才短缺与组织变革挑战

（1）专业人才短缺

① 当前困局。数字孪生技术是一项跨学科、综合性的技术,涉及计算机科学、工程学、物理学、数学等多个领域的知识。因此,数字孪生技术的应用需要具备多学科背景和专业技能的人才支持。然而,目前市场上缺乏既懂技术又懂业务的数字孪生专业人才,这就给数字孪生技术的推广和应用带来了很大的困难。例如,在企业中,往往缺乏能够熟练运用数字孪生技术进行产品设计、生产优化和设备维护的专业人才。

② 解决方案。

a.高校和科研机构应加强数字孪生技术相关专业的设置和课程建设,培养具备多学科背景和专业技能的数字孪生专业人才。例如,开设数字孪生工程、数据科学与工程、智能制造工程等相关专业,设置数字孪生技术、数据采集与处理、建模与仿真、可视化与交互等相关课程,培养数字孪生技术的专业人才。

b.企业应加强内部培训和人才培养,提高员工的数字孪生技术应用能力。例如,组织数字孪生技术培训课程、研讨会和实践项目，鼓励员工学习和应用数字孪生技术，提高员工的数字孪生技术应用能力和创新能力。

c.政府和企业应加大对数字孪生技术人才的引进力度，吸引国内外优秀的数字孪生技术人才来本地发展。例如，制定人才引进政策，提供优厚的待遇和发展机会，吸引国内外优秀的数字孪生技术人才来本地工作和创业。

（2）组织变革挑战

① 当前困局。数字孪生技术的应用需要企业进行组织变革和业务流程再造。数字孪生技术不仅仅是一种技术工具，更是一种全新的管理理念和方法。它要求企业打破传统的部门壁垒，实现跨部门、跨领域的协同工作，要求企业建立以数据为驱动的决策机制，实现从经验决策向数据决策的转变。然而，组织变革和业务流程再造往往会涉及利益调整、权力分配等问题，这就给数字孪生技术的应用带来了很大的挑战。

② 解决方案。

a.企业应从战略层面高度重视数字孪生技术的应用，制定明确的数字孪生技术应用战略和规划，明确数字孪生技术在企业发展中的地位和作用。例如，将数字孪生技术作为企业数字化转型的核心技术，制定数字孪生技术应用的长期规划和短期目标，明确数字孪生技术在企业产品设计、生产制造、设备维护、供应链管理等方面的应用场景和实施路径。

b.建立跨部门、跨领域的数字孪生技术应用团队，加强部门之间的沟通和协作。例如，成立数字孪生技术应用领导小组，由企业高层领导担任组长，相关部门负责人作为成员，负责数字孪生技术应用的领导和协调工作。同时，成立数字孪生技术应用项目团队，由技术人员、业务人员和管理人员组成，负责数字孪生技术应用项目的实施和推进工作。

c.引入外部咨询机构和合作伙伴，借助外部专业力量推动组织变革和业务流程再造。例如，聘请数字孪生技术咨询公司，对企业的数字孪生技术应用进行评估和规划，提供专业的咨询和建议。同时，与数字孪生技术供应商、科研机构等建立合作关系，共同开展数字孪生技术的研发和应用，推动企业的组织变革和业务流程再造。

3.6 数字孪生技术的未来发展趋势

3.6.1 技术深化与融合

（1）建模技术精细化

① 多尺度建模的发展。未来，数字孪生的建模将更加注重多尺度的精细刻画。在宏观尺度上，能够对大型复杂系统（如城市、工业园区等）进行整体的架构建模和功能模拟，把握系统的整体运行态势和资源调配情况。例如，对于一个城市的数字孪生模型，不仅可以呈现出城市的整体地理布局、交通网络等宏观信息，还能深入到微观尺度，对单个建筑物的内部结构、管道布线、设备安装等进行精确建模，实现从城市级到建筑级再到设备级的多尺度无缝衔接。这种多尺度建模将为城市规划、建筑设计与施工、设备维护等提供更全面、准确的参考依据。

② 物理特性建模的精准化。随着材料科学、物理学等领域的不断发展，数字孪生对物理实体的物理特性建模将更加精准。对于物体的力学性能、热传导特性、电磁特性等物理参数的模拟将更加接近实际情况，能够准确地反映物理实体在不同工况下的行为和变化。以航空

航天领域为例，飞机零部件的数字孪生模型将能够精确模拟在高空、高速、高温等极端环境下的力学性能和热变形情况，为零部件的设计、制造和维护提供更科学的指导。

（2）数据处理智能化

① 人工智能与机器学习的深度融合。人工智能和机器学习技术将与数字孪生深度融合，实现对海量数据的自动分析、挖掘和预测。通过对历史数据的学习和分析，能够自动识别数据中的模式和趋势，预测物理实体的未来状态和行为，为决策提供智能支持。例如，在工业生产中，利用机器学习算法对设备的运行数据进行分析，可以提前预测设备的故障发生时间和原因，及时进行维护和保养，避免生产中断。

② 实时数据处理能力的提升。随着物联网技术的不断发展，数字孪生系统将面临越来越多的实时数据输入。未来，数字孪生技术将不断提升对实时数据的处理能力，实现对物理实体的实时监控和动态模拟。采用分布式计算、边缘计算等技术，能够在靠近数据源的地方进行数据处理，减少数据传输延迟，提高数据处理的时效性。例如，在智能交通系统中，通过边缘计算设备对道路上的车辆实时数据进行快速处理，可以及时调整交通信号，优化交通流量。

3.6.2　应用领域拓展

（1）工业制造领域的持续深化

① 全产业链的数字孪生应用。在工业制造领域，数字孪生将从单一的产品设计、生产环节向全产业链延伸，涵盖从原材料采购、产品设计、生产制造、物流运输到售后服务的整个产业链过程，实现对产品全生命周期的数字化管理和优化。例如，汽车制造企业可以通过数字孪生技术对汽车的研发、生产、销售和售后过程进行全面模拟和优化，提高汽车的质量和生产效率，降低成本。

② 智能工厂的建设与升级。数字孪生将成为智能工厂建设的关键技术，通过对工厂的设备、生产线、车间等进行数字孪生建模，实现对工厂的实时监控、智能调度和优化管理。工厂管理者可以在虚拟环境中对生产过程进行模拟和优化，提前发现生产中的问题和瓶颈，提高生产的灵活性和适应性。例如，通过数字孪生技术对生产线进行优化布局，可以减少生产线上的物料搬运时间，提高生产效率。

（2）智慧城市领域的广泛应用

① 城市基础设施的数字孪生管理。城市的基础设施如道路、桥梁、给排水系统、电力设施等将广泛应用数字孪生技术进行管理和维护。通过对基础设施的数字孪生建模，能够实时监测基础设施的运行状态，及时发现潜在的安全隐患和故障，提高基础设施的可靠性和安全性。例如，对桥梁的数字孪生模型进行实时监测，可以及时发现桥梁的结构变形和裂缝等问题，提前进行维护和加固。

② 城市规划与决策的辅助支持。数字孪生技术将为城市规划和决策提供强大的辅助支持。城市规划者可以在数字孪生城市模型中模拟不同的规划方案，分析其对城市交通、环境、资源利用等方面的影响，从而选择最优的规划方案。例如，在城市新区的规划中，通过数字孪生技术可以模拟不同的建筑布局和交通规划方案，评估其对居民出行、能源消耗等方面的影响，优化城市规划设计。

（3）医疗健康领域的创新突破

① 医疗设备的数字孪生维护。医疗设备的复杂性和高精度要求使得其维护和管理至关重要。数字孪生技术将应用于医疗设备的维护和管理，通过对医疗设备的数字孪生建模，实

时监测设备的运行状态和性能参数，预测设备的故障和维护需求，提高医疗设备的可靠性和可用性。例如，对大型医疗影像设备的数字孪生模型进行分析，可以提前发现设备的潜在故障，及时进行维护和保养，减少设备停机时间。

② 个性化医疗的推动。数字孪生技术将为个性化医疗提供新的手段和方法。通过对患者的生理特征、疾病史、基因信息等进行数字孪生建模，医生可以在虚拟环境中模拟不同的治疗方案，预测治疗效果，为患者制定个性化的治疗方案。例如，对于心血管疾病的患者，医生可以利用数字孪生技术模拟不同的药物治疗和手术治疗方案，选择最适合患者的治疗方法。

3.6.3 协同合作与平台化发展

（1）跨行业、跨领域的协同合作

① 不同行业之间的融合创新。未来，数字孪生技术将促进不同行业之间的融合创新，例如：工业制造与医疗健康领域的结合，将使得医疗设备的制造更加智能化和个性化；城市规划与交通管理领域的结合，将实现城市交通的优化和智能化管理。通过跨行业的数字孪生应用，能够打破行业之间的壁垒，实现资源共享和协同发展。

② 产业链上下游的协同合作。数字孪生技术将推动产业链上下游企业之间的协同合作。在产品的设计、生产、销售和售后服务过程中，产业链上下游企业可以通过数字孪生平台共享数据和模型，实现协同设计、协同生产和协同服务。例如，在汽车制造产业链中，零部件供应商、整车制造商和销售商可以通过数字孪生平台共享汽车的设计和生产数据，实现零部件的精准匹配和整车的高效生产。

（2）数字孪生平台的发展与完善

① 通用数字孪生平台的出现。随着数字孪生技术的不断发展，将会出现一些通用的数字孪生平台，为不同行业和领域的用户提供便捷的数字孪生应用开发和部署环境。这些通用平台将具备强大的建模、数据处理、分析和可视化功能，用户可以根据自己的需求在平台上快速构建数字孪生模型，实现对物理实体的模拟和优化。例如，一些云计算服务提供商将推出数字孪生云平台，为企业用户提供一站式的数字孪生服务。

② 平台的开放性和互操作性。数字孪生平台将越来越注重开放性和互操作性，能够与其他信息系统和平台进行无缝对接和集成。通过开放的接口和标准，数字孪生平台可以与企业的ERP、MES、PLM等系统进行数据交互和共享，实现企业内部信息的互联互通。同时，数字孪生平台之间也可以进行互操作，实现跨平台的数字孪生应用和协同工作。

3.6.4 标准规范与安全保障

（1）标准规范的制定与完善

① 数据标准的统一。数字孪生技术的发展离不开数据的支持，未来将制定统一的数据标准，规范数字孪生系统中数据的采集、存储、传输和使用。统一的数据标准将确保不同数字孪生系统之间的数据兼容性和互操作性，为数字孪生技术的广泛应用奠定基础。例如，制定统一的传感器数据采集标准、数据格式标准和数据传输协议等，使得不同厂家的设备和系统相互兼容。

② 建模标准的建立。建立数字孪生的建模标准，规范数字孪生模型的构建方法、模型结构和模型参数等。建模标准的建立将提高数字孪生模型的质量和可靠性，为数字孪生技术的应用提供保障。例如，制定不同行业和领域的数字孪生建模标准，明确模型的精度要求、物

理特性参数等，使得数字孪生模型能够准确地反映物理实体的特性和行为。

（2）安全保障体系的强化

① 数据安全与隐私保护。随着数字孪生技术的广泛应用，数据安全和隐私保护将成为重要的问题。未来，将加强数字孪生系统的数据安全防护，采用加密技术、访问控制技术、数据备份与恢复技术等，确保数据的安全性和完整性。同时，加强对用户隐私的保护，制定严格的隐私保护政策和法规，规范数字孪生系统中用户数据的收集、使用和共享。例如，在医疗健康领域，数字孪生系统中患者的个人信息和医疗数据将受到严格的保护，防止数据泄露和滥用。

② 系统安全与可靠性。数字孪生系统的安全与可靠性将得到进一步的关注。加强对数字孪生系统的安全评估和监测，及时发现和解决系统中的安全漏洞和故障，确保系统的稳定运行。同时，建立数字孪生系统的应急响应机制，在系统出现故障或安全事件时能够快速响应和恢复，减少损失。例如，在工业生产中，数字孪生系统的故障可能会导致生产中断，因此需要建立完善的应急响应机制，确保生产的连续性。

习题

3-1　什么是数字孪生？

3-2　数据建模的目标是什么？

3-3　什么是数字孪生的五维模型？

3-4　如何保障数据安全？

第4章
3D打印技术

导读

　　本章详细介绍了 3D 打印技术，包括 3D 打印技术的起源与应用、打印技术的类型与常见材料的选择。接下来以具体案例介绍 3D 打印机的构造与打印软件的使用，并详细阐述了软件参数、摆放形式等对打印质量优化的影响，最后以实战案例介绍了 3D 打印的完整流程。

本章知识点

- 3D打印的概念
- 3D打印流程
- 3D打印实战案例
- 3D打印材料
- 3D打印参数及摆放形式的影响

4.1　3D打印技术简介

4.1.1　什么是3D打印技术

　　3D打印技术是数字化革命的重要组成部分。区别于传统的数控加工方式，3D打印采用逐层堆叠累积的方式来构造物体，理论上可以有"无限"的可能性。

　　3D打印技术出现在20世纪80年代，早期在模具制造、工业设计等领域被用于制造模型，后逐渐用于一些产品的直接制造，已经有使用这种技术打印而成的零部件。3D打印技术从科技界和产业界的默默无闻，到现在向大众化拓展。如今，3D打印技术引起了民众的普遍关注，各种桌面级的3D打印机不断涌现，让越来越多的人感受到了3D打印带来的便利。

　　3D打印技术是一种通过电脑切片软件将三维模型转化为数字代码，再控制3D打印机执行数字代码，最后使用塑料或金属粉末等材料进行逐层打印来构建实体的技术，属于快速成型技术的一种。3D打印技术是依托于信息技术、精密机械，以及材料科学等多学科发展起来的尖端技术。其学术名称为快速成型制造（rapid prototyping manufacturing，RP），也叫增材制造（additive mamufacturing，AM）。3D打印是以计算机三维设计模型为蓝本，通过软件分层离散和数控成型系统，利用激光束、热熔喷嘴等方式将金属粉末、陶瓷粉末、塑料、细胞组织等特殊材料进行逐层堆积黏结，最终叠加成型，制造出实体产品的技术。

　　3D打印的原理就是把物体分成若干个图层，从第一层开始用打印材料绘制，图层一层层地叠加，最后形成完整的物体。一般来说，使用3D打印来获得一个物件，需要经过构建三维模型、切片、打印，以及后期处理四个步骤：第一步，构建三维模型，使用Solidworks、AutoCAD、UG和ProE等三维设计软件来构建三维模型，也可以使用3D扫描设备来生成三维模型；第二步，切片，获得三维模型后，需要使用与3D打印机匹配的切片软件对三维模型进行切片处理，生成3D打印机能够识别的数字代码；第三步，打印，3D打印机执行打印命令后，将打印材料一层一层地喷涂在打印平台上，最后堆叠形成一个完整的物体；第四步，后期处理，刚打印完的物体，表面可能存在一些毛刺，悬空部位有支撑等，这些都需要通过后期处理消除。后期处理有砂纸打磨、珠光处理、蒸汽平滑、剥离，以及上色等，处理过后才能得到一件表面光洁的模型。

传统制造过程与之相对应的两种技术是切削和铸塑。相比这两种技术，3D打印技术（增材制造）有明显的优势，那就是既不像切削那样浪费材料，也不像铸塑那样要求先制作模具。一次成型，快速个性化定制是它的重要特点，这在小批量、多品种（个性化）的生产中占有非常大的优势。这种数字化制造模式不需要复杂的工艺、不需要庞大的机床、不需要众多的人力，直接从计算机图形数据中便可生成任何形状的零件，使生产制造得以向更广的人群范围延伸。

4.1.2　3D打印技术应用

随着3D打印技术不断发展和成本的不断降低，普及程度在不断地提升，越来越多的行业和领域中出现了3D打印的身影。3D打印主要应用在工程制造、航空航天、太空领域、医学领域、建筑领域、文物保护、配件与饰品行业、食品行业、玩具行业，以及机器人等领域，此外在鞋类、工业设计、教育、地理信息系统、土木工程和军事等领域也有广泛的应用。

（1）工程制造

在汽车制造行业，由于3D打印技术具有打印周期短、快速成型等特性，很适合应用于汽车的开发环节。在外形设计阶段，3D打印与传统的手工油泥模型相比，不仅精确度高，而且耗时少，大大提高外形设计阶段的效率。在汽车零部件研发测试阶段，不仅比传统制造模具耗时少，还大大降低成本。若在测试过程中出现问题，只需对3D文件进行修改而无需重新制作模具，在提高效率的同时，也降低了风险与成本。

随着3D打印技术的革新，打印制品的质量及精度也在不断提高。3D打印技术在汽车行业中的应用也逐渐向更高价值的方向转变，例如人们也在尝试使用3D打印直接制造汽车成品。2014年，首辆3D打印汽车试行，对比起普通的汽车，3D打印汽车只有40个零部件，打印耗时为44h，最高速度可达80km/h。2015年7月，世界上首款3D打印超级跑车"刀锋（blade）"问世（图4-1）。

图4-1　3D打印超级跑车"刀锋（blade）"

（2）航空航天

航空航天工业对于零件要求非常严格，3D打印技术在该领域主要应用在高温合金材料的激光快速成型技术。这项技术目前中国和世界上其他国家同处于起步阶段，未来有很大的发展空间。

3D打印技术的出现，大大提高了航空航天设备的研发设计效率，不需要花费高成本去专门订做零件。通过3D打印，可以更快、更精确地得到相应的模型，需要修改时，只需对3D文件进行修改，降低了研发设计阶段所需的费用。图4-2所示的歼-15战斗机，广泛采用了3D打印技术制造钛合金主承力部分，其包括了整个前起落架。

图4-2　歼-15战斗机

（3）太空领域

澳大利亚一支科学家团队研发出一种有机可打印的太阳能电池板，虽然只有纸一样薄厚，但其供电能力却不差，据悉，这项技术将减少一些发达国家对传统能源的依赖，同时为发展中国家处于电网之外的偏远地区提供一种小成本高效率的电力来源。

（4）医学领域

在医学领域，目前已经有3D打印的假肢、植入体、器官等被患者使用的案例。多年来，研究人员一直研究再造器官和身体组织，但受制于组织细胞培养十分困难，而使用生物材料的3D打印技术提供了另一种解决方案。例如常见的基于已扫描的牙齿数据，使用3D打印机打印牙齿矫正工具，和传统的戴金属牙箍不同，这种方式是打印出一系列稍微不同的透明牙箍，而且解决了以往微笑时露出金属牙箍的问题。

（5）建筑领域

3D打印建筑技术与传统建筑相比，速度提高了10倍以上，不需要大量的建筑工人和模板，大大降低成本的同时提高了生产效率，还能控制建筑的强度以及质量。世界首台建筑3D打印机诞生之时，只能打印几米高的建筑物，要实现打印更高楼层的目标，还有很多关键技术需要突破解决。而在制作建筑模型方面，3D打印技术则大展身手，能显著地提高速度和降低成本。例如，以往做一个酒店模型，需要两个月的时间及10万美元的资金，现在使用3D打印，只需一个夜晚的时间和2000美元，大幅降低了时间及成本。

（6）文物保护

据专家介绍，3D打印技术很早就应用到文物保护领域了。保护文物常常会使用替代品，而传统替代品的制作方法是翻模，这种方式或多或少会对文物有所损坏，制作的替代品也不能跟原型百分之百一样。3D打印技术将文物的3D模型文件直接打印成实体，不会和文物实物发生触碰，因此不损坏文物，而且精确度更高。国内外都有使用3D打印制作替代品摆出来展示的例子。3D打印技术除了用于制作文物替代品，还可以通过计算机软件辅助对文物进行修复。

（7）配件与饰品行业

随着社会的进步，消费者对具有个性化的配件和饰品的需求越来越大，3D打印技术的出现正好满足消费者对配件和饰品的个性化需求。使用3D打印技术，完全可以为自己量身定做一款独一无二的配件或饰品，而且成本低廉，适合大众消费者。目前，国内外都有公司提供这种专属定做饰品的服务。

（8）食品行业

借助3D打印技术，人们可以根据个人喜好设计食品的外形。由于打印食品耗时较长，无法与传统生产相比，比较适合小批量生产个性化的食品。国外著名的3D打印公司3D Systems已经成功研制出了糖果3D打印机和巧克力3D打印机。

（9）玩具行业

在玩具行业，3D打印技术带来的冲击也是巨大的。相比于传统的制作方法，3D打印简化了玩具产品制作的流程，缩短了产品从设计到生产的时间，可修改和完善产品的空间更大，为整个流程降低了成本和时间。

（10）机器人

机器人的设计和制造，大部分都采用非标准零件，采用传统的方式设计并制造机器人需要耗费大量的时间。采用3D打印技术不仅可以缩短设计制造时间与节约成本，还可以制作出更多个性化的机器人。例如，在餐饮行业的送餐服务机器人，对机器人外观有不同定制需求，3D打印可以快速实现各种外观的定制。

4.2　3D打印技术及材料简介

4.2.1　3D打印技术类型

3D打印技术类型丰富，目前应用较广泛的3D打印技术主要有以下几种，分别是熔融沉积快速成型、光固化成型、三维粉末粘接、选择性激光烧结。

（1）熔融沉积快速成型（FDM）

FDM技术是一种将热熔性材料加热熔化后，通过喷头的喷嘴喷出，沉积在打印平台上或前一层材料上，材料喷出后温度降低，低于固化温度后迅速固化，与周围材料凝结，最后一层一层堆叠形成立体模型。FDM工艺在1988年由一位美国工程师斯科特·克伦普（Scott Crump）研制，一直发展至今，是目前世界范围内应用最广泛的3D打印技术之一。

① FDM技术优点。相比其他几种主流技术，FDM技术有以下优点：

● 设计简单；

● 机械结构简单；

● 制造成本、维护成本，以及材料成本也较低，在桌面级3D打印机中使用得最多。

② FDM技术缺点。FDM技术的不足：

● 耗材影响：桌面级3D打印机一般使用ABS或PLA为打印材料，使用ABS材料打印时应注意通风，ABS材料在高温熔化后会散发出有毒气体，ABS材料强度高，但有一定的收缩性，影响打印成品的精确度。PLA材料是生物降解塑料：加热熔化后无气味，安全而且环保，成品的变形较小，在桌面级的3D打印机里使用率比ABS材料要高。

● 成型效果不稳定：因为其机械结构简单，在精确度、出料形态，以及成型效果方面难以控制，而且成型效果还受到温度的影响，导致FDM技术不够稳定，所以在对成品精度要求高及对表面光洁度要求高的行业和领域较少采用FDM技术。

（2）光固化成型（SLA）

SLA技术，使用的材料主要为光敏树脂，通过激光束逐点照射液态的光敏树脂，使之逐层固化，最后形成一个立体的模型。SLA技术是最早被提出并发展应用的快速成型技术，时至今日，经过20多年的发展，已经是目前研究最深入、技术最成熟、在世界范围内应用最广泛的快速成型技术之一。

① SLA技术优点。SLA技术制作的模型，有以下优点：

● 成型速度快；

● 表面光洁；

● 具有柔韧性；

● 材料利用率高；

● 精度高，目前最高精度可以达到16μm，在对制品精度要求比较严格的行业和领域内使用广泛。

② SLA技术的缺点。SLA技术的缺点如下：

● 光敏树脂有一定的毒性；

● 成型的成品强度较低，多数被应用在产品研发阶段和制作原型等方面；

● 成本较高，与FDM技术的3D打印机相比，SLA技术的3D打印机在设备成本、维护成本，以及材料成本都要远高于FDM技术的3D打印机，多数应用在专业级的3D打印机中。相信随着3D打印技术的发展，SLA技术的桌面级3D打印机不管是设备成本还是材料成本，都会大大降低。

（3）三维粉末粘接（3DP）

3DP技术，使用的原料是陶瓷粉末、金属粉末和塑料粉末等粉末状材料。3DP技术的原理是先在工作平台上铺一层粉末，再通过喷嘴喷出的黏合剂黏结指定区域的粉末材料形成一个打印模型的截面，不停重复送粉、喷粉、喷黏合剂，以及黏结的过程，逐层叠加最后形成一个完整的模型。没有被喷到黏合剂的粉末，在成型过程中起到支撑的作用，打印完成后，粉末很容易被清除。

① 3DP技术的优点。3DP技术优点如下：

● 成型速度快，使用粉末材料价格便宜；

● 打印无需设置支撑，很适合打印内部具有复杂结构的模型或零件；

● 实现多颜色打印，在黏合剂中加入颜料可以打印出具有丰富色彩的模型，这一点是目前其他3D打印技术无法实现的。

② 3DP技术的缺点。3DP技术缺点如下：

● 成型的模型强度较低，需要后期处理增加强度；

● 表面光洁度不够，欠缺精细度；

● 该技术的3D打印机设备制造技术比较复杂，成本较高，目前主要应用在专业领域。

（4）选择性激光烧结（SLS）

SLS技术能够使用多种粉末材料，主要使用的材料是金属粉末、尼龙（PA）、聚碳酸酯（PC）、工程塑料（ABS）和聚苯乙烯（PS）等。技术原理与3DP技术不同，SLS技术通过激光照射来烧结粉末材料，并以逐层堆放的方式形成一个完整的实体。

SLS的工艺流程为：在铺一层粉末后，将材料加热到接近熔点，再使激光按该层截面的轮廓进行扫描，使粉末材料温度达到熔点，然后烧结，并与前一层截面黏结叠加，重复铺粉、激光照射，以及烧结的过程，直到形成一个完整的模型。成型过程未被烧结熔化的粉末材料会起到支撑作用，模型完成后，粉末也很容易清除。该工艺在1989年，由美国得克萨斯大学奥斯汀分校的迪卡（C.R.Deckard）研制成功，经过3年的发展，在1992年出现SLS技术商业成型机。

① SLS技术的优点。SLS技术的优点如下：

●能使用很多种类的材料：蜡、聚碳酸酯、尼龙、金属、覆膜陶瓷粉末、覆膜砂，以及一些发展中的材料等；

●无需设计支撑：减少了支撑对表面光洁度的影响，适合打印内部结构复杂的零件或模型；

●利用率高：因为无需支撑，与其他几种快速成型相比，速度极快，且材料利用率最高；

●精度比大部分3D打印技术要高，当粉末粒径为0.1mm以下时，成型后的原型精度可达±1%；

●强度较高；

●应用领域广。

② SLS技术的缺点。SLS技术的缺点如下：

●烧结物体表面粗糙：由于材料是粉末，通过激光烧结后再逐层黏结，所以表面光洁度不够，需要进行后期处理；

●使用高分子材料会有异味产生：在使用高分子材料时，经过预热和激光照射，会产生一定的异味气体；

●成本高：使用的是大功率激光器，导致设备成本高，同时辅助技术复杂，造成维护成本高，虽然使用的粉末材料价格较为便宜，但整套设备的成本很高，所以桌面级的3D打印机里，应用SLS技术的比较少，通常应用在专业级的制造领域中。SLS技术作为最古老的3D打印技术之一，经过多年的发展，目前已经有桌面级SLS技术的3D打印机出现，但与其他技术的3D打印机相比，价钱还是高出好几倍。相信在未来的几年内，会出现低成本、高质量的SLS技术的桌面级3D打印机。

从目前各种3D技术的使用率来看，最主流的是FDM技术和SLS技术。但伴随着3D打印技术近年来发展迅猛，3D打印将会越来越普及，将不断影响着人们的生产和生活。本书研究和使用的3D打印机将采用熔融沉积快速成型技术。对于初学者而言，它具有以下优点：

① FDM设备结构简单，操作简便；

② 设备成本低，易于被大众接受；

③ 使用的打印耗材便宜而且环保，打印耗材的更换与保存也很方便；

④ 日常维护方便简单；

⑤ 成型速度基本能满足日常需求；

⑥ 后期处理简单，由FDM技术打印的模型，表面光洁，毛刺较少，所以打磨或者上色都比较简单；

⑦ 适合打印设计原型及模型。

综合上述优点，FDM技术的3D打印机更适合初学者使用与学习，先认识了解FDM技术的原理与工艺过程，再学会实际操作，为将来学习与操作其他类型3D打印机及其他更复杂的设备打下基础。

4.2.2　3D打印材料选择

3D打印是通过软件分层离散和数控成型系统，利用激光束、热熔喷嘴等方式将树脂、金属粉末、石膏粉末、尼龙、工业塑料、陶瓷粉末等特殊材料进行逐层堆积黏结，最终叠加成型，制造出实体产品。本节主要介绍几种常用的材料。

（1）聚乳酸材料

聚乳酸（PLA）是一种新型的生物降解材料，使用可再生的植物资源（如玉米）所提取出的淀粉原料制成。它的力学性能及物理性能良好，也拥有较好的光泽度和透明度，和利用聚苯乙烯所制的薄膜相当，是其他生物可降解产品无法提供的。PLA材料具有最良好的抗拉强度及延展度，适用于吹塑、热塑等各种加工方法，在3D打印方面也具备良好的力学性能且绿色环保，价格适中，因此是当前FDM打印机应用最为广泛的材料。

主要应用领域：①骨科固定和组织修复材料；②餐具等无毒模型；③实验性模型的制造。

（2）工程塑料

工程塑料是指被用作工业零件或外壳材料的工业用塑料，是强度、耐冲击性、耐热性、硬度及抗老化性均优的塑料。工程塑料也指在工程中作为结构材料的塑料，这类塑料一般具有较高机械强度，或具备耐高温、耐腐蚀、耐磨性等良好性能，因而可代替金属做某些机械零件。热塑性工程塑料按性能和应用也分很多种，如PC材料、ABS塑料、PC-ISO材料等。

主要应用领域：①消费品行业；②汽车、家电行业；③玩具模型；④强度较大的结构件等。

（3）金属粉末

金属粉末是指尺寸小于1mm的金属颗粒群，包括单一金属粉末、合金粉末，以及具有金属性质的某些难熔化合物粉末，是粉末冶金的主要原材料，也是3D打印行业的工业级材料。金属粉末材料包括多种金属，如铝、不锈钢、铜，以及各种金属粉末混合形成的合金粉末等都是常用的金属粉末。金属粉末材料结合3D打印技术可制造出各种复杂零件，且其力学性能优良，具有强度高、硬度大的特点。

主要应用领域：①强度、硬度要求较高的产品；②复杂构件的制造。

（4）尼龙

尼龙材料外观是一种白色的粉末。比起普通塑料，其拉伸强度、弯曲强度有所增强，热变形温度及材料的模量有所提高，材料的收缩率减小。另外可以结合SLS工艺，制作出色泽稳定、抗氧化性好、尺寸稳定性好和易于加工的塑料件。但材料表面较粗糙，冲击强度较低。

主要应用领域：①力学性能和韧性要求高的产品；②零部件制造或利用黏结剂制造的大型件；③复杂件与塑料模型。

（5）树脂

树脂即UV树脂，又称光敏树脂，是一种受光线照射后，能在较短的时间内迅速发生物理和化学变化，进而交联固化的低聚物。在结构上低聚物必须具有光固化基团，如各类不饱和双键或环氧基等，属于感光性树脂，主要优点在于固化速度快、生产效率高、能量利用率高。树脂一般情况下为液态，用于制作具有高强度、耐高温、防水等特性的材料。

主要应用领域：①要求优质表面的高分辨率部件；②后处理，包括喷漆、黏合或者金属喷镀等流程；③管道和家用电器等。

（6）石膏

石膏粉末材料是一种优质复合材料，颗粒均匀细腻，打印后的模型可进行抛光、钻孔、攻螺纹和上色等后处理。使用彩色打印机可进行全彩打印模型，可应用于各种玩具模型领域。

材料本身基于石膏，易碎，坚固，色彩清晰，看起来很像岩石，可以按照客户需要使用不同的浸润方法，如低熔点蜡、Zbond 101、ZMax90（强度依次递减）。请注意石膏3D打印模型易碎，需小心保管模型。基于在粉末介质上逐层打印的成型原理，3D打印成品在处理完毕后，表面可能出现细微的颗粒效果，在曲面表面可能出现细微的年轮状纹理。

主要应用领域：①全彩色模型打印；②概念模型；③艺术品、玩具、动漫等。

4.3 3D打印流程

4.3.1 不同成型技术下的3D打印机

目前全球制造3D打印机的企业、科研机构超过数百家，再加上五花八门的3D打印技术和数量众多的3D打印爱好者，制造出来的3D打印机数量众多，难以计算。本节将着重介绍基于常见的几种成型技术的主流3D打印机，以便读者能深入地了解各种成型技术的实际应用。

（1）基于FDM技术的3D打印机

目前市面上大多数的3D打印机都是基于开源的FDM技术进行制造生产的，FDM技术长期占据着桌面级3D打印机市场的主导地位，随着技术的更新换代和制造成本的下降，基于此技术的3D打印机将会逐渐进入平常家庭。FDM技术能得到快速发展主要是因为此技术复杂性较低，价格也较为低廉，且软件开源，一般发展中的公司都能完成基于FDM技术3D打印机的生产制造。目前基于FDM技术的桌面级3D打印机主要是以ABS和PLA为材料：ABS材料强度较高，但是有轻微毒性，制作时有异味，必须拥有良好通风环境，材料热收缩性较大，难以制造高精度作品；而PLA材料则是一种生物可分解塑料，无毒性，环保，制作时几乎无味，成品形变也较小，所以目前国内外主流桌面级3D打印机均已转为使用PLA作为材料。这两种材料成本低，材料利用率高，操作环境干净、安全，对使用环境要求不高，能大大缩短新产品研制周期，确保新产品上市时间。因此主要应用在产品的前期开发、模具制造及结构件的小批量生产。

但是基于FDM技术的桌面级3D打印机，由于出料结构简单，难以精确控制出料形态与成型效果，同时温度对于FDM效果影响非常大，而桌面级FDM 3D打印机通常都缺乏恒温设备，因此基于FDM技术的桌面级3D打印机的成品精度通常为0.2～0.3mm，少数高端机型能够支持0.1mm层厚，但是受温度影响非常大，成品效果依然不够稳定。此外，大部分FDM机型制作的产品边缘都有分层沉积产生的"台阶效应"，较难达到所见即所得的3D打印效果，所以在对精度要求较高的快速成型领域较少采用FDM。

（2）基于SLA技术的3D打印机

光固化技术是最早发展起来的快速成型技术，也是目前研究最深入、技术最成熟、应用最广泛的快速成型技术之一。光固化技术使用特定波长与强度的激光聚焦到光固化材料表面，使之由点到线，由线到面顺序凝固，完成一个层面的绘图作业，然后升降台在垂直方向移动一个层片的高度，再固化另一个层面，这样层层叠加构成一个三维实体。光固化技术成型法的发展趋势是高速化、节能环保与微型化，不断提高的加工精度使之有最先可能在生物、医药、微电子等领域大有作为。因此近几年来国内很多的科研机构纷纷加入了光固化成型技术开发的阵营，国内的一些公司也不断推出基于光固化成型技术的3D打印机。

SLA技术在其不断发展、精进的过程中，呈现了和其他成型技术相比的优势。第一，使用CAD数字模型技术，在一定程度上降低了错误修复的成本。第二，SLA技术是最早出现的快速成型制造工艺，相比其他快速成型工艺较为成熟，精度高、外观好。第三，可加工结构外形复杂或使用传统手段难以成型的原型和模具。因此，目前SLA技术在专业领域应用比较广泛，如电子元件、牙科零件、珠宝首饰等产品或模具的制作等。如今桌面级的SLA3D打印机目前来说还算比较少，不过随着技术的日臻成熟，相信基于SLA技术的桌面级3D打印机很快将会进入千千万万的家庭中，光固化快速成型技术可以说得上是目前3D打印技术中精度最高，表面也最光滑的，objet系列最低材料层厚可以达到16μm（0.016mm）。但是光固化快速成型技术也有两个不足：首先，光敏树脂原料有一定毒性，操作人员使用时需要注意防护；其次，光固化成型的成品在外观方面非常好，但是强度方面尚不能与真正的制成品相比，一般主要用于原型设计验证方面，然后通过一系列后续处理工序将光固化成型的成品转化为工业级产品。此外，SLA技术的设备成本、维护成本和材料成本都远远高于FDM，因此，这也是基于光固化技术的3D打印机主要还是应用在专业领域的重要原因。

（3）基于SLS技术的3D打印机

选择性激光烧结是采用激光有选择地分层烧结固体粉末，并使烧结成型的固化层叠加生成所需形状的零件。其整个工艺过程包括CAD模型的建立及数据处理、铺粉、烧结，以及后处理等。由于此技术较为复杂，成本高昂，因此并不适合大众家庭，但是因这种成型技术能够制作金属、陶瓷等特殊材质作品，所以在工业制造领域应用非常广泛。

选择性激光烧结技术可以使用非常多的粉末材料，并制成相应材质的成品。激光烧结的成品精度高、强度高，但是最主要的优势还是在于金属成品的制作。激光烧结既可以直接烧结金属零件，也可以间接烧结金属零件，最终成品的强度远远优于其他材料的3D打印成品。主要应用在如直接制作快速模具、复杂金属零件的快速无模具铸造及内燃机进气管模型等工业级别的领域。

虽然优势非常明显，但是也存在缺陷，首先，粉末烧结的成品表面粗糙，需要后期处理。其次，使用大功率激光器，除了本身的设备成本，还需要很多辅助保护工艺，整体技术难度较大，制造和维护成本非常高，普通用户无法承受，所以目前应用范围主要集中在高端制造领域。而目前尚未有桌面级SLS 3D打印机面世的消息，要进入普通民用领域，可能还需要一段时间。

（4）基于3DP技术的3D打印机

3DP技术由美国麻省理工学院成功开发。过去其常在模具制造、工业设计等领域被用于制造模型，现正逐渐用于一些产品的直接制造。特别是一些高价值应用（比如髋关节或牙齿，或一些飞机零部件），已经使用这种技术。

3DP技术的优势在于成型速度快、无须支撑结构，而且能够输出彩色打印产品，这是目前其他成型技术都比较难以实现的。另外其剩余材料可以重新利用，绿色环保。该技术支持各种不同的打印材料，能够实现具有复杂内腔模型的打印制造，主要应用于全彩模型的展示、大型零部件的制造等。

但是3DP技术也有不足，首先，粉末黏结的直接成品强度并不高，只能作为测试原型。其次，由于粉末黏结的工作原理，成品表面不如SLS光洁，精细度也有劣势，所以一般为了生产拥有足够强度的产品，还需要一系列的后续处理工序。此外，由于制造相关材料粉末的技术比较复杂，成本较高，所以目前3DP技术主要应用在专业领域，想要用上基于3DP打印技术的打印机看来还需要等待一段时间。

后续将以拓竹X1系列基于FDM打印技术3D打印机为例，对这一类型3D打印机的使用方式进行详细的讲解。此款 3D 打印机采用熔融沉积快速成型技术，在材料的使用方面也是较为广泛的，ABS、PLA 等热塑性材料都可作为此类 3D 打印机的材料使用。X1 系列 3D 打印机是一种使用塑料线材来创建 3D 物体的机器，大多数情况下，X1 可以打印 stl 格式的 3D 模型，打印前需要使用切片软件对模型文件进行预处理。以 Bambu Studio 为例，切片软件会将 stl 文件切分成很多层，每个层的信息将被自动转换成打印机可以理解的语言，用于指示打印过程中各轴移动路径及速率。除此之外，切片软件还能够在生成的代码中集成多种参数设置，例如线材的打印温度、打印机的挤出速度，并为打印模型的某些部分生成支撑。此款 3D 打印机的主要组成部分如图 4-3 所示。

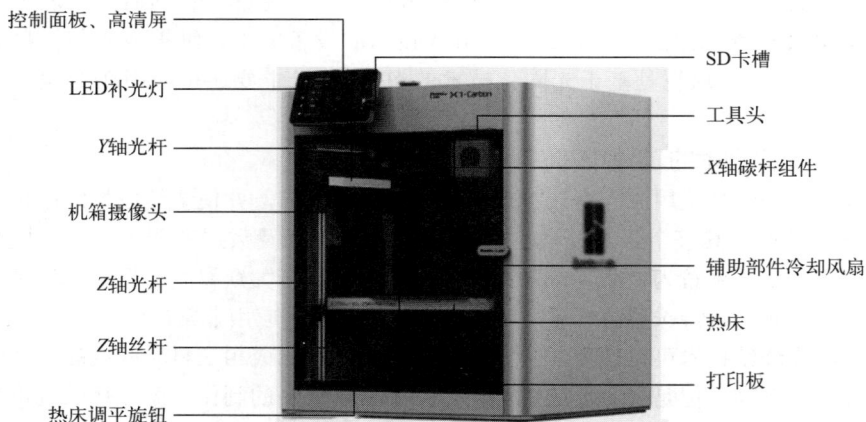

图 4-3　3D 打印机的主要组成部分

其中几个重要的部分介绍如下：

① 工具头：是基于 FDM 技术的 3D 打印机的一个极其重要的组成部分，被熔化的材料需要经过此喷头挤出，再根据模型的截面信息在打印平台上直接打印出实物，因此喷头的参数决定着模型的打印精度。

② 打印板（打印平台）：起到支撑及承载打印物体的作用，打印的 3D 模型将会在打印平台上成型。打印平台一般情况下需要进行加热来减少模型因材料的翘曲而产生的翘边问题，根据打印材料的不同，打印平台的温度也不同，因此在实际使用中应充分了解材料的性能，以便能更好地设置打印平台温度。

③ X、Y、Z 轴：基于 FDM 技术的 3D 打印机都是通过电机带动 X、Y、Z 面上的轴来实现三维模型的打印的。X、Y 轴为水平运动轴，采用电机驱动同步带传动方式，喷头安装在 X、Y 轴上，通过 X、Y 轴的水平运动，从而实现喷头在水平方向的前后、左右运动。Z 轴为垂直运动轴，采用丝杠传动方式，打印平台安装在 Z 轴上，通过电机控制 Z 轴的垂直运动，从而实现打印平台在垂直方向的上下运动。

④ 控制面板、显示屏（高清屏）：这是 3D 打印机的人机交互部件，可通过操作控制面板，对打印机进行相关的打印设置及打印操作，同时通过显示屏输出相对应的操作信息。

⑤ SD 卡槽：这种 3D 打印机一般情况下都是使用脱机打印方式。当采用脱机打印方式时，需要将打印模型的 G 代码保存在 SD 卡上，然后将 SD 卡插到 3D 打印机的 SD 卡槽，再进行相关打印操作。

4.3.2　3D打印软件使用

Bambu Studio是Bambu Lab开发的切片软件，它功能丰富且易于使用，包含了基于项目的流程、系统性优化的切片算法和易于操作的图形界面，如图4-4所示。

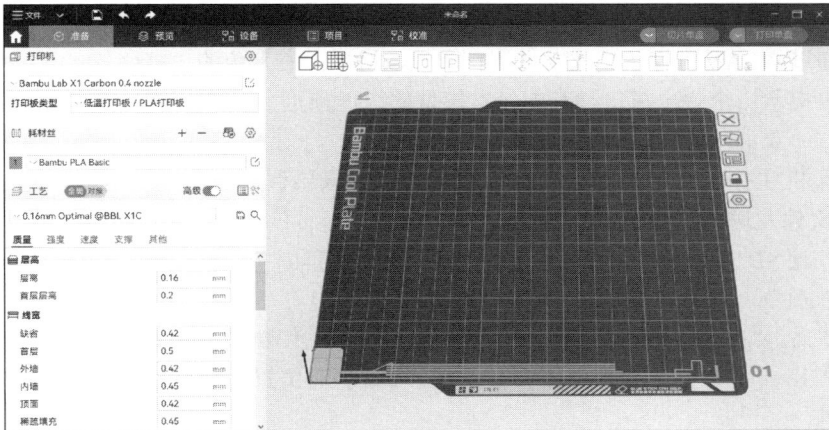

图4-4　Bambu Studio界面

（1）创建及加载项目

要开始切片模型，请单击"新建项目"，在预览窗格的顶部菜单栏上，单击上面带有"+"的立方体图标以导入模型。支持的文件格式包括 .3mf、.stl、.stp、.step、.amf、.obj。在线模型可以下载 .3mf 文件，导入 Solidworks 中进行编辑，通过设置文件格式识别相应特征可进行编辑，如图4-5所示。

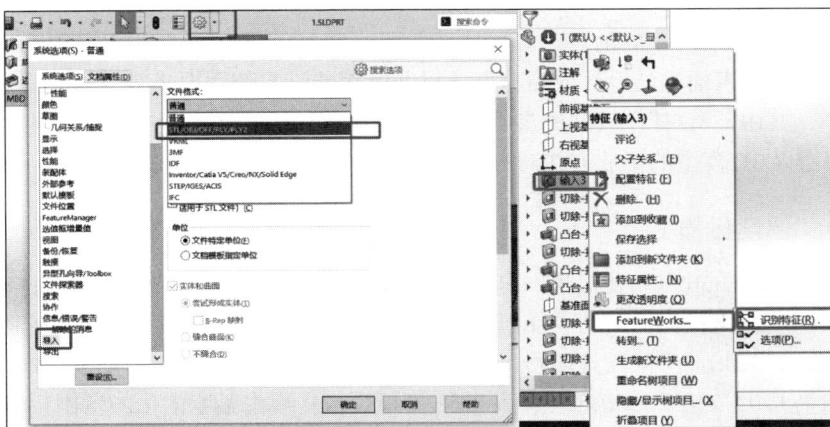

图4-5　特征识别

（2）选择打印机/耗材丝/工艺预设

开始给模型切片之前，需要为机器选择预设，选择打印的耗材丝及打印模型的设置。

①从"打印机"的下拉列表中选择正在使用的打印机型号及喷嘴尺寸。

②在"耗材丝"部分下，从下拉列表中选择要使用的材料类型。

③从"工艺"下拉菜单中选择模型打印的层高。层高越小，打印时间越长。对于大多数用0.4mm喷嘴打印的模型来说，0.2 mm 的层高是标准的。

（3）切片

单击位于Bambu Studio右上角的"切片"按钮。这将生成一个.3mf文件，这是打印机能够打印模型的文件格式。切片器将进入预览窗格，该窗格将展示处理.3mf文件后切片模型的外观。右侧的直方图还将显示每个打印参数的打印时间信息。

（4）通过WLAN或SD卡发送打印作业

① 要通过WLAN将打印作业发送到打印机，请单击右上角的"打印"。

② 这将提示一个弹出窗口，其中包含模型的快速预览，从下拉列表中选择要将其发送到的打印机。

③ 打印机在打印开始前还可执行某些功能，如床层调平、流量校准等，完成后，单击"发送"将文件发送到打印机并开始打印。

④ 要使用SD卡文件传输选项，请单击右上角"打印"图标旁边的向下箭头，然后选择"导出切片文件"。

⑤ 完成后，"打印"图标将变为"导出切片文件"，点击它。

⑥ 将弹出一个文件资源管理器窗口，选择SD卡的位置，单击"保存"，文件将导出到SD卡。

（5）远程控制

转到切片机上的"设备"界面将允许实时远程控制和监视打印，如果机器上安装了摄像头，可以远程观看打印的实时画面。

4.4　3D打印质量优化

4.4.1　软件参数设置的影响

对于3D打印制品，不同的设计者即使打印同一个3D模型，最后得到的打印成品也会有所不同，如模型的表面光洁度、成品精度，以及是否能满足使用要求等特性。影响打印质量的因素很多，其中，3D打印软件的参数设置无疑是一个重要影响因素。本节将对3D打印软件的参数设置及3D模型的摆放方式对打印质量的影响进行介绍。

4.4.1.1　温度设置

extruder temperature（挤出温度）是指3D打印机喷头的温度，用于设置3D打印机打印模型时的喷头温度，需根据当时所使用打印材料的种类来决定。目前而言，比较常用的3D打印材料有PLA和ABS，不同的打印材料，其喷头温度设置不同，一般情况下，PLA材料的温度设置范围为190～210℃，ABS材料为205～240℃。从喷头温度变化的范围可知，3D打印机工作时所处的室内条件和天气条件会对其造成影响，因此在设置喷头打印温度时要充分考虑这两个因素。

platform temperature（平台温度），3D打印的模型是依附在打印平台上进行打印的，因此模型与平台粘连得是否牢固，将直接影响模型成型的质量。使用ABS材料时通常平台温度设置在100～110℃，PLA材料的平台温度设置在50～60℃。在用3D打印机打印模型时，会经常出现翘边现象。出现翘边现象的原因主要包括两方面：3D打印材料存在冷热收缩率，其中ABS材料在冷却时会出现比较大的收缩率，而PLA材料的冷热收缩率则比较低，这也是为什么越来越多的3D打印公司喜欢采用PLA材料；打印平台的温度设置是否正确，由于3D

打印材料的收缩是在加热材料冷却时出现的，那么，通过设置正确的打印平台温度可以有效降低模型的冷却速度，从而减少翘边现象，这一点在使用ABS材料时显得尤为重要，同样的在使用PLA材料时也建议对平台温度进行设置，以得到更好的模型质量。

4.4.1.2 速度设置

travel speed（空走速度）是指3D打印机空载时的速度，即打印喷头没有进行任何打印操作时的行走速度，理论上空走速度对打印质量影响不大，但在实际应用中却会对模型的成型造成影响。原因在于每台机器都有其极限转速，且每台机器的极限转速往往各不相同。当对任意两台机器设置同样的行走速度时，那么它们可能会打印出不同质量的模型。因为速度越高，对那些无法达到那么高速度的机器而言，在急停或者转弯时将会出现较大的偏差，从而导致打印的每一层不在同一竖直线上，致使模型精度大大降低，严重的将导致模型在打印过程中出现偏移的现象，从而降低模型的打印质量。空走速度较高时打印出的模型，上面的几层和下面的几层出现了明显的移位现象，主要是因为打印速度或者空走速度过高导致，且该现象无法逆转或补救，也就是说只要出现了这种移位问题就必须重新打印，因此必须避免这种情况的出现。

exlrusion speeds（挤出速度）即打印速度，是指每秒挤出多少毫米的材料丝，通常这个值设置在50～60mm/s即可。由于喷头的加热速度（即每秒能熔化的塑料丝）是有限的，如果挤出速度超过了喷头对材料加热的极限，将导致材料还未成功被加热及挤出，就有新材料不断地被送进挤出机里面，当一定数量未完全融透的材料积累在挤出机里后，将非常容易出现堵头的现象。另外，挤出速度将会影响模型的打印精度，当挤出速度越高，其模型的打印精度将可能会越低。建议读者在选择挤出速度时一定要谨慎，以获得更加精细的打印模型。下面将从多个方面对挤出速度进行详细的讲解并提出优化方案。

（1）first layer print speed（首层打印速度）

首层打印速度是指在打印模型第一层时的速度，该速度与打印模型第二层以上的速度不同。在打印第一层时，从喷头挤出的材料需要与平台进行紧密接触，并且第一层打印质量的好坏，将直接影响后面打印层的建立和质量，因此必须设置一个比较合适的首层打印速度。为了达到较好的打印效果，建议首层打印速度设置在30～40mm/s，经实际应用验证，在上述速度范围内打印的第一层以及整个模型质量都非常高。

（2）first layer raft print speed（首层筏附着类型打印速度）

first layer raft print speed是指打印raft（筏）的第一层时的速度，与first layer print speed中的首层并不是同一概念，首层打印速度中的首层是指模型的第一层，而首层筏附着类型打印速度中的首层则是指打印筏的第一层。首层筏的打印速度将直接影响到模型能否轻易从平台上拆卸下来。如果模型从平台上拆卸困难，那将有可能损害3D打印机或破坏模型本身，因此为了保护打印机和保护模型的外观，在设置首层筏附着类型打印速度时建议最高速度不超过60mm/s，一般情况下设置在50mm/s即可得到质量较高的打印效果。

（3）infill print speed（填充打印速度）

填充打印速度是指在打印填充物时的打印速度，因填充物是在整个模型的里面，因此其打印情况不会影响到模型的精度和外观，对强度影响也很小。但是不能因为这样就可以把填充打印速度设置得很高。填充打印速度过高会使每一个填充层黏结不稳固，进而影响到外壳的成型，一般打印填充物的速度不超过外壳打印速度的两倍。

（4）outlines print speed（外壳打印速度）

外壳打印速度是指打印最外面一层（或几层）的速度，最外面层决定了模型的外观是否光洁、精度是否足够高，因此外壳打印速度的设置非常重要。根据速度越高打印质量越低的规律，外壳打印速度在各部分打印速度中应是最低的，所以该打印速度必须设置正确，这样才能更好地打印出高质量的模型。速度越高机器产生的震动就越大，每打印一层都会有各种急停冲击。这种震动主要来源于挤出机，当挤出机从高速突然减速到低速甚至停下来时会产生很大的惯性，而这个惯性就会产生震动。若每打印一层都会出现震动，那么在竖直面上就会出现每一层都在不同位置的现象，进而导致在竖直面上的精度较低，较为粗糙。而以较低速度去打印的模型，因减少了惯性和震动，所以模型的质量更高，外观更精细。

4.4.1.3　填充设置

infill（填充）是指设置填充物的一些相关参数，其中包含了 infill density（填充密度）和 infill pattern（填充模式）两项设置，主要是对模型的内部进行各种不同的加工，使模型或轻或强。下面将主要介绍上述两项参数的优化设置。

（1）infill density

填充密度顾名思义就是填充物的填充密度，以百分号作单位，填充密度是以打印的材料占总体积的百分之多少来计算的，在设置填充密度参数时需要填入的是一个百分数，例如 10%、20% 等。填充密度为 10% 的模型在强度上较 20% 的模型差，但所花费的打印时间却相对较短。因为填充物影响到模型的强度、质量和打印时间等，所以如何设置填充密度有一定的技巧：①如果要求模型重量较轻，打印时间较短，受力强度又不要求太高的情况下，可以选择较低的填充密度；②如果强度要求较高，模型较小时，就可以选择较高的填充密度，这样有助于提高模型的质量。ABS 和 PLA 两种材料在设置填充密度参数时的一些建议：ABS 材料又被称为工业级材料，具有强度大、硬度高的优点，因此同样的模型在使用 ABS 材料时，其填充密度可以设置得更低些，一般设置在 10% ～20%，便可达到较为理想的质量；PLA 材料是一种绿色环保、无任何毒害的可再生材料，其强度没有 ABS 材料那么高，因此在使用 PLA 材料时，其填充密度要设置得比 ABS 材料高一些，一般设置为 20% ～30%。此外，在设置填充密度时应根据材料的性能和零件模型的具体要求来设置，强度需求高填充密度就高，强度需求低填充密度也低，这样既减少了材料的浪费又节省了时间。

（2）infill pattern

填充模式是指以什么方式来打印填充物，包括 linear（线性）、hexagonal（六角形）模式等多种填充模式，本书主要介绍 linear 和 hexagonal 这两种模式，这也是最为常用的填充模式。linear 填充是指形成正方形孔状的网络，是线性的，横平竖直非常规整的网状结构，而 hexagonal 会形成蜂窝状网格，结构稳定而且受力均匀，如今大部分的机器都采用蜂窝状结构的填充模式，大量实验测试证明，在使用等量的打印材料，蜂窝状结构比线性结构更加稳固结实，建议使用蜂窝状结构来填充模型。

4.4.1.4　模型属性设置

model properties（模型属性）是指对打印模型质量有影响的一些参数属性，主要包括 layer height（层高）、number of shells（外壳层数）、roof thickness（顶层厚度）和 floor thickness（底层厚度）等几个重要参数，下面将对这些参数进行详细的讲解。

（1）layer height

layer height是指每一层的高度，是影响打印速度和打印精度的一个重要参数。3D打印机的原理就是挤出机挤出熔化的材料，然后一层一层地往上堆叠，这每一层的高度就是层高。层高越大，打印模型花费的时间就越短，但打印精度就越低，相反，层高越小，打印模型花费的时间就越长，但其打印精度就越高。以上所述的层高都是在一个范围之内的越大或者越小，不能无限大和无限小，因此读者在设置层高时应考虑清楚需要什么等级的精度，时间是否允许等问题。

一般情况下，层高设置在0.1～0.2mm之内。打印同样的模型，使用0.1mm层高打印所花的时间约是使用0.2mm层高打印所花时间的2倍，但采用0.1mm层高的模型，其精度必然更高。层高的大小需要根据模型的要求来进行具体设置，在打印比较细小且比较精细的模型时，尽量使用0.1mm层高，而打印较大的模型时，则使用0.2mm层高，对一些中规中矩，又需要兼顾精度和时间的模型可使用0.15mm层高。这样既能得到精度较高的模型，又节省了时间。

（2）number of shells

Number of Shells是指包裹在填充物外围的材料的层数，例如参数为2即表示在填充物的外层包围了两层材料。模型外壳的强度很大程度上决定着整个模型的强度，也直接影响到模型的外观，层数越多，模型强度越大，但也更耗费材料。一般情况下，外壳层数设置在2层或3层就能满足3D打印的基本要求。在设置此参数时应同时考虑模型所需的强度和所选用的材料性能，同一个模型，不同的材料也需要设置不同的外壳厚度，才能使该模型具有相同的强度，例如在其他参数都相同的情况下，PLA材料设置层数为3时，ABS材料只要设置为2就能达到同样的强度效果。

（3）roof thickness与floor thickness

roof thickness、floor thickness分别指打印最顶层时的厚度和打印最底层时的厚度，决定着模型顶层及底层的质量。由于顶层厚度和底层厚度通常情况下都设置为相同的参数，所以平时都组合在一起用顶/底层厚度表示。

4.4.1.5　其他参数设置

raft是指一种承载打印模型的一片单薄的垫片，因为其功能和外形都像竹筏，所以被命名为raft。顾名思义，筏是用来承载物体的，而打印机中的筏起到承载与紧固模型的作用。应用3D打印机进行打印时，需要根据具体打印的3D模型来决定是否需要打印筏，一般情况下细长零件或与打印平台接触面积小的模型，需要打印筏，以扩大细小模型与平台的接触面，使模型更加稳固。在使用筏进行打印时，整个3D模型将被打印在筏上面。

打印时使用筏还有另外一个好处，那就是方便打印好的模型能轻易地从打印平台上取下来。如果模型从平台上拆卸困难，那将有可能损害3D打印机或破坏模型本身。当模型打印在平台上却不能轻易拆卸下来时，往往需要借用小刀或者其他尖锐器件才能拆卸，那么将有可能损坏打印机平台。当模型和平台粘得非常紧且不能轻易被拆下时，通常要使用螺丝刀等工具把模型撬下来，这样做的结果往往是模型边缘被损坏了而平台也很可能受损，所以必要的时候必须使用筏平台作为模型的垫片。

supports and bridging（支撑和桥接）是指一种用于支撑模型打印的结构。这是一种额外的结构，在模型设计中不涉及支撑的设计，完全是由打印软件根据模型自动生成的，而是否使用支撑结构需由具体模型的打印需求来决定。支撑主要用于打印有悬空部分的零件部位，这部分因为和打印平台不相连而导致无法打印，为了解决这一问题，在打印软件中设置了这一功能。但使用支撑也有一系列的缺点，例如：与支撑接触的下底面精度非常低，很粗糙；在打印大零件时需要额外打印支撑结构，耗费更多的材料及时间；有时支撑会被打印在模型内部，而打印在内部的支撑几乎是无法拆卸的，所以支撑和桥接是在迫不得已的情况下才使用的。读者在进行模型设计时就应该考虑尽量不使用支撑，也可以把模型分开设计或者分开打印后再进行组装，这样在模型的精度和打印时间方面都有更多的优势。

4.4.2 摆放形式的影响

在3D模型打印的过程中，除了软件参数的设置外，还有其他一些因素，例如打印模型的摆放形式，其将对模型的打印质量产生重要影响。想要打印出高质量的模型，读者除了设置好基本参数外，还需要把模型按照合适的形式摆放在平台上进行打印，而这些涉及模型设计的经验性问题，需要靠平时不断积累经验，并把经验运用到模型打印上，通过反复调整才能真正学会，才能打印出高质量的模型。

（1）打印支撑对打印质量的影响

本节主要介绍是否打印支撑对打印质量的影响。前面也提到打印支撑会对模型的打印质量有一定的影响，而下面将介绍如何通过使用正确的摆放形式来避免打印机打印支撑结构。有时模型的摆放方向不仅能够影响打印质量，还会影响打印时间，由此可见模型的摆放形式有多么重要，不但节省材料，同时还节省时间，并且强度也更大。另外模型的摆放形式也取决于模型的设计，有些设计不合理的模型无论如何摆放都会出现不理想的打印效果。这就需要从源头出发去寻找问题的所在，然后不断去修改和完善，从而使模型摆放更加容易，结构更加合理化。

（2）细长零部件打印方式和温度设置

细长零部件打印方式和温度设置是指在打印细长零部件时需要注意的摆放形式和温度配合的设置，这一点往往很难把握得非常准确，因为每一个细长零部件都不同，而细微的参数变化也会影响其成型的结果。以细长圆柱为例，对摆放形式和打印温度设置进行详细说明。一根相同细长小圆柱的两种摆放形式，横放和竖放两种方式下效果截然不同。根据3D打印机的打印原理，模型是通过一层接着一层地往上堆叠打印的，层与层之间存在明显的分离，横放的模型强度更高，而竖放的模型强度比较低，非常容易折断。到这里，又产生了一个新问题：这是否可以证明横放比竖放更好？不是。由于圆柱的表面是一个曲面，曲面与平台接触的地方只有一条线，按照这样的原理：横放的模型是不可能在平台上放稳的，因此在模型实际打印过程中，横放的圆与平台接触的表面不可能是曲面，而是一个平面，这将会导致圆柱不圆的现象。上述所提的两种方式均有优缺点，在实际应用中，可以根据该模型的应用场合来合理选取摆放形式。当对模型的强度要求较高，但精度要求不高时，例如作为梁来使用，那么建议将圆柱模型横放。相反的，当对模型的强度要求不高，但精度要求较高时，则建议将圆柱模型竖放，并需要考虑温度设置的影响，下面将通过实例来进行详细讲解。上面讲到在打印竖放细长圆柱模型时受到打印温度的影响，原因很简单，在打印一根细长圆柱模型时，由于喷头温度和打印速度是一定的，而圆柱的截面比较小，如果喷头采用平时工作时的温度，就会很容易产生这样的问题：在刚打印完的那一层材料还来不及冷却凝固时，3D打印机就又开始进行下一层打印，从而导致模型坍塌。因此在打印细长圆柱时，需要把3D打印机的喷头温度设置为比平时低5～10℃，速度也要相应地降低才能打印出更高质量的细长圆柱，与打印单根细长圆柱不同，在打印多根细长圆柱时，其温度设置和速度设置不需要更改参数，和平时打印其他模型时的参数一样，这是因为在打印多根圆柱模型时，3D打印机在每打印完一根圆柱的截层后，会接着去打印另外一根圆柱的截层，使打印材料有足够的时间进行冷却凝固，从而避免了模型发生坍塌的问题，因此在打印同样模型而数量不同时，也应注意其参数的不同设置。

（3）设计方式决定是否打印支撑

在进行打印软件的参数设置时，都会考虑是否打印支撑。从前面的章节可知，支撑主要用于打印具有悬空部分的零件模型，由于打印支撑结构的部位会出现不同程度的误差，所以拆除支撑结构后的模型底面容易出现凹凸不平，容易导致模型达不到预期的精度要求，因此在进行3D模型打印时需要最大限度地避免打印支撑。

如何避免打印支撑又不会影响模型原来的特性呢？这非常考验设计功底，但也有一些地方只要注意一下就可以避免打印支撑了。如果模型具有一个悬空的斜面，其角度为45°，试问打印这个模型时是否需要打印支撑呢？正确的回答是不需要的。这是因为3D打印机在打印一定角度的斜面或者曲面时，可以一层一层地往外面打印而不致坍塌，即每打印一层就往外面堆叠一层，层层堆叠，直到完成打印。但另外一个问题也来了，角度在什么范围内可以实现斜面或者曲面不需要打印支撑呢？经过多次测试结果表明：当模型斜面（或曲面）的切线与竖直面的夹角不大于45°时，可不需要打印支撑，而为了能得到更好的打印效果，可把此角度降低到30°，这样便可得到精度较高的模型。读者在设计模型时，应充分考虑到这一点，以实现不打印支撑的目标，从而提高打印效率，节省打印材料。

4.5 3D打印实战案例

本节以拓竹X1系列基于FDM打印技术3D打印机为例，基于2.3节所绘制模型，介绍3D打印的实操过程。

步骤一：打开切片软件Bambu Studio，点击"文件"→"导入"，将绘制完成的模型文件导入（图4-6），支持.3mf、.stl、.stp、.step、.amf、.obj等格式文件。

图4-6　模型导入

步骤二：设置打印机参数。从"打印机"下的下拉列表中选择正在使用的打印机型号及喷嘴尺寸，本案例选择Bambu Lab X1 Carbon 0.4 nozzle。在"耗材丝"部分，从下拉列表中选择要使用的材料类型，本案例选择Bambu PLA Basic。从"工艺"下拉菜单中选择模型打印的层高，对于大多数用0.4mm喷嘴打印的模型来说，一般选择0.2 mm的层高即可，如图4-7所示。

步骤三：设置其他打印参数。在强度、支撑及其他选项栏对模型进行设置，本案例中因存在镂空部分，选择开启支撑。

步骤四：设置摆放及多个打印。根据模型特征，通过旋转选择合适的打印角度，若想同时打

图4-7　打印机参数设置

印多个，可在切片软件中用鼠标左键选中模型后，单击鼠标右键选择克隆，之后点击全局整理，可完成自动布局，如图4-8所示。

步骤五：切片。点击切片单盘选项开始切片，完成后将会显示打印耗时、耗材量等各项信息，可根据需求再次对模型大小、数量等进行修改，如图4-9所示。

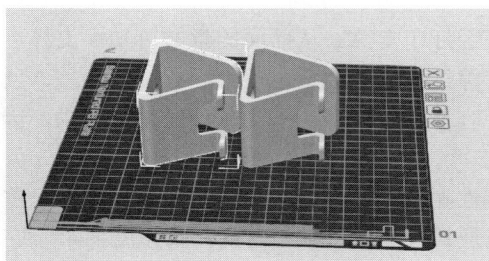

图4-8　模型设置

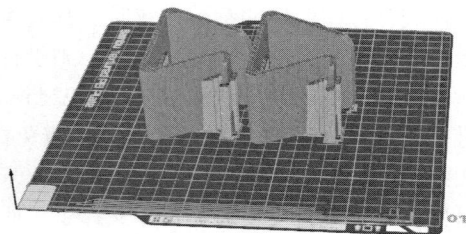

图4-9　模型切片

步骤六：打印。点击打印，可通过WLAN直接将模型发送至打印机，开始打印，其间可通过切片软件远程观测打印进度，最终打印的成品如图4-10所示。

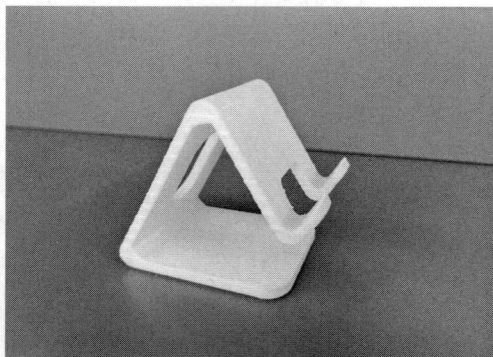

图4-10　打印成品

习题

4-1　3D打印的定义是什么？

4-2　3D打印的基本原理是什么？

4-3　3D打印发展历程是什么？

4-4　3D打印技术的应用有哪些？

4-5　3D打印技术类型有哪些？

4-6　3D打印的材料有哪些？

4-7　3D打印质量受哪些因素影响？

第5章

工业机器人与机器视觉

◀ 导读 ▶

本章首先介绍了工业机器人的定义、分类与起源，接下来对工业机器人的关键部件进行了介绍，包括机械结构、驱动装置、控制系统与感知系统，对工业机器人在制造、电子工业、金属加工等行业的应用进行了阐述，并以案例详细展示了工业机器人的编程与调试过程，最后介绍了工业机器人的安装与维护。

◀ 本章知识点 ▶

- 工业机器人的概念
- 工业机器人在典型行业中的应用
- 工业机器人的安装与维护
- 工业机器人的关键部件
- 工业机器人的编程与调试

5.1 工业机器人概述

5.1.1 工业机器人的定义与分类

5.1.1.1 工业机器人的定义

工业机器人在现代制造业中扮演着极为关键的角色。国际标准化组织（ISO）将其定义为：一种具有自动控制的操作和移动功能，能完成各种作业的可编程操作机。这一定义精准地概括了工业机器人的核心特征。自动控制意味着机器人无需人工持续干预，可依据预设程序自主运行。可编程则赋予了机器人极高的灵活性，通过编写不同程序，它能适应多样化的生产任务。例如，在汽车生产线上，同一台工业机器人可以通过更改程序，先完成汽车零部件的焊接工作，随后又能执行零部件的搬运任务。与传统自动化设备相比，工业机器人具备更高的灵活性与智能性。传统自动化设备往往只能执行单一、固定的任务，一旦生产任务有所变动，就需要对设备进行大规模改造甚至更换，而工业机器人通过简单的程序调整，就能迅速适应新任务，极大地提高了生产效率与企业应对市场变化的能力。

5.1.1.2 工业机器人的分类

（1）工业机器人按机械结构分类

可分为直角坐标机器人、圆柱坐标机器人、球坐标机器人、关节机器人。

① 直角坐标机器人：其结构如同一个在三维直角坐标系中运动的机械臂，由三个相互垂直的直线运动轴组成，分别为 X 轴、Y 轴和 Z 轴。这种机器人运动精度极高，常用于对精度

要求苛刻的工作，如电子芯片制造中的精密装配环节。在芯片制造车间，直角坐标机器人能够以微米级的精度将微小的电子元件放置在指定位置，确保芯片生产的高质量与稳定性。

②圆柱坐标机器人：拥有一个旋转基座，机械臂可在垂直方向上下移动（Z轴），同时能在水平面上绕基座中心旋转（θ轴），并可沿径向伸缩（R轴）。该类型机器人适用于一些需要在圆柱状空间范围内作业的场景，如在仓储物流中，对圆柱形容器内货物的存取操作。在自动化立体仓库中，圆柱坐标机器人能快速准确地从货架上取出或放入圆柱形容器，提高仓储物流的效率。

③球坐标机器人：通过一个可在基座上进行方位角旋转（φ轴）的机械臂，以及机械臂自身的俯仰角旋转（θ轴）和伸缩运动（R轴）来实现空间定位。其工作空间呈球冠状，常用于大型工件的加工与处理，如在船舶制造中对大型船体部件的焊接与打磨。在船舶建造现场，球坐标机器人能够灵活地到达船体的各个部位，对大型部件进行精准加工。

④关节机器人：最为常见，模仿人类手臂的关节结构设计，一般包含多个旋转关节。多关节的设计使得机器人具备极高的灵活性，可在复杂的空间环境中自由运动，广泛应用于汽车制造、电子装配等多个行业。在汽车总装车间，关节机器人能熟练地将各类汽车零部件精准安装到车身相应位置，完成复杂的装配工作。

（2）工业机器人按驱动方式分类

可分为液压驱动、气动驱动、电动驱动。

①液压驱动：利用液压油作为工作介质，通过液压泵将机械能转换为液压能，再通过液压缸或液压马达将液压能转换为机械能，驱动机器人的关节运动。液压驱动具有输出力大、功率重量比大的优势，适用于负载较大、动作平稳性要求高的场合，如大型锻造设备中的机器人操作。在大型锻造车间，液压驱动的机器人能够轻松搬运重达数吨的锻件，并且在操作过程中保持稳定，确保锻造工艺的顺利进行。

②气动驱动：以压缩空气为动力源，通过气动执行元件（如气缸、气马达）将压缩空气的能量转换为机械能，实现机器人的运动。气动驱动响应速度快、成本较低，但输出力相对较小，常用于一些对负载要求不高、动作频率快的场合，如食品包装行业中产品的分拣与搬运。在食品包装流水线上，气动驱动的机器人能够快速地将不同种类的食品进行分拣和包装，提高包装效率。

③电动驱动：借助电动机将电能转化为机械能来驱动机器人运动。电动驱动控制精度高、易于实现自动化控制，是目前应用最为广泛的驱动方式。常见的电机有直流伺服电机和交流伺服电机。在3C产品制造中，电动驱动的机器人能够高精度地完成电子元器件的贴片、焊接等精细操作，保证产品质量。

（3）工业机器人按应用领域分类

可分为焊接机器人、搬运机器人、装配机器人等。

①焊接机器人：专门用于各类焊接工艺，如点焊和弧焊。点焊机器人常用于汽车车身制造，通过快速准确的点焊操作，将汽车车身的各个零部件牢固连接在一起。弧焊机器人则广泛应用于机械制造、压力容器等行业，能够完成高质量的弧焊作业，保证焊缝的美观与牢固性。

②搬运机器人：主要承担物料的搬运工作，在物流仓储、生产车间等场景中发挥着重要作用。它可以高效地将货物从一个地点搬运至另一个地点，提高物流效率，降低人力成本。在自动化仓库中，搬运机器人能够按照预设路径，快速准确地搬运货物，实现仓库货物的高效存储与调配。

③ 装配机器人：专注于产品的装配环节，凭借高精度的操作能力，将各种零部件准确无误地组装成完整产品。在电子设备制造行业，装配机器人能够精确地将微小的电子元件组装成电子产品，大大提高了装配效率与产品质量。

5.1.2　工业机器人的发展历程

（1）起源

工业机器人的起源可追溯到20世纪中叶。在当时，随着工业生产规模的不断扩大及对生产效率提升的迫切需求，科学家们开始设想能否制造出一种能够模拟人类操作、自动完成生产任务的机器。这一设想在1954年取得了重大突破，美国发明家乔治·德沃尔（George Devol）设计出了世界上第一台可编程的机器人——"尤尼梅特"（Unimate）。这台机器人的诞生标志着工业机器人时代的正式开启。它最初被应用于通用汽车公司的生产线上，主要承担简单的物料搬运和点焊工作。尽管其功能相对单一，技术也远不如现代机器人先进，但它为后续工业机器人的发展奠定了坚实基础，激发了全球范围内对工业机器人研究与开发的热潮。

（2）发展阶段

① 20世纪60至70年代：技术初步发展与应用拓展。

在这一时期，随着电子技术、计算机技术的飞速发展，工业机器人的控制技术得到了显著提升。早期的机器人只能进行简单的点位控制，而此时已经能够实现连续路径控制，使得机器人的运动更加灵活、精确。同时，机器人的应用领域也逐渐从汽车制造行业向其他领域拓展，如电子、金属加工等行业开始尝试引入工业机器人。例如，在电子行业，机器人开始用于电子元器件的装配工作，提高了生产效率和产品质量的一致性。这一阶段的发展为工业机器人在更广泛领域的应用奠定了技术基础。

② 20世纪80至90年代：技术成熟与市场扩张。

这一时期，工业机器人技术日趋成熟，多关节机器人成为主流产品，其自由度不断增加，运动灵活性和精度大幅提高。同时，机器人的可靠性和稳定性也得到了极大提升，降低了设备故障率，提高了生产效率。在市场方面，工业机器人的应用范围进一步扩大，不仅在发达国家的制造业中得到广泛应用，一些新兴工业化国家也开始大规模引入工业机器人。此外，随着机器人技术的发展，相关的配套产业也逐渐完善，如机器人编程软件、传感器等，为工业机器人的广泛应用提供了有力支持。在食品饮料行业，机器人开始用于产品的包装和码垛工作，实现了生产过程的自动化。

③ 21世纪：智能化与协作化发展趋势。

进入21世纪，随着人工智能、传感器技术、大数据等新兴技术的迅猛发展，工业机器人迎来了智能化与协作化的新时代。智能机器人具备了视觉、力觉、触觉等多种感知能力，能够对周围环境进行实时感知和分析，并根据任务需求自主决策和调整动作。例如，在一些复杂的装配任务中，机器人可以通过视觉传感器识别零部件的形状和位置，然后精确地进行装配操作。同时，协作机器人的出现使得人与机器人能够在同一工作空间内安全、高效地协同工作。协作机器人具有柔软的外壳和安全检测机制，当与人发生碰撞时能够立即停止运动，避免对人员造成伤害。在医疗领域，协作机器人可以辅助医生进行手术操作，提高手术的精准度和安全性。

5.2　工业机器人的关键组件

工业机器人主要是由执行机构、驱动装置、控制系统，以及感知反馈系统这几大关键部分组成的闭环结构，如图5-1所示。执行机构是机器人的结构主体，它包括了底座、机身、手臂、手腕和末端执行器等部分。不同类型的工业机器人，其机械本体的结构设计会根据具体的应用场景和功能需求有所差异，比如常见的关节型机器人，其关节的布局和活动范围决定了它在空间作业中的灵活性。在汽车制造车间，关节型机器人的多个旋转关节能灵活地将汽车零部件精准装配到位，就像人的手臂可以在复杂空间中自由活动完成各种任务。驱动装置是按照控制系统发来的控制指令进行信息放大，驱动执行机构运动的传动装置，相当于人的肌肉、筋络，常用的有液压、气动、电动形式。控制系统是机器人的大脑和小脑，支配着机器人按规定的程序运动，并记忆人们给予的指令信息（如动作顺序、运动轨迹、运动速度等），同时按其控制系统的信息对执行机构发出执行指令。感知反馈系统通过力、位置、触觉、视觉等传感器检测机器人的运动位置和工作状态，并随时反馈给控制系统，以便使执行机构以一定的精度达到设定的位置，相当于人的感官和神经。

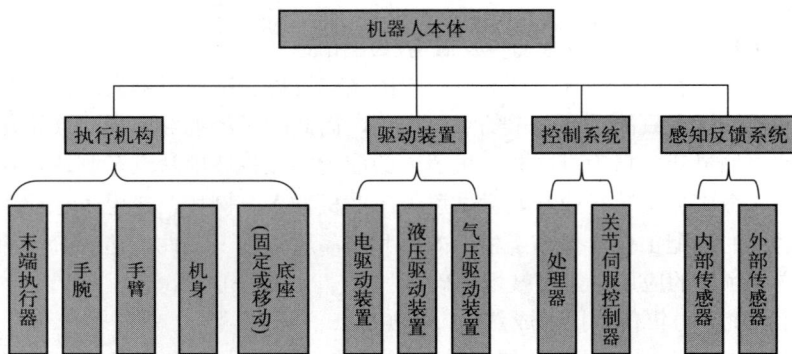

图 5-1　工业机器人的组成

5.2.1　机械执行机构

5.2.1.1　机身与底座

机身与底座是工业机器人的基础支撑部分，其设计要求十分严格。首先，必须具备足够的强度和刚度，以确保在机器人运行过程中能够稳定支撑机械臂和末端执行器，承受各种外力和负载，防止出现变形或振动，影响机器人的运动精度和工作稳定性。例如，在大型焊接机器人工作时，机身与底座要承受机械臂高速运动产生的惯性力及焊接过程中的反作用力。其次，机身与底座的设计要考虑到机器人的工作空间和运动范围，确保机械臂能够在预定的空间内自由运动，满足不同工作任务的需求。此外，还需兼顾安装、维护的便利性，便于在生产现场进行安装调试及后期的维修保养工作。

机身与底座的主要功能是为机器人的其他部件提供稳定的安装基础，保证机器人在工作过程中的整体稳定性。同时，它们还承担着传递动力和运动的作用，将驱动系统产生的动力传递给机械臂，实现机器人的各种动作。在一些可移动的工业机器人中，机身与底座还具备移动功能，如AGV（自动导引车）机器人，其底座配备了驱动轮和导航系统，能够在生产车间或仓库等环境中自主移动，到达指定工作地点执行任务。

固定式底座：最为常见，通常通过地脚螺栓等方式固定在地面或工作台上。这种底座结构简单、稳定性高，适用于大多数固定工作场景的工业机器人，如汽车制造车间的焊接机器人、装配机器人等。在汽车焊接生产线中，焊接机器人的固定式底座能够确保机器人在长时间、高强度的焊接工作中保持稳定，保证焊接质量。

可移动式底座：分为轮式和履带式两种。轮式底座一般配备电机驱动的车轮，具有移动速度快、转向灵活的特点，常用于需要在较大工作区域内频繁移动的机器人，如物流仓储中的搬运机器人。履带式底座则具有更好的通过性，能够适应复杂的地形环境，在一些户外作业或恶劣工况下的机器人中应用较多，如矿山开采中的搬运机器人。

5.2.1.2 手臂与手腕

工业机器人的手臂是实现其主要运动功能的关键部件，常见的运动形式有伸缩、旋转和升降。伸缩运动通过液压缸、气缸或丝杠螺母机构等实现，使手臂能够在水平方向上伸出或缩回，改变工作半径。旋转运动则通过电机驱动的减速器和回转关节实现，使手臂能够绕特定轴进行旋转，扩大工作范围。升降运动一般通过垂直方向的丝杠螺母机构或液压缸来实现，使手臂能够在垂直方向上下移动。

在手臂设计过程中，要充分考虑其承载能力和运动精度。承载能力需根据机器人所要搬运或操作的物体重量来确定，确保手臂在最大负载情况下仍能正常工作且不发生变形。运动精度则直接影响机器人的工作质量，例如在装配任务中，手臂的定位精度要达到毫米甚至亚毫米级别，才能保证零部件的准确装配。此外，手臂的设计还要尽量减轻重量，以降低驱动系统的负荷，提高能源利用效率。采用高强度、轻量化的材料，如铝合金、碳纤维复合材料等，是实现这一目标的有效途径。

手腕位于手臂的末端，连接着末端执行器，它的主要作用是调整末端执行器的姿态，使其能够准确地完成各种作业任务。手腕的自由度是衡量其灵活性的重要指标，常见的手腕有2～3个自由度。2自由度手腕一般可以实现俯仰和偏摆运动，3自由度手腕则在此基础上增加了一个旋转运动。例如，在焊接机器人中，3自由度手腕能够使焊枪在不同角度和位置进行焊接操作，适应复杂的焊缝形状。

手腕的结构设计需要考虑紧凑性和轻量化，以减少手臂末端的负载，同时保证足够的刚度和运动精度。常见的手腕结构有谐波传动式、RV（摆线针轮）传动式等。谐波传动具有结构紧凑、传动比大、精度高的优点，但承载能力相对较低，适用于负载较小、对精度要求高的场合，如电子装配机器人的手腕。RV传动则具有较高的承载能力和刚度，常用于负载较大的工业机器人，如汽车制造中的搬运机器人手腕。

5.2.1.3 末端执行器

夹爪：是最常见的末端执行器之一，广泛应用于搬运、装配等任务。夹爪的结构形式多样，常见的有平行夹爪、V形夹爪等。平行夹爪通过电机、气缸或丝杠螺母机构驱动，使两个夹指平行开合，实现对物体的抓取和释放。其工作原理是利用夹指与物体之间的摩擦力来夹持物体，适用于形状规则、表面平整的物体。V形夹爪则呈V字形结构，通过闭合V形槽来抓取圆形或圆柱形物体，利用V形槽与物体的接触点产生的摩擦力和约束力来固定物体。在物流仓储中，平行夹爪常用于搬运纸箱、包装盒等物品，而V形夹爪则常用于搬运圆柱形容器。

喷枪：主要用于喷涂作业，如汽车喷漆、家具表面涂装等。喷枪一般由喷嘴、涂料供给系统和空气供给系统组成。涂料通过压力泵或重力作用被输送到喷嘴，同时压缩空气从空气帽喷出，将涂料雾化并喷射到工件表面。喷枪的工作原理是利用高速气流将涂料分散成微小颗粒，使其均匀地附着在工件表面，形成一层均匀的涂层。不同类型的喷枪，如空气喷枪、无气喷枪、静电喷枪等，在结构和工作原理上略有差异，但都是为了实现更好的喷涂效果和更高的涂装效率。

焊枪：用于焊接作业，根据焊接工艺的不同，可分为弧焊枪、点焊枪等。弧焊枪主要用于弧焊工艺，如 TIG（钨极惰性气体保护焊）、MIG（熔化极惰性气体保护焊）等。以 MIG 焊枪为例，它由导电嘴、送丝机构、气体保护装置等部分组成。焊丝通过送丝机构连续送入导电嘴，在导电嘴处与焊件之间产生电弧，使焊丝和焊件局部熔化，同时保护气体从焊枪头部喷出，防止熔化金属与空气接触发生氧化。点焊枪则主要用于点焊工艺，通过电极将电流引入焊件，使焊件接触点处的金属瞬间加热熔化，形成焊点，实现焊接。

在选择和设计末端执行器时，需要综合考虑多个因素。首先是工作任务需求，不同的工作任务需要不同类型的末端执行器。例如，搬运任务需要夹爪，焊接任务需要焊枪，喷涂任务需要喷枪。其次是被操作物体的特性，包括物体的形状、尺寸、重量、表面材质等。对于形状不规则的物体，可能需要定制特殊结构的夹爪来实现稳定抓取。对于重量较大的物体，夹爪的承载能力和结构强度要相应提高。此外，还要考虑与机器人本体的兼容性，确保末端执行器能够与机器人的机械接口、电气接口相匹配，实现顺畅的控制和运行。同时，成本也是一个重要考虑因素，在满足工作要求的前提下，应尽量选择成本较低、易于维护的末端执行器。在一些小型企业的生产线上，为了降低成本，可能会选择结构简单、价格低廉的气动夹爪作为末端执行器。

5.2.2　驱动装置

驱动装置为工业机器人的各个关节和运动部件提供动力，使其能够按照指令进行运动。常见的驱动方式有气动驱动、液压驱动和电动驱动。而电动驱动凭借其控制精度高、响应速度快、易于实现数字化控制等优势，在现代工业机器人中应用最为广泛，例如：在大型物流仓储中心，搬运重型货物的工业机器人采用液压驱动，能轻松举起数吨重的货物并平稳运输；液压驱动具有输出力大、运动平稳等优点，适用于负载较大的工业机器人；气动驱动则响应速度快、结构简单、成本较低，常用于一些对精度要求相对不高但需要快速动作的场合；在食品包装车间，气动驱动的工业机器人快速地将食品装入包装袋；而在电子芯片制造车间，高精度的电动驱动工业机器人能以微米级的精度完成芯片的焊接等操作，像交流伺服电机作为电动驱动的核心部件，精确地控制机器人关节的位置、速度和加速度，确保机器人完成高精度的作业任务。

5.2.2.1　电动驱动

直流伺服电机：直流伺服电机的工作原理基于电磁感应定律。它由定子和转子两部分组成，定子产生磁场，转子通过电刷和换向器与外部电源相连。当电流通过转子绕组时，在磁场的作用下，转子会受到电磁转矩的作用而转动。通过改变输入电流的大小和方向，可以精确控制电机的转速和转向。直流伺服电机具有响应速度快、调速范围宽、控制精度高的优点，在早期的工业机器人中应用较为广泛。例如，在一些对运动精度要求极高的电子装配机器人中，直流伺服电机能够实现极为精细的运动控制，将微小的电子元件精准地放置在电路板的指定位置，确保电子产品的高质量生产。然而，直流伺服电机也存在一些缺点，如电刷和换向器易磨损，需要定期维护，这在一定程度上限制了其在一些对设备维护要求苛刻、运行时间长的工业场景中的应用。

交流伺服电机：交流伺服电机分为同步型和异步型。同步交流伺服电机的转子由永磁材料制成，其转速与电源频率保持严格的同步关系，而异步交流伺服电机的转子则是由笼式结构或绕线式结构组成，其转速略低于同步转速。交流伺服电机的工作原理是基于旋转磁场理论。当定子绕组通入三相交流电时，会在电机内部产生一个旋转磁场，这个旋转磁场切割转子绕组，从而在转子绕组中产生感应电流，进而产生电磁转矩，驱动转子旋转。交流伺服电机具有结构简单、运行可靠、维护方便等优点，逐渐在工业机器人领域占据主导地位。在现代汽车制造工厂中，大量的关节机器人采用交流伺服电机作为驱动源。交流伺服电机能够为机器人关节提供精确的转速和转矩控制，使机器人在复杂的汽车装配任务中，如安装汽车发动机、车门等部件时，能够快速、准确地完成操作，大大提高了汽车生产的效率和质量。此外，交流伺服电机在高速运行时具有较高的效率，能够降低能源消耗，符合现代工业对节能减排的要求。

伺服电机如图5-2所示。

在为工业机器人选择电机时，需要综合考虑多个关键因素。首先是负载要求，要根据机器人所承担的任务，准确计算出所需的转矩和功率。例如，对于搬运重型货物的工业机器人，其电机必须能够提供足够大的转矩，以克服货物的重力和运动过程中的摩擦力等阻力。同时，要考虑电机的转速范围，不同的工作任务可能需要

图5-2　伺服电机

机器人在不同的速度下运行，因此电机的转速应能满足工作要求，并且具备良好的调速性能。此外，电机的精度和响应速度也是重要的考量指标，在对运动精度要求高的应用场景，如精密装配、微加工等任务中，需要选择精度高、响应速度快的电机，以确保机器人能够准确、快速地执行操作。

在电机控制方面，常用的控制方法有位置控制、速度控制和转矩控制。位置控制通过控制电机的旋转角度，使机器人的关节或末端执行器到达指定的位置。这种控制方法广泛应用于需要精确位置定位的任务，如装配机器人将零部件准确安装到预定位置。速度控制则是调节电机的转速，使机器人按照设定的速度运行，适用于对运动速度有要求的场景，如搬运机器人在不同路径上以不同速度搬运货物。转矩控制主要用于控制电机输出的转矩大小，在一些需要恒定力或力矩作用的任务中发挥重要作用，例如在打磨机器人工作时，通过转矩控制确保打磨工具对工件表面施加合适的压力，保证打磨效果的均匀性。为了实现精确的电机控制，通常会采用先进的控制器和控制算法，如比例-积分-微分（PID）控制算法。PID控制器通过对偏差信号（设定值与实际值的差值）进行比例、积分和微分运算，输出控制信号来调节电机的运行状态，从而使电机能够快速、稳定地跟踪设定值，实现高精度的运动控制。

5.2.2.2　液压驱动

液压驱动系统主要由液压泵、液压缸（或液压马达）、控制阀和油箱等部件组成。其工作原理基于帕斯卡定律，即加在密闭液体上的压强，能够大小不变地由液体向各个方向传递。液压泵作为系统的动力源，将机械能转换为液压能，通过吸油和压油过程，将油箱中的液压油吸入并加压后输出。加压后的液压油通过管路输送到液压缸或液压马达。液压缸是将

液压能转换为机械能的执行元件，当高压油进入液压缸的无杆腔时，推动活塞运动，从而带动与之相连的机械部件做直线运动。液压马达则是将液压能转换为旋转机械能的执行元件，高压油进入液压马达后，推动其内部的转子旋转，输出转矩和转速。控制阀用于控制液压油的流向、压力和流量，从而实现对液压缸或液压马达的运动方向、速度和输出力（或转矩）的控制，例如：换向阀可以改变液压油的流动方向，实现液压缸的伸缩或液压马达的正反转；溢流阀用于调节系统压力，防止系统压力过高；节流阀则通过调节油液流量来控制执行元件的运动速度。

液压驱动具有诸多显著特点。首先，输出力大是其突出优势，液压系统能够产生较大的推力或转矩，适用于负载大的工业机器人应用场景。如在大型船舶制造中，需要搬运和装配重达数十吨甚至上百吨的船体部件，液压驱动的工业机器人能够轻松胜任这些高强度的工作任务。其次，液压驱动的动作平稳性好，由于液压油的不可压缩性和阻尼特性，使得执行元件的运动过程较为平稳，冲击和振动较小，这对于一些对运动平稳性要求高的工艺操作非常重要，如在精密铸造中，液压驱动的机器人能够精确地控制铸造模具的开合和浇注过程，保证铸件的质量。此外，液压系统的调速范围广，可以通过控制阀方便地实现无级调速，满足不同工作任务对速度的要求。然而，液压驱动也存在一些缺点，例如：液压系统的制造和维护成本较高，对液压油的清洁度要求严格，一旦油液被污染，容易导致系统故障；同时，液压系统的响应速度相对较慢，在一些对快速响应要求高的场合可能不太适用。因此，液压驱动主要适用于负载大、动作平稳性要求高、对响应速度要求相对不高的工业机器人应用，如大型锻造设备、重型机械加工设备中的机器人操作。

5.2.2.3　气动驱动

气动驱动系统主要由气源装置、执行元件、控制元件和辅助元件等部分组成。气源装置通常包括空气压缩机、储气罐等，其作用是将机械能转换为气体的压力能，产生压缩空气并储存起来。执行元件主要有气缸和气马达，气缸用于实现直线往复运动，气马达则用于实现旋转运动。控制元件包括各种控制阀，如换向阀、节流阀、减压阀等，用于控制压缩空气的流向、压力和流量，从而控制执行元件的运动方向、速度和输出力。辅助元件有过滤器、油雾器、消声器等：过滤器用于去除压缩空气中的杂质和水分，保证压缩空气的清洁度；油雾器用于向压缩空气中添加润滑油，对执行元件进行润滑；消声器则用于降低气动系统工作时产生的噪声。

气动驱动的工作原理是利用压缩空气作为工作介质，通过控制压缩空气的压力、流量和流向，使执行元件产生相应的运动。当压缩空气进入气缸的一腔时，推动活塞运动，从而带动活塞杆伸出或缩回，实现直线运动。对于气马达，压缩空气进入气马达的进气口，推动其内部的叶片或活塞运动，从而使气马达输出转矩和转速，实现旋转运动。例如，在食品包装生产线中，通过控制换向阀的切换，使压缩空气交替进入气缸的不同腔室，从而驱动气缸带动包装机械部件进行物料的抓取、填充和封装等操作。

气动驱动具有响应速度快的优点，由于气体的可压缩性大，压缩空气能够迅速地传递能量，使执行元件能够快速启动和停止，适用于对动作频率要求高的场合，如在电子产品的分拣和包装流水线上，气动驱动的机器人能够快速地完成物料的分拣和搬运任务，提高生产效率。此外，气动驱动系统结构简单、成本较低，其组成部件相对较少，制造和维护成本相对不高，对于一些预算有限的企业来说具有吸引力。同时，气动系统对工作环境的适应性较强，在一些高温、潮湿、有粉尘等恶劣环境下，仍能正常工作。然而，气动驱动的输出力相对较小，这限制了其在负载较大任务中的应用。而且，由于气体的可压缩性，气动系统的运动精度相对较低，在对运动精度要求苛刻的工作中难以满足要求。另外，气动系统工作时会产生一定的噪声，需要采取相应的降噪措施。总体而言，气动驱动适用于对负载要求不高、动作频率高、对运动精度要求相对较低的工业机器人应用场景，如食品包装、小型零部件的搬运和装配等。

5.2.3　控制系统

控制系统是工业机器人的"大脑"，负责指挥机器人完成各种任务。它接收来自外部的指令信息，经过处理和运算后，向驱动系统发出相应的控制信号，从而精确控制机器人的运动轨迹、姿态，以及动作顺序等。控制系统主要分为集中式控制和分布式控制两种类型：集中式控制系统结构简单，易于实现，但当系统规模较大时，可能会出现响应速度慢等问题；分布式控制系统则将控制任务分散到各个子系统中，具有更好的实时性和可靠性，能够满足复杂工业生产环境下对机器人的控制要求。例如，在大型汽车生产线上，众多工业机器人协同工作，采用分布式控制系统，每个机器人作为一个子系统，能迅速响应各自的任务指令，精准地完成焊接、装配等一系列复杂且高精度的操作任务。某汽车制造企业通过控制系统，能让机器人在一分钟内完成上百个焊点的焊接，且焊接误差极小。

5.2.3.1　硬件部分

工业机器人控制系统的硬件部分包括中央处理器（CPU）、内存、输入输出接口（I/O接口）、通信接口，以及驱动器接口。

① 中央处理器是控制器的运算核心和控制核心，负责执行各种控制算法和处理数据。常见的CPU有英特尔的酷睿系列、ARM架构的处理器等。不同类型的CPU具有不同的性能特点，高性能的CPU能够更快地处理复杂的控制任务，提高机器人的响应速度和运动精度。

② 内存用于暂时存储CPU正在处理的数据和程序，包括随机存取存储器（RAM）和只读存储器（ROM）。足够的内存容量可以保证控制器在运行过程中能够快速地读取和存储数据，避免因内存不足而导致的运行卡顿或数据丢失。

③ 输入输出接口是控制器与外部设备进行数据交换的通道。输入接口用于接收来自传感器、按钮等设备的信号，输出接口则用于向执行机构（如电机驱动器、电磁阀等）发送控制信号。常见的I/O接口类型有数字量输入输出接口和模拟量输入输出接口。

④ 通信接口是实现控制器与其他设备之间的通信连接。常见的通信接口包括以太网接口、串口（如RS - 232、RS - 485）、CAN总线接口等。通过这些通信接口，控制器既可以与上位机进行数据传输，实现远程监控和编程，也可以与其他机器人或设备进行通信，实现协同工作。

⑤ 驱动器接口用于连接电机驱动器，将控制器生成的控制信号转换为适合电机驱动器接收的信号，从而驱动机器人的关节电机运动。不同类型的电机（如直流电机、交流伺服电机）需要不同类型的驱动器接口。

5.2.3.2　软件部分

工业机器人控制系统的软件部分包括操作系统、控制算法软件、编程软件。

① 操作系统为控制器提供基本的运行环境，管理硬件资源和软件任务。常见的操作系统有实时操作系统（RTOS）和通用操作系统（如Windows、Linux）：实时操作系统具有实时

性强、响应速度快等优点，能够确保控制器对机器人的运动控制具有高度的实时性；通用操作系统则具有丰富的软件资源和良好的开发环境，便于进行复杂的应用开发。

② 控制算法软件用于实现机器人的各种控制功能，包括运动学算法、动力学算法、轨迹规划算法等。运动学算法用于计算机器人各个关节的运动参数，动力学算法则考虑了机器人的力学特性，对运动控制进行优化。轨迹规划算法则根据机器人的工作任务，规划出最优的运动轨迹。

③ 编程软件用于编写和调试机器人的控制程序。编程软件通常提供了图形化编程界面或编程语言，方便用户进行机器人的编程和操作。常见的编程方式有示教编程、离线编程等：示教编程是通过手动操作机器人，记录机器人的运动轨迹和动作，然后将这些记录保存为控制程序；离线编程则是在计算机上进行机器人的编程和仿真，然后将生成的控制程序下载到控制器中。

5.2.4　感知系统

传感器赋予了工业机器人感知外界环境的能力，使机器人能够根据周围环境的变化及时调整自身的动作。在机器人与机电一体化系统中有各种不同的物理量（如位移、压力、速度等）需要测量与控制，机器人的传感器包括内部传感器和外部传感器。

工业机器人内部传感器，主要用于检测机器人自身的状态信息，比如关节的位置、速度以及机器人与外界接触时所受的力/力矩等，这些信息关乎机器人自身的运动与操作状态，帮助机器人知晓自身的"姿态"与"动作力度"。像光电编码器这类位置传感器、测速发电机这样的速度传感器，以及基于应变片原理的力/力矩传感器，都属于内部传感器范畴。而外部传感器，其作用是感知机器人周围的环境信息，让机器人"了解"所处的外部世界状况，例如：视觉传感器借助相机和图像处理系统，能够识别目标物体的形状、颜色、位置、姿态等特征；触觉传感器可检测与物体接触时的压力、应力、温度等信息；接近传感器能判断机器人与周围物体的距离。这些传感器为机器人提供了环境层面的感知，助力机器人在复杂环境中更好地完成任务。内外部传感器（图5-3）协同作用共同构成了工业机器人的感知系统。

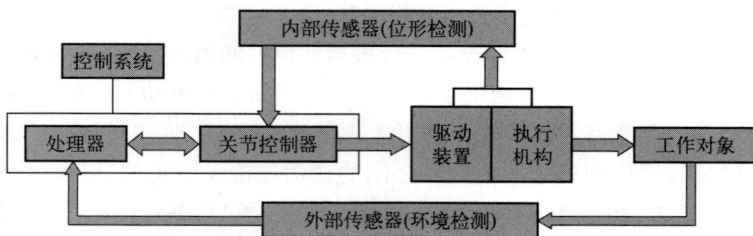

图5-3　感知系统中的内外部传感器

5.2.4.1　常见的内部传感器

位置传感器用于检测工业机器人关节的位置信息。常见的位置传感器有光电编码器（图5-4），它通过光电转换原理，将机械转动的角度信息转化为数字脉冲信号。当电机带动机器人关节转动时，光电编码器的码盘随之转动，光线透过码盘上的透光和不透光区域，被光敏元件接收并转换为电信号，经过处理后得到精确的位置数据。精确的位置反馈对

图5-4　光电编码器

于工业机器人执行任务至关重要。例如在装配任务中，机器人需要准确地将零件放置在指定位置，位置传感器能够实时监测关节位置，确保机器人末端执行器到达目标位置，保证装配精度。

速度传感器用于测量机器人关节的运动速度。常用的速度传感器有测速发电机，它是一种将转速信号转换为电压信号的装置。当电机旋转时，测速发电机的转子随之转动，在其定子绕组中产生与转速成正比的感应电动势，通过测量该电动势的大小即可得到电机的转速，进而得出机器人关节的速度。此外，编码器在测量位置的同时可以间接测算速度，编码器本身并非直接测量速度，但通过对其输出的位置脉冲信号进行分析，能够间接得到速度信息。在一定时间间隔内，计算编码器输出的脉冲数量变化，依据脉冲数量与转动角度的对应关系，可算出这段时间内机器人关节转动的角度变化。再用角度变化量除以时间间隔，就能得到关节的平均角速度。若是进一步利用数据处理算法，对不同时刻的角速度进行分析，还能获取关节的实时速度变化情况，为工业机器人实现平稳的加减速控制提供依据，防止因速度突变造成冲击与振动。速度传感器在工业机器人运行过程中起着关键作用。一方面，它能够帮助机器人实现平稳的加减速控制，避免因速度突变而导致的冲击和振动，保护机器人的机械结构和传动部件。另一方面，在一些需要精确控制速度的任务中，如在汽车生产线上进行喷漆作业时，机器人需要保持恒定的喷漆速度，以确保喷漆效果均匀一致，速度传感器能够实时监测并调整机器人的运动速度，满足工艺要求。

力矩传感器用于检测机器人与外界环境接触时所受到的力矩大小。其工作原理基于应变片原理，当力或力矩作用在传感器的弹性元件上时，弹性元件会发生形变，粘贴在弹性元件上的应变片的电阻值也会随之改变，通过测量电阻值的变化，并根据事先标定的力/电阻或力矩/电阻关系曲线，即可计算出所受到的力和力矩大小。力/力矩传感器在工业机器人的装配、打磨、抛光等任务中具有重要应用。例如在装配任务中，机器人需要感知零件之间的装配力，以避免因用力过大而损坏零件，或因用力不足导致装配不牢固。在打磨和抛光任务中，机器人需要根据工件表面的材质和形状，实时调整施加的力，以保证打磨和抛光效果的一致性。

5.2.4.2 常见的外部传感器

视觉传感器是工业机器人感知系统中应用最为广泛的外部传感器之一。常见的视觉传感器包括相机和图像处理系统。相机通过镜头将目标物体成像在图像传感器上，图像传感器将光信号转换为电信号，并经过模拟数字转换后得到数字图像。图像处理系统对采集到的数字图像进行分析和处理，提取目标物体的特征信息，如形状、颜色、位置、姿态等。图像处理算法包括边缘检测、特征提取、目标识别、立体视觉等技术，通过这些算法能够实现对目标物体的精确识别和定位。视觉传感器使工业机器人具备了"看"的能力，在工业生产中有诸多应用。在物料分拣任务中，机器人可以通过视觉传感器识别不同形状和颜色的物料，并根据其位置信息进行准确抓取和分拣。在焊接任务中，视觉传感器能够实时监测焊缝的位置和形状，引导机器人准确地进行焊接操作，提高焊接质量和精度。在质量检测任务中，视觉传感器可以对产品的外观进行检测，识别产品表面的缺陷和瑕疵，实现产品质量的在线检测和控制。

接近传感器用于检测机器人与周围物体之间的距离，判断是否接近目标物体。常见的接近传感器有电感式接近传感器、电容式接近传感器、超声波接近传感器等。电感式接近传感器利用电磁感应原理，当金属物体接近传感器的感应面时，会引起传感器内部电感量的变化，通过检测电感量的变化来判断物体的接近。电容式接近传感器通过检测传感器与物体之间电容值的变化来确定物体的接近程度。超声波接近传感器则是利用超声波在空气中的传播特性，通过发射和接收超声波信号，测量信号往返的时间来计算物体与传感器之间的距离。接近传感器在工业机器人的避障、抓取和定位等任务中具有重要作用。在机器人移动过程中，接近传感器能够实时监测周围环境中障碍物的位置，当检测到障碍物接近时，机器人可以及时调整运动路径，避免发生碰撞。在抓取物体时，接近传感器可以帮助机器人确定物体的大致位置，提前调整抓取姿态，提高抓取的成功率。

触觉传感器用于检测机器人与物体接触时的压力、应力、温度等信息。其工作原理多种多样，例如基于压阻效应的触觉传感器，当受到压力作用时，传感器内部的压阻材料电阻值发生变化，通过测量电阻值的变化来检测压力大小。还有基于电容变化原理的触觉传感器，当接触物体时，传感器的电容值会发生改变，通过检测电容值的变化来感知接触信息。触觉传感器能够让工业机器人模拟人类的触觉感知，在精细操作任务中发挥重要作用。例如在电子设备制造中，机器人需要对微小的电子元件进行插拔、焊接等操作，触觉传感器可以帮助机器人感知元件的位置和力度，避免因操作不当而损坏元件。在医疗手术机器人中，触觉传感器能够让医生通过机器人感受到手术器械与组织之间的接触力，提高手术操作的准确性和安全性。

5.2.4.3　工业机器人感知系统的工作流程

传感器的感知信号并不能直接用于控制系统的决策，在此之间通常要经过数据采集、数据传输、数据处理，再到决策与控制四个阶段。

① 数据采集：内部传感器和外部传感器实时采集机器人自身状态信息及周围环境信息。例如，位置传感器采集机器人关节的位置数据，视觉传感器采集目标物体的图像信息，触觉传感器采集接触力信息，等。

② 数据传输：传感器采集到的数据通过通信接口传输到机器人的控制系统。常见的通信接口有串口、以太网、CAN 总线等，不同的传感器根据其数据传输速率和实时性要求选择合适的通信接口。

③ 数据处理：机器人控制系统对传输过来的数据进行处理和分析。对于视觉传感器采集的图像数据，需要经过图像处理算法进行目标识别和定位；对于力/力矩传感器采集的数据，需要进行力的解算和控制策略的制定。数据处理过程中，会运用到各种信号处理技术和模式识别算法，以提取有用的信息。

④ 决策与控制：根据数据处理的结果，机器人控制系统做出相应的决策，并发出控制指令，控制机器人的运动和操作。例如，如果视觉传感器检测到目标物体的位置发生变化，控制系统会根据位置偏差计算出机器人关节的运动补偿量，控制机器人调整姿态，准确地抓取目标物体。

5.3　工业机器人的应用领域

5.3.1　汽车制造行业

5.3.1.1　焊接应用

点焊工艺与机器人应用：点焊是汽车车身制造中应用最为广泛的焊接工艺之一。在点焊过程中，通过电极将电流引入焊件，使焊件接触点处的金属瞬间加热熔化，形成焊点，从而实现零部件的连接。点焊机器人在汽车点焊生产线中发挥着关键作用。这些机器人通常具有高负载能力和快速的动作响应速度，能够在短时间内完成大量的点焊任务。例如，在汽车车身的组装过程中，点焊机器人需要在不同位置快速准确地完成点焊操作，将车身的各个部件牢固连接在一起。为了实现高效的点焊作业，点焊机器人配备了专门的点焊控制器，能够精确控制焊接电流、焊接时间和电极压力等参数。同时，机器人的编程系统可以根据车身的设计要求，规划出最优的点焊路径，确保每个焊点的质量和位置精度。在一些先进的汽车制造工厂中，点焊机器人还能够与其他自动化设备协同工作，如自动化夹具系统，实现车身部件的快速定位和夹紧，进一步提高生产效率。

弧焊工艺与机器人应用：弧焊工艺包括TIG（钨极惰性气体保护焊）、MIG（熔化极惰性气体保护焊）等多种类型，在汽车制造中主要用于连接一些对焊缝质量要求较高的部件，如汽车底盘、发动机部件等。弧焊机器人在弧焊工艺中的应用，能够实现高质量、高精度的焊接作业。以MIG弧焊为例，弧焊机器人配备了弧焊电源、送丝机构和焊枪等设备。在焊接过程中，机器人通过精确控制焊枪的运动轨迹和姿态，使焊丝能够准确地填充到焊缝中，同时保护气体从焊枪头部喷出，防止熔化金属与空气接触发生氧化。弧焊机器人的控制系统能够实时监测焊接电流、电压等参数，并根据焊缝的实际情况进行自动调整，保证焊接质量的稳定性。在汽车底盘的焊接生产中，弧焊机器人能够根据底盘的复杂形状，灵活地调整焊接路径和参数，完成高质量的焊接工作，提高底盘的强度和可靠性。

以某知名汽车品牌的车身焊接生产线为例，该生产线大量采用了工业机器人进行焊接作业。生产线由多个焊接工作站组成，每个工作站配备了多台点焊机器人和弧焊机器人。在车身的前围、侧围、后围等部件的焊接过程中，点焊机器人首先对各个部件进行初步的点焊固定，然后弧焊机器人对关键焊缝进行弧焊加固，确保车身结构的强度和稳定性。

为了实现生产线的高效运行，机器人之间通过自动化的物流系统进行协同工作。例如，在车身侧围焊接工作站，点焊机器人完成点焊操作后，自动化夹具将侧围部件快速转移到弧焊机器人工作站，弧焊机器人立即进行弧焊作业。同时，生产线采用了先进的视觉检测系统，对焊接后的车身部件进行实时检测，一旦发现焊接缺陷，系统会及时反馈给机器人控制系统，机器人可以自动进行补焊或调整焊接参数。通过这种高度自动化的焊接生产线，不仅大大提高了汽车车身的焊接质量和生产效率，还降低了人工成本和劳动强度。该生产线每小时能够生产数十辆汽车车身，产品质量一致性高，为汽车的整体性能和安全性提供了有力保障。

5.3.1.2 装配应用

汽车零部件装配是汽车制造过程中的重要环节，涉及发动机、变速器、车门、座椅等众多零部件的安装。工业机器人在汽车零部件装配流程中扮演着不可或缺的角色。以汽车发动机装配为例，装配流程通常包括发动机缸体、曲轴、活塞、连杆等部件的安装。机器人可以通过高精度的定位和操作，将这些零部件准确无误地组装在一起。例如，在安装活塞时，机器人利用其末端执行器（如特制的夹爪）精确地抓取活塞，并将其按照规定的方向和位置准确地安装到气缸内，确保活塞与气缸壁之间的间隙符合设计要求，从而保证发动机的正常运行。

在车门装配过程中，机器人可以完成车门与车身的连接、车门内饰件的安装等任务。机器人能够快速、准确地将车门铰链安装到车身门框上，并调整车门的位置和间隙，确保车门关闭时的密封性和顺畅性。同时，机器人还可以将车门内饰件如门板、车窗控制开关等精确地安装到车门上，提高装配效率和质量。在整个汽车零部件装配流程中，机器人的高精度、高重复性和高速度的特点，使得装配过程更加标准化和精确化，减少了人为因素导致的装配误差，提高了汽车的整体装配质量和生产效率。

在汽车零部件装配中，装配精度直接影响汽车的性能和安全性。工业机器人通过先进的控制系统和高精度的传感器，能够实现对装配精度的严格控制。例如，在汽车变速器装配过程中，机器人可以利用视觉传感器识别零部件的形状和位置，通过精确的运动控制，将齿轮、轴等零部件安装到正确的位置，确保齿轮之间的啮合精度。同时，机器人的力传感器可以实时监测装配过程中的作用力，当装配力超出预设范围时，机器人会自动调整动作，避免因装配力过大导致零部件损坏或装配精度下降。

为了保证装配质量，汽车制造企业通常会采用多种质量检测手段。除了机器人自身的精度控制外，还会在装配线上设置专门的质量检测工位。例如，在汽车车身装配完成后，通过三坐标测量仪对车身的关键尺寸进行测量，检测车身的装配精度是否符合设计要求。同时，利用自动化的电气检测设备对汽车的电气系统进行检测，确保各个电气部件的连接正确、功能正常。对于一些重要的装配环节，还会采用无损检测技术，如超声波检测、X射线检测等，对焊接部位、零部件内部结构等进行检测，确保产品质量无缺陷。通过这些严格的质量检测措施，结合工业机器人的高精度装配能力，汽车制造企业能够生产出高质量、性能可靠的汽车产品。

5.3.1.3 搬运与喷涂应用

在汽车制造工厂中，大量的汽车零部件需要在不同的生产环节之间进行搬运。工业机器人在汽车零部件搬运物流自动化方面发挥着重要作用。搬运机器人可以根据预设的路径和程序，自动将零部件从仓库搬运到生产线，或者在生产线内部将加工完成的零部件搬运到下一个工序。例如，在汽车冲压车间，搬运机器人可以快速地将冲压成型的汽车零部件从冲压机上取下，并搬运到后续的焊接或涂装车间。这些搬运机器人通常配备了先进的导航系统，如激光导航、视觉导航等，能够在复杂的工厂环境中准确地识别路径，避免与其他设备或人员发生碰撞。同时，搬运机器人还可以与自动化的仓储系统集成，实现零部件的自动存储和检索，提高物流效率。在一些大型汽车制造工厂中，通过引入搬运机器人和自动化物流系统，零部件的搬运效率得到了大幅提升，减少了人工搬运成本和物流时间，为生产线的高效运行提供了有力支持。

汽车喷涂工艺是汽车制造过程中提升汽车外观质量和防护性能的重要环节。工业机器人在汽车喷涂领域具有显著的优势。首先，机器人能够实现高精度的喷涂作业。通过精确控制喷枪的运动轨迹和喷涂参数，如喷涂距离、喷涂角度、涂料流量等，机器人可以确保汽车表面的涂层厚度均匀、光滑，提高喷涂质量。例如，在汽车车身喷涂过程中，机器人可以根据车身的复杂形状，自动调整喷枪的姿态和运动路径，使车身各个部位都能得到均匀的喷涂，避免出现漏喷、流挂等缺陷。

其次，机器人喷涂具有高效性。相比于人工喷涂，机器人可以在短时间内完成大量的喷涂任务，提高生产效率。而且机器人可以连续工作，不受疲劳、情绪等因素的影响，保证了喷涂质量的稳定性。此外，汽车喷涂过程中会产生有害气体和粉尘，对操作人员的健康有一定危害。采用机器人喷涂可以将操作人员从恶劣的工作环境中解放出来，提高工作环境的安全性和舒适性。在一些先进的汽车喷涂生产线中，还采用了机器人与自动化输送系统相结合的方式，实现了汽车车身的自动上下料和喷涂作业，进一步提高了生产效率和喷涂质量，为汽车的外观品质提供了可靠保障。

5.3.2 电子工业

5.3.2.1 芯片制造

光刻工艺中的机器人应用：光刻是芯片制造中最为关键的工艺之一，其精度直接决定了芯片的性能和集成度。在光刻工艺中，工业机器人主要用于晶圆的搬运、对准和曝光过程中的精细调整。例如，在光刻设备中，高精度的搬运机器人负责将晶圆从晶圆盒中取出，并准确地放置到光刻机的工作台上。这些搬运机器人具有极高的定位精度和重复精度，能够在亚微米级别的精度范围内操作晶圆，确保晶圆在搬运过程中的位置准确性。在曝光过程中，机器人还可以通过微动控制，对晶圆的位置和姿态进行实时调整，以补偿光刻机内部的机械振动和热变形等因素对曝光精度的影响。此外，随着芯片制造技术的不断发展，先进的光刻工艺需要更高的分辨率和更复杂的图案转移，机器人与光刻设备的协同控制变得越来越重要。通过机器人的精确控制，能够实现对光刻过程中各种参数的实时优化，提高光刻质量和生产效率。

蚀刻工艺中的机器人应用：蚀刻工艺是将光刻后的晶圆表面不需要的材料去除，以形成芯片的电路图案。在蚀刻过程中，工业机器人同样发挥着重要作用。蚀刻设备中的机器人主要负责晶圆的装载、卸载，以及在蚀刻腔室内的精确移动。例如，在反应离子蚀刻（RIE）设备中，机器人将晶圆准确地放置到蚀刻腔室内的特定位置，并确保晶圆在蚀刻过程中保持稳定。同时，机器人可以根据蚀刻工艺的要求，精确控制晶圆在蚀刻腔室内的旋转速度和移动路径，使蚀刻剂能够均匀地作用于晶圆表面，保证蚀刻的均匀性和精度。在一些先进的蚀刻工艺中，还需要对蚀刻过程进行实时监测和调整，机器人可以与蚀刻设备的控制系统协同工作，根据监测数据及时调整晶圆的位置和蚀刻参数，确保蚀刻工艺的稳定性和可靠性。

在芯片制造过程中，对工业机器人的高精度定位与操作要求极为严格。由于芯片的特征尺寸越来越小，目前已经进入纳米级别，任何微小的定位误差或操作失误都可能导致芯片制造失败。例如，在光刻工艺中，晶圆的定位精度需要达到纳米级，机器人必须能够在复杂的环境中准确地感知晶圆的位置，并将其精确地放置到光刻机的曝光位置。为了满足这种高精度要求，芯片制造领域的工业机器人通常采用了先进的传感技术和控制算法。例如，利用激光干涉仪、电容传感器等高精度位置传感器，实时监测机器人末端执行器和晶圆的位置信息，并通过反馈控制算法对机器人的运动进行精确调整。同时，机器人的机械结构设计也经过了精心优化，采用了高刚度、低变形的材料和结构，减少机器人在运动过程中的振动和变形，保证定位精度。

在操作方面，机器人需要具备极高的稳定性和重复性。在芯片制造的各个工艺环节，如晶圆的搬运、对准、蚀刻等，机器人都需要能够重复执行相同的操作，且每次操作的精度和质量都要保持一致。为了实现这一点，机器人的控制系统采用了先进的运动规划算法和自适应控制技术，能够根据不同的工艺要求和环境变化，自动调整机器人的运动参数和操作策略，确保机器人的操作稳定性和重复性。此外，芯片制造环境对机器人的洁净度也有严格要求，因为微小的颗粒污染物可能会对芯片制造产生严重影响。因此，芯片制造用的工业机器人通常采用特殊的洁净设计，如采用密封结构、使用洁净材料等，以确保机器人在工作过程中不会产生污染物，满足芯片制造的洁净环境要求。

5.3.2.2 电路板组装

表面贴装技术（SMT）是电路板组装中广泛应用的一种技术，它将表面贴装元器件（SMC/SMD）直接贴装在印刷电路板（PCB）的表面，通过回流焊等工艺实现元器件与PCB的电气连接。工业机器人在SMT工艺中扮演着核心角色。在SMT生产线中，贴片机是关键设备，而贴片机实际上就是一种专门用于电路板组装的工业机器人。贴片机通过高精度的机械结构和控制系统，能够快速、准确地将各种表面贴装元器件从供料器中拾取，并贴装到PCB上的指定位置。

贴片机的工作流程通常包括元器件拾取、视觉检测、位置调整和贴装等环节。在元器件拾取环节，贴片机利用真空吸嘴或机械夹爪从供料器中拾取元器件，供料器可以是编带式、托盘式或散装式。在拾取元器件后，贴片机通过视觉检测系统对元器件的型号、方向和位置进行检测，确保拾取的元器件正确无误。然后，根据视觉检测结果，贴片机对元器件的位置和姿态进行精确调整，使其能够准确地贴装到PCB上的目标位置。在贴装过程中，贴片机通过控制贴装头的运动速度、压力和时间等参数，确保元器件与PCB之间的焊接质量。随着SMT技术的不断发展，贴片机的速度和精度不断提高，能够处理更小尺寸的元器件和更复杂的PCB设计，大大提高了电路板组装的效率和质量。

除了SMT工艺，对于一些需要插入式安装的电子元器件，如插件电阻、电容、集成电路引脚等，电子元器件插装机器人得到了广泛应用。电子元器件插装机器人能够快速、准确地将这些元器件插入到PCB的相应插孔中。这些机器人通常配备了高精度的机械手臂和末端执行器，能够根据PCB上的插孔位置和元器件形状，精确地抓取和插入元器件。在插装过程中，机器人通过视觉传感器和力传感器实时监测插入过程中的作用力和位置信息，确保元器件插入的深度和垂直度符合要求。如果发现插入过程中出现偏差或阻力异常，机器人能够及时调整插入动作，避免损坏元器件或PCB。电子元器件插装机器人的应用，大大提高了电路板组装中插件元器件的安装效率和质量，减少了人工插装的劳动强度和出错率，尤其适用于大规模生产的电路板组装生产线。

5.3.2.3 电子产品检测与包装

在电子产品生产过程中，自动化检测是确保产品质量的关键环节。工业机器人在电子产品自动化检测流程中发挥着重要作用，特别是机器人视觉技术的应用，使得检测过程更加高效、准确。机器人视觉系统通常由相机、镜头、光源和图像处理软件等组成。在检测过程中，相机对电子产品进行拍照，获取产品的图像信息，然后通过图像处理软件对图像进行分析和处理，检测产品是否存在缺陷，如焊点虚焊、元器件缺失、线路短路等问题。

例如，在手机主板检测中，机器人视觉系统可以快速地对主板上的焊点进行检测。通过将采集到的焊点图像与标准图像进行对比，利用图像处理算法分析焊点的形状、大小、亮度等特征，判断焊点是否合格。如果发现焊点存在虚焊或漏焊等缺陷，系统会及时发出警报，并将缺陷位置信息反馈给生产控制系统，以便进行修复。机器人视觉检测不仅速度快，能够在短时间内完成大量产品的检测任务，而且检测精度高，能够检测出微小的缺陷，大大提高了电子产品的质量检测水平。此外，机器人视觉系统还可以与工业机器人的机械臂相结合，实现对产品的自动分拣和分类。对于检测合格的产品，机器人可以将其搬运到包装环节，对于不合格产品，则搬运到维修或报废区域，实现了电子产品检测与分拣的自动化流程。

工业机器人在电子产品包装环节也得到了广泛应用，实现了包装过程的自动化。电子产品包装通常包括产品的分拣、装盒、封箱等步骤。在分拣环节，机器人可以根据产品的类型、规格等信息，利用视觉识别技术或传感器对产品进行识别和分类，然后将不同的产品准确地放置到相应的包装线上。例如，在电子元器件包装中，机器人可以快速地将不同型号的电阻、电容等元器件分拣出来，并按照一定的数量和排列方式装入包装盒中。

在装盒环节，机器人通过精确的运动控制，将电子产品准确地放入包装盒内，并确保产品在包装盒内的位置正确、摆放整齐。对于一些需要添加附件或说明书的产品，机器人也可以同时完成这些操作。封箱环节同样可以由机器人完成，机器人能够自动完成封箱胶带的粘贴和封口操作，保证包装的密封性和牢固性。在一些先进的电子产品包装生产线中，还采用了机器人与自动化输送系统、包装设备相结合的方式，实现了从产品上线到包装完成的全自动化流程。这种自动化包装解决方案，不仅提高了包装效率，降低了人工成本，还提高了包装质量的一致性和稳定性，满足了电子产品大规模生产和快速交付的需求。

5.3.3　物流与仓储行业

码垛机器人主要用于将货物按照一定的规则和方式进行堆叠码放，广泛应用于物流仓储、食品饮料、化工等行业。码垛机器人通常由机械臂、末端执行器、控制系统和机架等部分组成。机械臂是码垛机器人的主要运动部件，一般具有多个自由度，能够实现水平和垂直方向的运动，以及旋转等动作，使末端执行器能够到达不同的位置和姿态。末端执行器根据货物的形状和包装形式进行设计，常见的有夹爪式、吸盘式等，用于抓取和搬运货物。控制系统负责接收外部指令，控制机械臂和末端执行器的运动，实现码垛任务的规划和执行。机架为整个机器人提供稳定的支撑结构。

码垛机器人的工作流程一般包括以下几个步骤：首先，货物通过输送带等设备被输送到码垛机器人的工作区域，机器人的视觉系统或传感器对货物的位置、形状和姿态进行检测和识别；然后，控制系统根据预设的码垛规则（如码垛层数、每层货物数量、排列方式等），规划机械臂的运动路径；接着，机械臂带动末端执行器运动到货物上方，末端执行器抓取货物，并将其搬运到指定的码垛位置。在码垛位置，机械臂按照预定的排列方式将货物放置好，完成一层码垛后，机械臂上升一定高度，继续进行下一层的码垛操作，直到完成整个码垛任务。例如，在食品饮料行业，码垛机器人可以将瓶装饮料按照每层一定数量、多层堆叠的方式，整齐地码放到托盘上，便于存储和运输。

码垛模式规划是提高码垛机器人工作效率的关键。不同的货物类型、包装形式和存储要求需要不同的码垛模式。在规划码垛模式时，需要考虑多个因素，如货物的稳定性、托盘的尺寸和承载能力、仓库的空间布局等。例如，对于长方体纸箱货物，可以采用交错式码垛模式，使货物之间相互咬合，提高码垛的稳定性；对于圆柱形的桶装货物，则需要采用特殊的码垛方式，避免货物滚动。同时，合理的码垛层数和每层货物数量的选择，也能够充分利用托盘的空间，提高托盘的装载率。

为了提升码垛效率，除了优化码垛模式外，还可以从机器人的硬件和软件方面进行改进。在硬件方面，选择高速度、高精度的机械臂和驱动系统，能够缩短机器人的运动时间，提高码垛速度。例如，采用轻质高强度材料制造机械臂，减轻机械臂重量，降低运动惯性，从而提高运动速度。在软件方面，开发先进的控制系统和路径规划算法，能够使机器人更加快速、准确地完成码垛任务。例如，利用智能算法根据实时的货物输送情况和仓库存储状态，动态调整码垛计划和机器人的运动路径，避免机器人之间的碰撞和等待时间，提高整体码垛效率。此外，将码垛机器人与自动化输送系统、仓储管理系统等进行集成，实现物流信息的实时共享和协同工作，也能够进一步提高码垛作业的效率和准确性。

5.3.4 金属加工行业

5.3.4.1 切割与打磨

激光切割机器人应用：激光切割是利用高能量密度的激光束照射金属材料，使材料瞬间熔化或气化，从而实现切割的目的。激光切割机器人结合了激光切割技术和工业机器人的优势，能够实现复杂形状金属零件的高精度切割。在汽车零部件制造中，激光切割机器人可以对汽车车身的各种金属板材进行切割加工，如车门、车身框架等零部件的轮廓切割。激光切割机器人具有切割精度高、切口窄、热影响区小等优点，能够满足汽车零部件对尺寸精度和表面质量的严格要求。例如，在切割高强度合金钢时，激光切割机器人能够精确控制激光束的能量和位置，在保证切割质量的同时，减少材料的浪费。此外，激光切割机器人还可以通过编程实现自动化切割，能够快速切换不同的切割任务，提高生产效率。在一些大型汽车制造工厂中，多条激光切割机器人生产线同时运行，能够满足大规模汽车生产对零部件切割的需求。

等离子切割机器人应用：等离子切割是利用高温等离子弧将金属材料熔化并吹离，从而实现切割。等离子切割机器人适用于切割各种金属材料，尤其是对厚度较大的金属板材具有较好的切割效果。在船舶制造、钢结构加工等行业，等离子切割机器人得到了广泛应用。例如，在船舶制造中，需要对大量的钢板进行切割加工，等离子切割机器人能够快速、高效地切割不同厚度的钢板，满足船舶建造对零部件加工的需求。等离子切割机器人具有切割速度快、成本相对较低的优点。与激光切割相比，等离子切割在切割厚板时具有更高的效率和性价比。同时，等离子切割机器人也具备一定的灵活性，通过编程可以实现各种复杂形状的切割任务。在钢结构加工车间，等离子切割机器人可以根据钢结构设计图纸，准确地切割出各种形状的钢梁、钢柱等零部件，为钢结构的组装提供高质量的原材料。

金属表面打磨是为了去除金属零件表面的毛刺、氧化皮等缺陷，提高表面光洁度和质量。工业机器人在金属表面打磨工艺中发挥着重要作用。打磨机器人通常配备有打磨工具，如砂轮、砂纸等，通过机器人的精确运动控制，实现对金属零件表面的打磨操作。在打磨过程中，机器人可以根据零件的形状和表面质量要求，规划出合适的打磨路径，确保零件表面各个部位都能得到均匀的打磨。

例如，在航空发动机叶片的打磨中，由于叶片形状复杂，对表面质量要求极高，打磨机器人通过高精度的视觉系统识别叶片的形状和位置，然后按照预设的打磨工艺参数，控制打磨工具对叶片表面进行精细打磨。打磨机器人还可以通过力传感器实时监测打磨过程中的作用力，根据力的反馈调整打磨工具的运动速度和压力，保证打磨质量的稳定性。与人工打磨相比，打磨机器人具有更高的效率和一致性，能够在短时间内完成大量零件的打磨任务，且打磨质量不受工人疲劳等因素的影响。此外，打磨机器人还可以在恶劣的工作环境下工作，如高温、粉尘等环境，保护工人的身体健康。在一些大型机械制造企业中，多条打磨机器人生产线同时运行，大大提高了金属零件的打磨效率和质量，为产品的后续加工和装配提供了良好的基础。

5.3.4.2 冲压与锻造

冲压是金属加工中常用的工艺之一，通过压力机和模具对金属板材施加压力，使其产生塑性变形，从而获得所需形状和尺寸的零件。冲压生产线自动化与工业机器人的应用，大大提高了冲压生产的效率和质量。在冲压生产线中，工业机器人主要用于板材的上下料、搬运，以及与压力机的协同工作。

在板材上料环节，机器人利用其末端执行器（如吸盘或夹爪）准确地抓取金属板材，并将其放置到压力机的模具上。在冲压过程中，机器人可以与压力机实现同步运动，确保板材在冲压过程中的位置准确性。例如，在汽车覆盖件冲压生产中，大型冲压生产线通常由多台压力机组成，机器人在各台压力机之间快速搬运板材，实现连续冲压作业。机器人的高速、高精度运动控制能力，使得冲压生产线的生产节拍大大提高，能够满足汽车制造业大规模生产的需求。同时，机器人的应用还减少了人工操作带来的安全风险，提高了生产过程的稳定性和可靠性。在一些先进的冲压生产车间，通过引入自动化冲压生产线和工业机器人，实现了24小时不间断生产，大幅提高了企业的生产能力和经济效益。

锻造是一种利用锻压机械对金属坯料施加压力，使其产生塑性变形，以获得具有一定力学性能、一定形状和尺寸锻件的加工方法。在锻造过程中，工业机器人可以作为辅助设备，协助完成一些繁重、危险的操作任务。例如，在大型锻造车间，机器人可以用于将加热后的金属坯料搬运到锻造设备上，并在锻造过程中调整坯料的位置和姿态，确保锻造工艺的顺利进行。

机器人的高负载能力和精确运动控制能力，使其能够轻松搬运重达数吨的金属坯料，降低了人工搬运的劳动强度和安全风险。同时，在锻造过程中，机器人可以根据锻造工艺的要求，准确地控制坯料的旋转和移动，使锻压设备能够对坯料进行均匀地锻造，提高锻件的质量。此外，机器人还可以与锻造设备的控制系统集成，实现自动化锻造流程。例如，机器人在完成坯料搬运后，能依据预设程序及传感器反馈，与锻造设备协同运作。比如，当锻压机械准备进行第一次锻压时，机器人通过内置的力传感器与位置传感器，微调坯料位置，确保坯料受击点精确无误。在锻压过程中，机器人还可配合锻造节奏，适时转动坯料，使各部分均匀受力变形，避免出现局部变形不均的情况，提升锻件内部组织的均匀性，进而提高其力学性能。而且，工业机器人能够承担重复性高强度工作，保证操作的一致性。传统人工操作在长时间工作后易因疲劳出现操作偏差，影响锻件质量稳定性。而机器人可24小时不间断作业，每一次搬运、定位和调整动作都精准复现，极大提升生产效率与产品质量的稳定性。另外，部分先进锻造机器人还配备了视觉识别系统，能在锻造前后对坯料及锻件进行检测。在坯料加热后，机器人利用视觉系统快速识别坯料表面是否存在缺陷，如裂纹、气泡等，若发现问题及时反馈，避免投入锻造造成资源浪费。锻造完成后，机器人再次通过视觉检测，对锻件尺寸、形状进行测量比对，与预设标准参数对比，一旦出现偏差，及时通知后续加工环节进行调整，保障整个锻造生产流程的高效与质量可控。随着工业4.0的推进，机器人在锻造过程中的辅助作用愈发关键，它与智能工厂体系深度融合，推动锻造行业朝着自动化、智能化方向大步迈进。

5.4　工业机器人的编程与调试

5.4.1　编程语言介绍

（1）专用机器人编程语言

ABB的RAPID语言：RAPID语言是ABB公司为其工业机器人开发的专用编程语言，具有高度的结构化和模块化特点。它采用类似于Pascal语言的语法结构，易于学习和理解。

在RAPID语言中，程序由一系列的任务（task）组成，每个任务又包含若干个程序模块（module）。模块中定义了各种数据类型、变量、常量，以及程序指令。例如，通过定义关节运动指令MoveJ可以使机器人以关节插补的方式运动到指定位置，MoveL则用于直线插补运动。RAPID语言还支持丰富的逻辑控制语句，如IF - THEN - ELSE条件判断语句、FOR - NEXT循环语句等，能够实现复杂的机器人动作流程控制。在汽车制造领域，使用ABB机器人进行焊接作业时，通过RAPID语言编程，可精确控制机器人的焊接路径和焊接参数，确保焊接质量的稳定性。

发那科的FANUC语言：FANUC语言同样是发那科公司工业机器人所使用的专用语言，它的语法简洁明了，注重实用性。FANUC语言的指令集涵盖了机器人运动控制、输入输出控制、数据处理等多个方面。例如，通过JUMP指令可以实现程序的跳转，CALL指令用于调用子程序，方便对复杂任务进行模块化编程。在电子装配行业，使用发那科机器人进行零部件装配时，利用FANUC语言编写的程序能够精准控制机器人的抓取、放置动作，提高装配效率和精度。FANUC语言还支持与外部设备的通信指令，方便机器人与生产线中的其他设备进行协同工作。

（2）通用编程语言接口

基于C/C++：C/C++语言具有高效、灵活且可直接操作硬件的特点，因此在工业机器人编程中也得到了广泛应用。通过机器人厂商提供的软件开发工具包（SDK），开发者可以使用C/C++语言编写机器人控制程序。在使用C/C++编程时，可以充分利用其丰富的库函数和强大的算法实现能力。例如，利用OpenCV库进行图像处理，使机器人能够通过视觉识别技术准确地抓取目标物体。在一些对实时性要求较高的工业应用场景中，如高速分拣系统，C/C++语言能够通过优化代码，实现对机器人的快速、精确控制，满足生产线上对效率的严格要求。

基于Python：Python语言以其简洁的语法、丰富的库，以及强大的数据分析能力，在工业机器人编程领域逐渐崭露头角。许多机器人厂商都推出了支持Python编程的接口。Python的优势在于其快速开发和调试的特性，以及与其他领域技术的良好兼容性。例如，利用Python的NumPy库可以方便地进行数值计算，用于机器人运动学和动力学的计算。在物流仓储行业，使用Python编写的程序可以轻松地与仓库管理系统（WMS）进行数据交互，实现机器人根据仓库订单信息自主规划搬运路径，提高仓储物流的自动化水平。同时，Python还支持多线程编程，能够使机器人在执行复杂任务时，同时处理多个并发操作，提升系统的整体性能。

5.4.2　编程方法

5.4.2.1　示教编程

手把手示教：手把手示教是一种最为直观的编程方法。操作人员直接握住机器人的末端执行器，按照预期的任务轨迹进行手动操作，机器人会记录下每个位置点的关节角度信息。在记录过程中，机器人的控制系统会实时监测操作人员施加的力和运动轨迹，确保记录的准确性。完成示教过程后，机器人可以按照记录的轨迹重复执行任务。这种编程方法简单易懂，不需要操作人员具备专业的编程知识，适用于一些任务相对简单、轨迹较为直观的应用场景，如在小型装配车间中，对一些简单零部件的搬运和装配任务，操作人员通过手把手示教，就能快速让机器人学会相应的动作流程。

示教盒示教：示教盒是工业机器人编程中常用的设备。示教盒上配备了各种功能按键、显示屏和操作杆。操作人员通过操作示教盒上的按键和操作杆，控制机器人的关节运动，使机器人到达各个目标位置，然后在示教盒上输入相应的运动参数和逻辑指令，如运动速度、运动模式（关节插补或直线插补）等，机器人将这些信息存储起来，形成完整的程序。示教盒示教具有操作方便、灵活性高的特点，能够精确地设置机器人的运动参数，适用于各种复杂程度的工业机器人应用场景。在汽车制造中的焊接机器人编程中，技术人员通过示教盒示教，能够精确地规划焊接路径，设置焊接电流、电压等参数，保证焊接质量。

5.4.2.2　离线编程

离线编程软件功能与使用：离线编程软件为工业机器人编程提供了一个虚拟的开发环境。常见的离线编程软件如RobotStudio（ABB）、ROBOGUIDE（发那科）等。这些软件具有丰富的功能，首先，它们能够创建逼真的机器人工作场景模型，包括机器人本体、工作对象、周边设备，以及工作环境等。在模型中，可以对机器人的运动进行模拟和验证。例如，在设计一个新的生产线布局时，利用离线编程软件可以预先模拟机器人在生产线中的工作流程，检查机器人运动过程中是否会与周边设备发生碰撞，从而提前优化生产线布局。其次，离线编程软件支持多种编程方式，除了图形化编程外，还可以直接编写机器人程序代码。在编程过程中，软件会实时进行语法检查和错误提示，方便开发者快速定位和解决问题。此外，离线编程软件还能够与机器人控制系统进行通信，将编写好的程序下载到机器人中运行。

虚拟仿真环境搭建与程序调试：搭建虚拟仿真环境是离线编程的关键步骤。在离线编程软件中，需要根据实际的工作场景，准确地创建机器人、工件、工装夹具，以及其他周边设备的三维模型，并设置好它们之间的相对位置和运动关系。例如，在模拟一个汽车零部件装配场景时，需要创建汽车零部件的模型、装配工装的模型，以及机器人的模型，并将它们按照实际生产线的布局进行摆放。然后，在虚拟环境中对机器人程序进行调试。通过软件的仿真功能，可以观察机器人在执行程序过程中的运动轨迹、姿态变化，以及与周边物体的交互情况。如果发现程序存在问题，如机器人运动轨迹不合理、与周边设备发生碰撞等，可以及时在虚拟环境中对程序进行修改和优化，避免在实际机器人上进行调试时可能出现的设备损坏和生产中断等问题。经过充分的虚拟仿真调试后，将优化后的程序下载到实际机器人中运行，能够大大提高机器人编程的效率和准确性。

5.4.2.3　基于视觉的编程

机器视觉在机器人编程中的应用：机器视觉在工业机器人编程中起着至关重要的作用。通过在机器人上安装视觉传感器（如摄像头），机器人能够获取周围环境的图像信息。机器视觉系统可以对这些图像进行处理和分析，识别出目标物体的形状、位置、姿态等特征。在机器人编程中，利用这些视觉信息可以实现许多高级功能。例如，在物流分拣系统中，机器人通过视觉识别技术能够快速准确地识别不同种类的货物，并根据货物的信息规划抓取和搬运路径。在焊接作业中，机器视觉可以实时监测焊缝的位置和形状，机器人根据视觉反馈信息自动调整焊接路径和焊接参数，提高焊接质量。此外，机器视觉还可以用于机器人的定位和导航，使机器人能够在复杂的工作环境中自主移动到目标位置。

视觉引导编程流程与技术要点：视觉引导编程的流程一般包括图像采集、图像处理、特征提取和运动规划四个主要步骤。首先，通过视觉传感器采集工作场景的图像信息，在采集过程中，需要根据实际应用场景选择合适的摄像头参数，如分辨率、帧率、焦距等，以确保获取清晰、准确的图像。然后，对采集到的图像进行处理，去除图像中的噪声、干扰等信息，增强目标物体的特征。常用的图像处理算法有滤波算法、边缘检测算法、阈值分割算法等。接着，从处理后的图像中提取目标物体的特征，如形状特征、颜色特征、位置特征等。最后，根据提取的特征信息，结合机器人的运动学模型，规划机器人的运动路径，使机器人能够准确地到达目标位置并完成相应的操作。在视觉引导编程中，技术要点包括提高视觉识别的精度和速度、解决视觉遮挡问题，以及实现视觉系统与机器人控制系统的实时通信和协同工作。例如，为了提高视觉识别的精度，可以采用深度学习算法对大量的样本图像进行训练，提高视觉系统对目标物体的识别能力，为了解决视觉遮挡问题，可以采用多摄像头布局或结合其他传感器信息进行综合判断。

5.4.3 调试过程

5.4.3.1 硬件调试

（1）机器人机械结构检查与调试

在机器人安装完成后，首先需要对机械结构进行全面检查。检查机器人的各个关节是否安装牢固，关节连接处的螺栓、螺母是否拧紧，防止在机器人运行过程中出现松动导致安全事故。同时，检查机械臂、末端执行器等部件是否存在变形、损坏等情况。在调试过程中，手动转动机器人的各个关节，检查关节运动是否顺畅，有无卡顿、异常噪声等现象。对于采用齿轮传动、链条传动等方式的关节，要检查传动部件的润滑情况，确保传动系统的正常运行。例如，在工业机器人的日常维护中，定期对机械结构进行检查和调试，可以及时发现并解决潜在的问题，保证机器人的稳定运行。

（2）驱动系统、传感器等硬件连接与调试

驱动系统是机器人运动的动力来源，因此驱动系统的调试至关重要。检查电机、驱动器、控制器之间的电气连接是否正确，电缆是否有破损、短路等问题。在调试过程中，首先对驱动器进行参数设置，根据机器人的负载要求、运动速度要求等，设置合适的电机转速、转矩等参数。然后，通过控制器发送指令，测试电机的运转情况，检查电机的转向是否正确，转速是否稳定。对于传感器，如关节位置传感器、力传感器、视觉传感器等，要检查传感器的安装位置是否准确，与机器人控制系统的连接是否正常。在调试传感器时，通过模拟实际工作场景，测试传感器的测量精度和响应速度，确保传感器能够准确地采集到机器人的运动状态和工作环境信息。例如，在机器人进行精密装配任务时，力传感器的准确调试能够保证机器人在装配过程中对装配力的精确控制，提高装配质量。

5.4.3.2 软件调试

（1）程序语法检查与逻辑调试

在编写完机器人程序后，首先进行语法检查。大多数机器人编程软件都具有语法检查功能，能够自动检测程序中的语法错误，如拼写错误、标点符号错误、语句格式错误等。对于语法错误，编程软件会给出相应的错误提示，开发者根据提示修改程序。在完成语法检查后，进行逻辑调试。逻辑调试的目的是检查程序的逻辑是否正确、是否能够实现预期的功能。在调试过程中，通过设置断点，逐步执行程序，观察程序在执行过程中变量的变化情况、程序流程的走向等。例如，在一个机器人搬运程序中，通过逻辑调试可以检查机器人是否按照预定的路径进行搬运，是否在正确的位置抓取和放置物体，以及在遇到异常情况时是否能够正确地执行相应的处理逻辑。

（2）机器人运动参数调整与优化

机器人的运动参数直接影响其运动性能和工作效果。在软件调试过程中，需要对机器人的运动参数进行调整和优化。运动参数包括运动速度、加速度、减速度、运动模式（关节插补、直线插补等）等。根据实际工作任务的要求，调整运动速度和加速度参数，使机器人在保证工作效率的同时，避免因速度过快或加速度过大导致的振动、冲击等问题。例如，在机器人进行高速搬运任务时，适当调整加速度和减速度参数，可以使机器人在启动和停止过程中更加平稳，减少对机械结构的损伤。同时，根据工作任务的特点，选择合适的运动模式。对于一些对路径精度要求较高的任务，如焊接、装配等，采用直线插补运动模式。对于一些对运动灵活性要求较高的任务，如在复杂环境中搬运物体，采用关节插补运动模式。通过不断地调整和优化运动参数，使机器人的运动性能达到最佳状态。

5.4.3.3　系统联调

（1）机器人与周边设备系统集成调试

在实际工业应用中，机器人通常需要与周边设备协同工作，如输送带、工装夹具、其他自动化设备等。因此，系统联调是确保整个生产系统正常运行的关键环节。在系统联调过程中，首先检查机器人与周边设备之间的物理连接是否正确，如电气连接、机械连接等。然后，进行通信调试，确保机器人控制系统与周边设备控制系统之间能够进行正常的数据通信。例如，在一条自动化生产线中，机器人需要与输送带进行协同工作，通过通信调试，使机器人能够准确地获取输送带的运行状态信息，如输送带的速度、货物位置等，同时，机器人也能够向输送带控制系统发送控制指令，如启动、停止、加速、减速等。在通信调试完成后，进行系统功能调试，模拟实际生产过程，检查机器人与周边设备在协同工作过程中是否能够准确地完成各项任务，如机器人是否能够在输送带输送货物到达指定位置时，准确地抓取货物并进行后续处理。

（2）生产环境下试运行与问题解决

在完成系统集成调试后，将机器人及周边设备投入生产环境下进行试运行。在试运行过程中，观察机器人在实际生产条件下的运行情况，包括机器人的工作效率、工作质量、稳定性等。同时，收集在试运行过程中出现的问题，如机器人与周边设备之间的配合问题、程序运行过程中的异常情况、设备故障等。对于出现的问题，及时进行分析和解决。例如，如果发现机器人在抓取货物时出现失误，可能是视觉系统的识别精度问题，也可能是机器人运动路径规划不合理，需要通过对视觉系统参数进行调整或对机器人程序进行优化来解决问题。通过生产环境下的试运行和问题解决，不断优化机器人系统，使其能够稳定、高效地运行，满足实际生产的需求。

5.5　工业机器人的安装与维护

5.5.1　安装维护要点

（1）场地规划与准备

① 安装空间要求与布局设计。在安装工业机器人之前，需要对安装场地进行详细规划。

首先，要根据机器人的类型、尺寸，以及工作范围，确定所需的安装空间。机器人在运行过程中，其机械臂会进行各种运动，因此安装空间应足够大，避免机器人与周围的障碍物发生碰撞。同时，要考虑机器人周边设备的布局，如输送带、工装夹具、控制柜等，合理规划它们之间的相对位置，确保整个工作区域的物流顺畅。例如，在汽车制造车间安装焊接机器人时，要根据焊接生产线的流程，将机器人安装在靠近待焊接零部件的位置，同时确保机器人的控制柜安装在便于操作和维护的地方，并且要预留足够的空间供技术人员进行日常维护和故障检修。

② 地面承载能力评估与处理。工业机器人通常具有较大的重量，特别是在一些负载较大的应用场景中，如搬运机器人。因此，在安装机器人之前，需要对安装地面的承载能力进行评估。通过专业的检测设备或计算方法，确定地面能够承受的最大压力。如果地面承载能力不足，需要对地面进行处理。常见的处理方法包括加固地面基础、铺设钢板等。例如，在安装大型搬运机器人时，如果地面为普通水泥地面，承载能力可能无法满足机器人的要求，此时可以在地面上铺设厚钢板，增加地面的承载面积，分散机器人的重量，确保机器人安装后的稳定性。

（2）机器人本体安装

① 机器人安装步骤与注意事项。机器人本体的安装需要严格按照安装手册进行操作。一般来说，安装步骤包括底座安装、机械臂组装、关节连接等。在底座安装过程中，要确保底座安装水平，通过水平仪等工具进行测量和调整，保证底座与地面的连接牢固可靠。在机械臂组装过程中，要注意各部件的安装顺序和方向，按照说明书的要求进行正确组装。例如，在安装关节部件时，要确保关节轴的安装精度，避免出现偏差导致关节运动不顺畅。在安装过程中，要使用合适的工具，避免对机器人部件造成损坏。同时，要注意安全，佩戴好必要的防护装备，如安全帽、手套等。

② 机械连接与固定要点。机器人本体的机械连接部位众多，如螺栓连接、销钉连接等。在进行机械连接时，要确保连接部位的清洁，去除表面的油污、杂质等，以保证连接的可靠性。对于螺栓连接，要按照规定的扭矩值拧紧，使用扭矩扳手进行精确控制。过松的螺栓连接可能导致机器人在运行过程中出现松动，影响机器人的精度和稳定性。过紧的螺栓连接则可能损坏螺纹或使部件产生变形。对于销钉连接，要确保销钉的安装位置准确，销钉与销孔之间的配合精度符合要求。在固定机器人本体时，要选择合适的固定方式，如地脚螺栓固定、焊接固定等，根据机器人的使用场景和安装要求进行合理选择，确保机器人在运行过程中不会发生位移。

（3）电气系统安装

① 电气布线与连接规范。电气系统安装是工业机器人安装的重要环节。在进行电气布线时，要遵循相关的电气安装规范和标准。首先，要选择合适的电缆，根据机器人的功率、电压等级，以及信号传输要求，选择具有足够载流量和屏蔽性能的电缆。在布线过程中，要将动力电缆和信号电缆分开铺设，避免信号干扰。电缆的敷设路径要合理规划，避免电缆受到机械损伤，如避免电缆与尖锐物体边缘摩擦，防止电缆被重物挤压。同时，电缆的弯曲半径要符合电缆制造商的规定，一般动力电缆的最小弯曲半径为电缆外径的6～10倍，信号电缆的最小弯曲半径为电缆外径的4～6倍，过小的弯曲半径可能会损坏电缆内部的导线和绝缘层。在电缆的连接部位，要使用合适的接线端子和连接工具，确保连接牢固、接触良好。例如，对于较大截面积的导线，应采用压接式接线端子，使用专用的压线钳进行压接，保证连接的可靠性和导电性。

② 控制系统安装与调试。工业机器人的控制系统是其核心部分，负责机器人的运动控制、逻辑控制和数据处理等功能。控制系统的安装需要严格按照安装手册进行操作。首先，将控制器安装在合适的位置，通常选择安装在控制柜内，确保控制柜具有良好的通风散热条件，以保证控制器在正常的工作温度范围内运行。在安装过程中，要注意控制器与其他电气设备之间的电磁兼容性，避免相互干扰。例如，将控制器与大功率的驱动器等设备保持一定的距离，或者采取屏蔽措施。然后，进行控制器与机器人本体、传感器、执行器等设备之间的连接。在连接过程中，要仔细检查连接线缆的插头、插座是否匹配，连接是否正确。完成硬件连接后，进行控制系统的软件安装和调试。根据机器人的型号和应用需求，安装相应的操作系统、控制软件和驱动程序。在调试过程中，首先对控制器进行初始化设置，如设置机器人的坐标系、运动参数、输入/输出端口配置等。然后，通过控制器对机器人进行基本的运动测试，检查机器人的各个关节是否能够正常运动、运动方向是否正确、速度是否符合设定值。同时，测试控制器与传感器、执行器之间的数据通信是否正常，确保控制系统能够准确地获取机器人的状态信息，并对机器人进行精确的控制。

③ 接地与防护措施。良好的接地是保障工业机器人电气系统安全稳定运行的重要措施。在安装过程中，要为机器人的电气系统建立独立的接地装置，接地电阻一般要求小于 4Ω。接地导线应选择具有足够截面积的铜质导线，确保接地可靠。将机器人本体、控制柜、电机、驱动器等电气设备的金属外壳与接地装置进行可靠连接，防止电气设备漏电时对人员和设备造成危害。同时，要采取必要的防护措施，如在控制柜内安装过流保护、过压保护、欠压保护等装置，防止电气系统因电流、电压异常而损坏。对于一些易受电磁干扰的设备，如传感器、控制器等，要采取屏蔽措施，使用屏蔽电缆，并将屏蔽层可靠接地，减少外界电磁干扰对设备的影响。此外，在电气系统安装完成后，要对整个系统进行全面的电气安全检查，包括绝缘电阻测试、接地电阻测试、漏电保护测试等，确保电气系统符合安全标准，方可投入使用。

习题

5-1 工业机器人的定义是什么？

5-2 工业机器人的分类包含哪些？

5-3 工业机器人的三大部分六个子系统包含哪些？

5-4 工业机器人的编程方法包括哪些？

5-5 机器人的本体安装有哪些注意事项？

第 **6** 章

智能车与鸿蒙系统

导读

本章首先从 OpenHarmony 轻量系统出发，重点介绍的是初识 OpenHarmony 的南向开发，其具有软硬结合的特性。然后介绍 OpenHarmony 开发环境搭建。再对 OpenHarmony 轻量系统应用开发基础进行介绍，最后介绍 OpenHarmony 轻量系统的设备开发。

本章知识点

- 初识 OpenHarmony
- OpenHarmony 轻量系统应用开发基础
- OpenHarmony 开发环境搭建
- OpenHarmony 轻量系统设备开发

6.1 初识 OpenHarmony

6.1.1 OpenHarmony 概述

OpenHarmony 操作系统（开源鸿蒙操作系统）是由开放原子开源基金会（OpenAtom Foundation）孵化及运营的开源项目，是一款由全球开发者共建的开源分布式操作系统。其目标是面向全场景、全连接、全智能时代，基于开源的方式，搭建一个智能终端设备操作系统的框架和平台，促进万物互联产业的繁荣发展。从推出之日至今，OpenHarmony 操作系统的发展愈加迅速，生态系统建设愈加成熟，已经成为全球智能终端操作系统领域不可忽视的新生开源力量。OpenHarmony 操作系统的基础功能由华为研发并捐献给开放原子开源基金会。

OpenHarmony 操作系统的主要发展历程如下所述。

2012 年 9 月，华为开始规划 OpenHarmony 操作系统。

2017 年 5 月，华为完成 OpenHarmony 操作系统内核 1.0 的技术验证。

2020 年 9 月，华为将 OpenHarmony v1.0 捐献给开放原子开源基金会，从此 OpenHarmony 操作系统由开放原子开源基金会孵化及运营。同月，开放原子开源基金会对 OpenHarmony vl.0 进行全量开源发布。

2021 年 6 月 1 日，开放原子开源基金会对 OpenHarmony v2.0 进行全量开源发布。

2021 年 9 月 30 日，开放原子开源基金会对 OpenHarmony v3.0LTS（long time support，长期支持）全量开源发布。

2021 年 10 月 27 日，Eclipse 基金会发布公告，宣布推出基于 OpenHarmony 的操作系统 Oniro。

2021年12月9日，慧思容通芯片研发团队成功将Openarmony3.0系统移植到龙芯IC300芯片上，成为OpenHarmony发展史上又一座里程碑。

2022年3月30日，开放原子开源基金会发布3.1 Release。

2023年10月26日正式发布OpenHarmony 4.0。OpenHarmony 4.0版本带来了多项更新和改进，包括新增了4000多个API接口，进一步增强了交互及隐私保护能力。

OpenHarmony 5.0于2024年12月20日至21日在开放原子开发者大会上正式发布。OpenHarmony 5.0的发布标志着该开源操作系统的一个重要里程碑，进一步推动了开源鸿蒙生态的共建，加速了应用落地，并赋能各地方产业的创新升级发展，加速实现万物互联。

6.1.2　OpenHarmony操作系统类型

OpenHarmony是一个面向全场景，支持各类设备的系统。设备包括像MCU单片机这样资源较少的芯片，也支持像RK3568这样的多核CPU。为了能适应各种硬件，OpenHarmony提供了像LiteOS、Linux这样的不同内核，并基于这些内核形成了不同的系统类型，同时又在这些系统中构建了一套统一的系统能力。

总体来说，目前OpenHarmony主要有3种系统类型：L0（轻量系统）、L1（小型系统）、L2（标准系统）。

（1）轻量系统（mini system）

轻量系统面向MCU类处理器，例如ARM Cortex-M、RISC-V 32位的设备，硬件资源极其有限，支持的设备的最小内存为128kB，可以提供多种轻量级网络协议、轻量级的图形框架，以及丰富的IoT总线读写部件等，可支持的产品包括智能家居领域的连接类模块、传感器设备、穿戴类设备等。典型的设备、开发板有Hi3861鸿蒙小车、Neptune开发板，如图6-1所示。

图6-1　轻量系统的典型设备

（2）小型系统（small system）

小型系统面向应用处理器，例如ARM Cortex-A的设备，支持的设备的最小内存为1MB，可以提供更高的安全能力、标准的图形框架、视频编解码的多媒体能力等，可支持的产品包括智能家居领域的IP Camera、电子猫眼、路由器及智慧出行领域的行车记录仪等。典型的开发板有AI Camera开发板，如图6-2所示。

（3）标准系统（standard system）

标准系统面向应用处理器，例如ARM Cortex-A的设备，支持的设备的最小内存为128MB，可以提供增强的交互能力、3D GPU及硬件合成能力、更多控件及效果更丰富的图形能力、完整的应用框架，可支持的产品包括高端的冰箱显示屏、各种手机等。典型的设备有大禹200开发板，如图6-3所示。

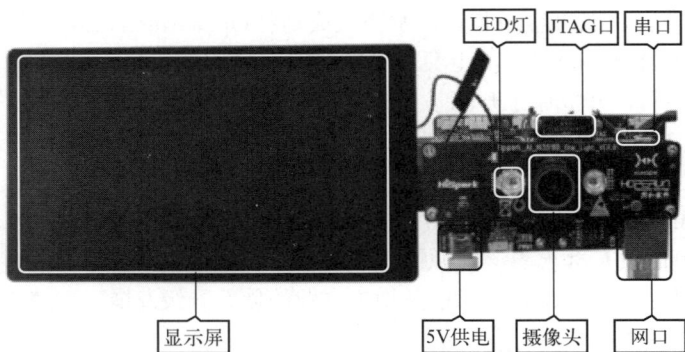

图6-2　小型系统的典型设备

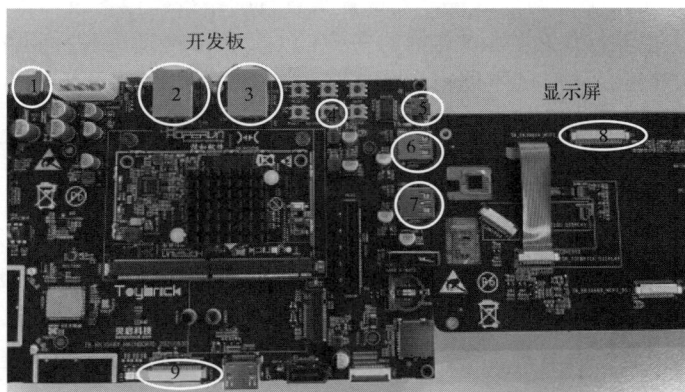

图6-3　标准系统的典型设备

6.1.3　OpenHarmony 技术架构

OpenHarmony 整体遵从分层设计，从下向上依次为内核层、系统服务层、框架层和应用层，系统功能按照"系统 - 子系统 - 功能 / 模块"逐级展开，在多设备部署场景下，支持根据实际需求裁剪某些非必要的子系统或功能 / 模块。OpenHarmony 技术架构如图6-4所示。

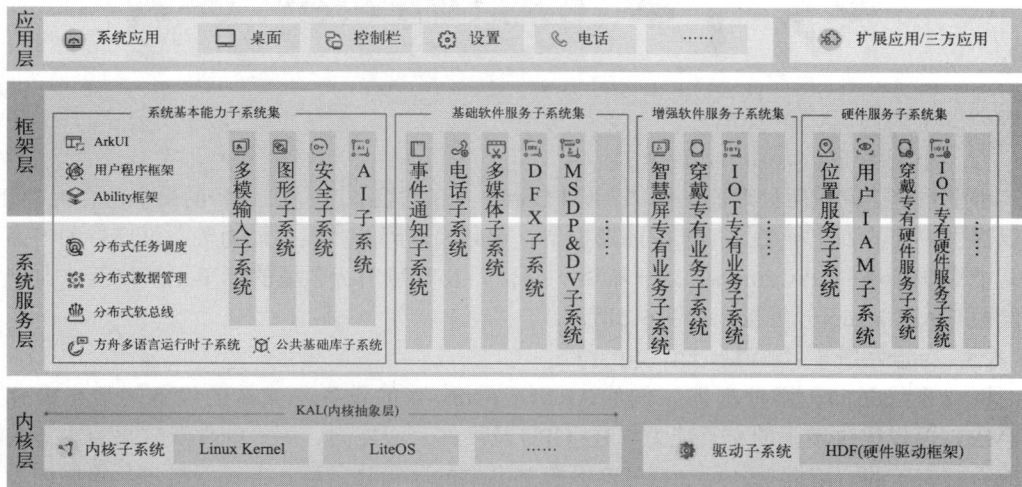

图6-4　OpenHarmmony 技术架构

（1）内核层

内核层包括内核子系统和驱动子系统。

内核子系统采用多内核（Linux内核或者LiteOS）设计，支持针对不同资源受限设备选用适合的OS内核。内核抽象层（kernel abstract layer，KAL）通过屏蔽多内核差异，为上层提供基础的内核能力，包括进程/线程管理、内存管理、文件系统、网络管理和外设管理等。

驱动子系统中，驱动框架（HDF）是系统硬件生态开放的基础，提供统一外设访问能力和驱动开发、管理框架。

（2）系统服务层

系统服务层是OpenHarmony的核心能力集合，通过框架层为应用程序提供服务。该层包含以下几个部分。

① 系统基本能力子系统集：为分布式应用在多设备上的运行、调度、迁移等操作提供了基础能力，由分布式软总线、分布式数据管理、分布式任务调度、公共基础库、多模输入、图形、安全、AI等子系统组成。

② 基础软件服务子系统集：提供公共的、通用的软件服务，由事件通知、电话、多媒体、DFX（design for X，面向X的设计）等子系统组成。

③ 增强软件服务子系统集：提供针对不同设备的、差异化的能力增强型软件服务，由智慧屏专有业务、穿戴专有业务、IoT专有业务等子系统组成。

④ 硬件服务子系统集：提供硬件服务，由位置服务、用户IAM、穿戴专有硬件服务、IoT专有硬件服务等子系统组成。

根据不同设备形态的部署环境，基础软件服务子系统集、增强软件服务子系统集、硬件服务子系统集内部可以按子系统粒度裁剪，每个子系统内部又可以按功能粒度裁剪。

（3）框架层

框架层为应用开发提供了C/C++/JS等多语言的用户程序框架和Ability框架，适用于JS语言的ArkUI框架，以及各种软硬件服务对外开放的多语言框架API。根据系统的组件化裁剪程度，设备支持的API也会有所不同。

（4）应用层

应用层包括系统应用和第三方非系统应用。应用由一个或多个FA（feature ability，特征能力）或PA（particle ability，粒子能力）组成。其中，FA有UI界面，提供与用户交互的能力，而PA无UI界面，提供后台运行任务的能力及统一的数据访问抽象。基于FA/PA开发的应用，能够实现特定的业务功能，支持跨设备调度与分发，为用户提供一致、高效的应用体验。

6.1.4 OpenHarmony技术特性

（1）硬件互助，资源共享

① 分布式软总线：分布式软总线是多设备终端的统一基座，为设备间的无缝互联提供了统一的分布式通信能力，能够快速发现并连接设备，高效地传输任务和数据，如图6-5所示。

② 分布式数据管理：分布式数据管理基于分布式软总线，实现了应用程序数据和用户数据的分布式管理。用户数据不再与单一物理设备绑定，业务逻辑与数据存储分离，应用跨设备运行时数据无缝衔接，为打造一致、流畅的用户体验创造了基础条件，如图6-6所示。

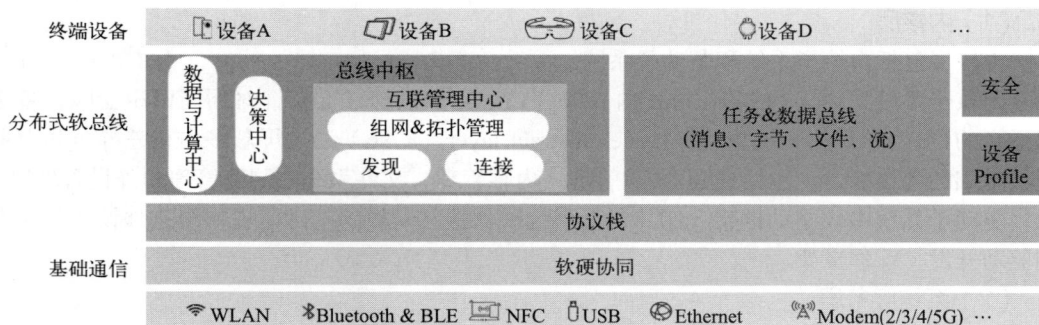

图6-5　分布式软总线示意图

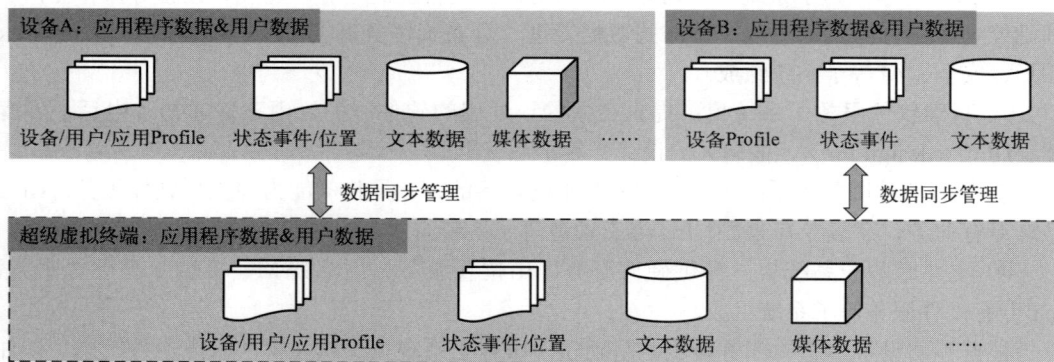

图6-6　分布式数据管理示意图

③ 分布式任务调度：分布式任务调度基于分布式软总线、分布式数据管理、分布式Profile等技术特性，构建统一的分布式服务管理（发现、同步、注册、调用）机制，支持对跨设备的应用进行远程启动、远程调用、绑定／解绑，以及迁移等操作，能够根据不同设备的能力、位置、业务运行状态、资源使用情况，并结合用户的习惯和意图，选择最合适的设备运行分布式任务。以应用迁移为例，简要地展示了分布式任务调度能力，如图6-7所示。

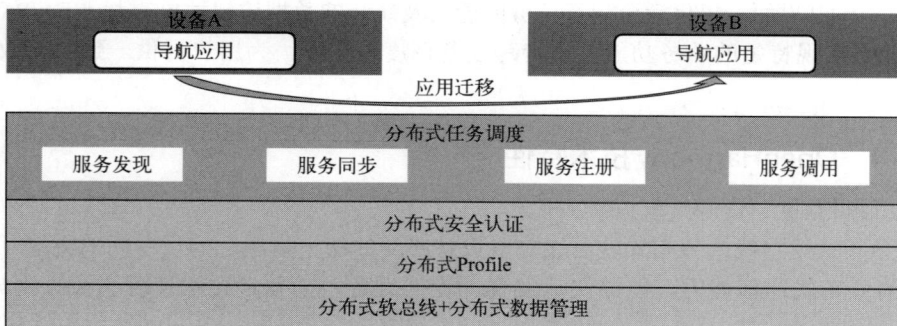

图6-7　分布式任务调度

④ 设备虚拟化：分布式设备虚拟化平台可以实现不同设备的资源融合、设备管理、数据处理，将周边设备作为手机能力的延伸，共同形成一个超级虚拟终端，如图6-8所示。

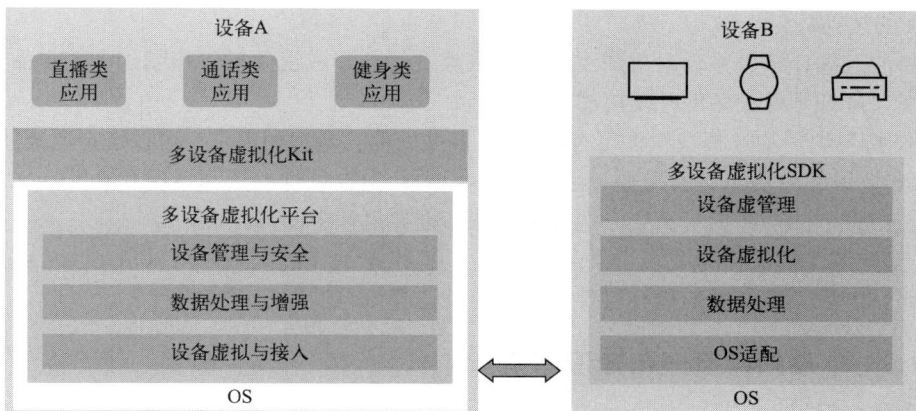

图6-8　设备虚拟化示意图

（2）一次开发，多端部署

OpenHarmony 提供用户程序框架、Ability 框架，以及 UI 框架，支持应用开发过程中多终端的业务逻辑和界面逻辑的复用，能够保证开发的应用在多终端运行时保持一致性，从而实现一次开发、多端部署，如图6-9所示。

多终端软件平台 API 具备一致性，确保用户程序的运行兼容性。

① 支持在开发过程中预览终端的能力适配情况（CPU/内存/外设/软件资源等）。

② 支持根据用户程序与软件平台的兼容性来调度用户呈现。

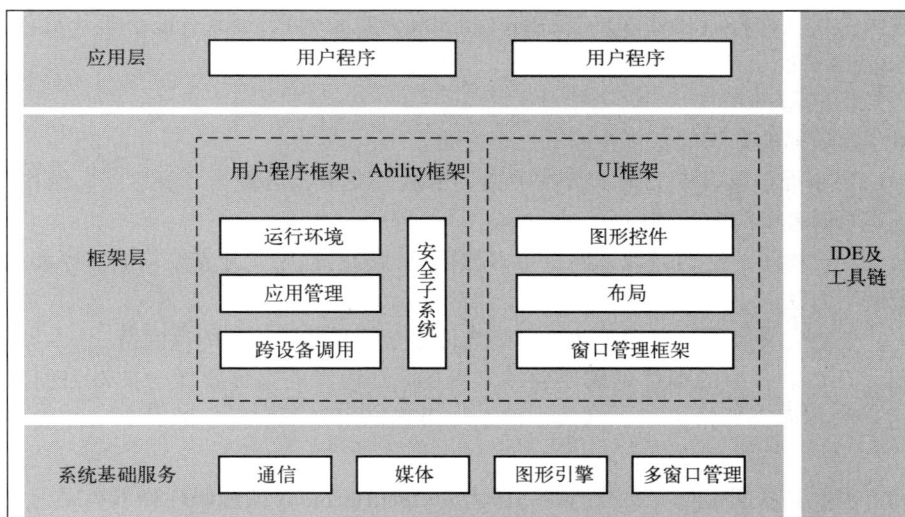

图6-9　一次开发、多端部署示意图

其中，UI 框架支持 Java 和 JS 两种开发语言，并提供了丰富的多态控件，可以在手机、平板、智能穿戴设备、智慧屏、车机上显示不同的 UI 效果，采用业界主流设计方式，提供多种响应式布局方案，支持栅格化布局，满足不同屏幕的界面适配需求。

（3）统一OS，弹性部署

OpenHarmony 通过组件化和组件弹性化等设计方法，做到硬件资源的可大可小，在多种终端设备间，按需弹性部署，全面覆盖了 ARM、RISC-V、x86 等各种 CPU，从 100kiB 到

GiB 级别的 RAM。

支持通过编译链关系自动生成组件化的依赖关系，形成组件树依赖图，支持产品系统的便捷开发，降低硬件设备的开发门槛。

① 支持各组件的选择（组件可有可无）：根据硬件的形态和需求，可以选择所需的组件。

② 支持组件内功能集的配置（组件可大可小）：根据硬件的资源情况和功能需求，可以选择配置组件中的功能集。例如，选择配置图形框架组件中的部分控件。

③ 支持组件间依赖的关联（平台可大可小）：根据编译链关系，可以自动生成组件化的依赖关系。例如，选择图形框架组件，将会自动选择依赖的图形引擎组件等。

6.1.5　本章内容概述和知识储备

（1）学习目标

通过阅读本章并完成案例练习，您将掌握 OpenHarmony 设备开发的相关理论和技术，具备使用 Visual Studio Code（简称 VS Code）、开发板等开发工具构建 OpenHarmony 智能终端设备的能力，初步具备基于完全自主知识产权技术的产品研发能力，初步具备开源意识，有能力参与 OpenHarmony 的开源建设。

（2）学习内容

本章会系统地讲授 OpenHarmony 设备开发应具备的相关知识，具体包括开发套件、开发和编译环境的构建、编译构建系统的使用、内核编程接口、IO 设备的输入与输出控制、OLED 显示屏的驱动和控制等。

注意，学习 OpenHarmony 设备开发是需要开发板的。本章使用的开发板是由江苏润和软件股份有限公司（简称润和软件）出品的"润和满天星系列 Pegasus 智能小车开发套件"，简称为"Pegasus 智能小车开发套件"。

（3）知识储备

本章学习所需的知识储备包含以下几个方面。

第一，要掌握 C 语言中的基本数据类型、常量、变量、运算符、表达式、结构体数组、枚举，还有 C 语言中的宏的使用。

第二，在 C 程序的结构设计方面，要掌握顺序结构的程序、分支结构的程序和循环结构的程序的编写方法。

第三，要会定义函数、调用函数、向函数传递参数和获取函数的返回值。

第四，在 C 语言中的指针是需要熟练掌握的。C 语言的指针就像一把双刃剑，指针用得好，用户的程序会非常灵活、高效，但是如果指针用得不好，它随时有可能成为用户的噩梦。

第五，需要具备阅读英文文档的能力。因为 OpenHarmony 的源码注释以英文为主。

6.2　OpenHarmony 开发环境搭建

OpenHarmony 的开发环境主要分为 Windows、Linux 两个。其中 Windows 环境用于编写代码、下载程序等，Linux 环境用于代码下载、编译等。

配套资源

请先扫码下载本章配套资源，便于后续搭建开发环境、源码程序下载和系统设备开发等操作。

需要注意的是，关于 Ubuntu 的环境主要分为两部分：

① OpenHarmony 代码所需的公共部分：这里主要是安装 Python、hb 等，这些都是必需的。

② 具体开发板所需的开发环境：这个跟具体芯片、开发板相关，例如对应的交叉编译器，或者制作文件系统相关的脚本组件等。本书使用的是 Hi3861 的编译环境。

6.2.1 搭建开发环境（Windows 系统）

（1）虚拟机工具 VirtualBox 的安装

因为 OpenHarmony 源码的编译是在 Ubuntu 系统中进行的，所以选择在虚拟机上安装 Ubuntu 系统。虚拟机工具很多，本书介绍了 VirtualBox 的安装方法。VirtualBox 是一个开源且免费的虚拟机软件。

VirtualBox 的下载网址见对应官方网站，也可使用本书配套资源"VirtualBox-6.1.36-152435-Win.exe"，安装 VirtualBox。

首先，打开浏览器，输入 VirtualBox 的下载网址。在如图 6-10 所示的页面中，单击"Windows hosts"下载。下载后双击安装，全部默认安装，安装过程简单，不再赘述。

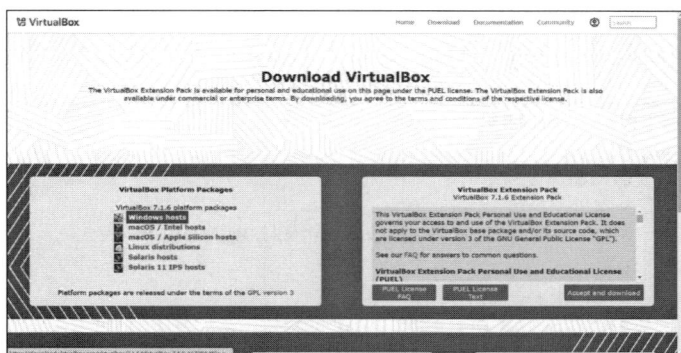

图 6-10　下载 VirtualBox

然后，回到图 6-10 的网页，单击右侧 VirtualBox Extension Pack 的"Accept and download"，下载安装。

（2）开发工具 Visual Studio Code 的安装

Visual Studio Code 是一个免费的、开源的、跨平台的轻量级代码编辑器。它支持几乎所有的编程语言。Visual Studio Code 的下载网址见对应官方网站如图 6-11 所示。单击"Download for Windows"下载。

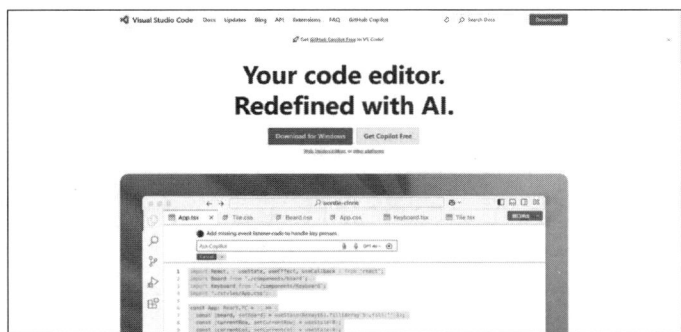

图 6-11　Visual Studio Code 官网

如果下载过程没有开始，那么单击手动下载链接 "direct download link"，如图6-12所示。

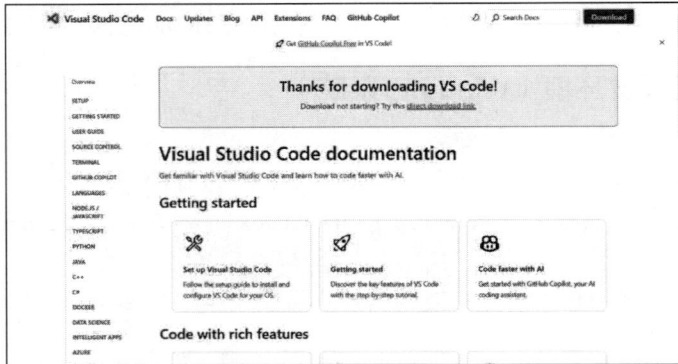

图6-12　Visual Studio Code手动下载

选择下载好的文件 "VSCodeUserSetup-x64-1.97.2.exe"，双击开始安装，进行默认安装，在安装过程中，当显示图6-13所示界面时，勾选 "创建桌面快捷方式"，过程不再赘述。

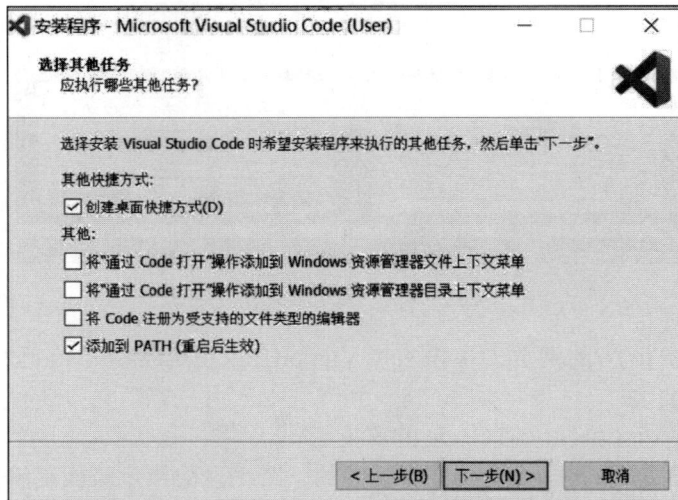

图6-13　Visual Studio Code安装选项

（3）DevEco Device Tool的安装

下载前，请使用华为开发者账号登录，如未注册，请先注册华为开发者账号。下载完成后解压DevEco Device Tool，如图6-14所示。

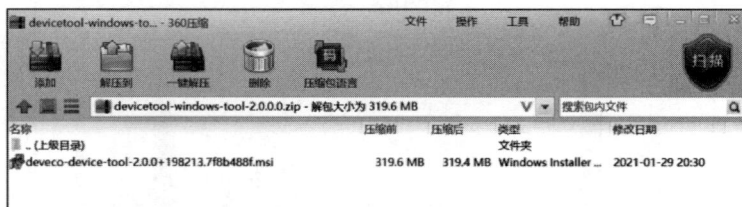

图6-14　解压DevEco Device Tool

运行以下命令，结果如图6-15所示。

deveco-device-tool-2.0.0+198213.7f8b488f

图6-15　运行命令

安装过程中，会自动安装DevEco Device Tool所需的依赖文件（如C/C++和CodeLLDB插件）和执行程序。启动Visual Studio Code，点击左侧的按钮，检查INSTALLED中，是否已成功安装C/C++、CodeLLDB和DevEco Device Tool，如图6-16所示。

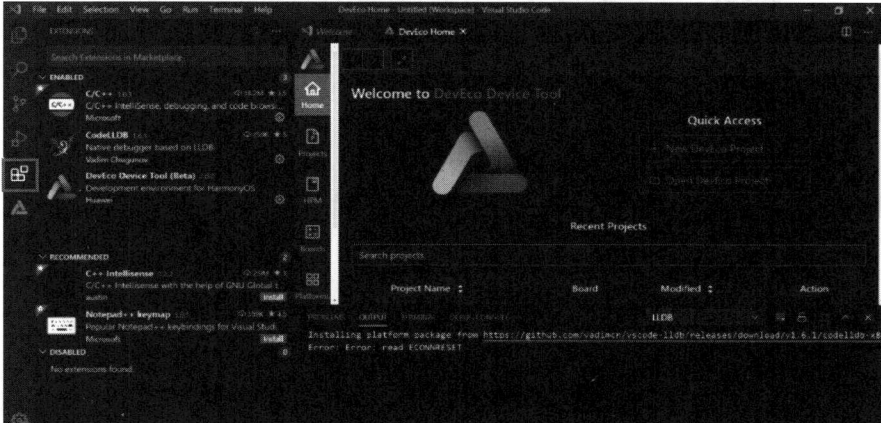

图6-16　检查DevEco Device Tool所需的依赖文件

如果C/C++和CodeLLDB插件安装不成功，则DevEco Device Tool不能正常运行，需要离线安装C/C++和CodeLLDB插件。操作步骤：

① C/C++：Windows下载"cpptools-win64.vsix"版本，Linux下载"cpptools-linux.vsix"版本。

CodeLLDB：Windows下载"codelldb-x76_64-windows.vsix"版本，Linux下载"codelldb-xxxx-linux.vsix"版本。

② 运行DevEco Device Tool，在Visual Studio Code中，选择"Views and More Actions"→"install from VSIX"，分别安装C/C++和CodeLLDB插件。

（4）SSH访问Linux主机

打开DevEco Device Tool，选择"View"→"Terminal"，打开终端窗口，如图6-17所示。

在Terminal窗口输入ssh harmonyos@192.168.56.101，输入密码，如图6-18所示。也可以使用其他工具访问Linux，避免在Linux虚拟机界面操作。

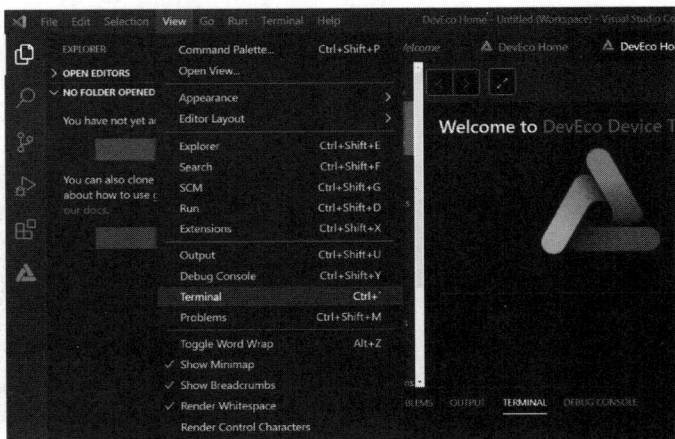

图6-17 打开终端窗口

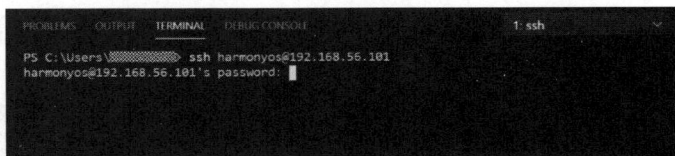

图6-18 设置使用ssh访问Linux

（5）编译

在源码目录下执行以下命令。在out/hispark_pegasus/wifiiot_hispark_pegasus目录下生成 Hi3861_wifiiot_app_allinone.bin烧录文件，如图6-19所示。

```
hb set
hb build -b release -f
```

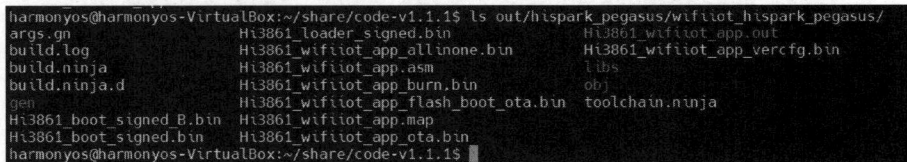

图6-19 编译

（6）安装CH340芯片驱动

在Win10以上的操作系统中，一般情况下联网后会自动安装驱动，具体方法如下。

首先，连接核心板，也就是使用开发套件自带的线缆连接核心板和PC。用户既可以使用台式机，也可以使用笔记本电脑。稍等片刻，给Windows系统一个自动安装驱动的时间，然后检查是否已自动安装好驱动。

然后，打开设备管理器。在"开始"按钮上单击鼠标右键，选择"设备管理器"选项。在设备管理器的窗口中，找到"端口"选项。单击"端口"选项，如果能够发现"USB-SERIAL CH340（COM3）"选项，如图6-20所示，那么表示驱动已经自动安装成功了。在这种情况下，就不需要手动安装驱动，否则需要下载，并且手动安装驱动。

CH340芯片驱动下载网址见官网。在浏览器中输入下载链接的网址，在网页中找到"CH341SER.EXE"或者"CH341SER.ZIP"，如图6-21所示。二选一即可，例如单击"CH341SER.EXE"选项，再单击"下载"按钮就可以完成下载。

图6-20　检查有无驱动

图6-21　下载CH340芯片驱动

找到下载好的驱动文件，双击它就可以完成驱动的安装。

（7）安装串口调试工具

在OpenHarmony轻量设备的开发和测试过程中，串口调试工具是必不可少的工具之一。借助串口调试工具，可向开发板传递一些命令，也可看到系统和应用程序的输出信息。

本书将会使用MobaXterm作为串口调试工具。MobaXterm是一款终端仿真程序支持SSH/Tenet/FTP/串口等通信协议。

MobaXterm的下载网址见官网。

首先，在浏览器中打开下载网址，单击"MobaxXterm Home Edition v25.0（Portable edition）"，如图6-22所示。找到下载好的文件，接下来需要把它安装到系统中。建议把这个工具安装到"当前用户\AppDatm\Local\Programs"文件夹下。当然，也可以选择将其安装到其他的位置。

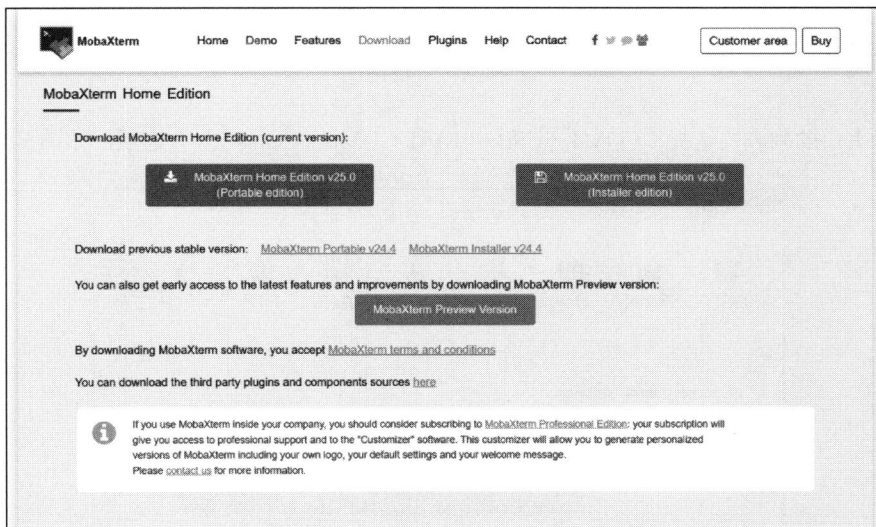

图6-22　下载MobaXterm

打开文件夹C：\Users\你的用户名\AppData\Local\Programs\，右键新建文件夹，命名为"MobaXterm_Portable"，将下载的文件解压到此文件夹中，如图6-23所示。至此安装完成，建议在桌面上新建一个MobaXterm主程序的快捷方式，以便后续使用。

图6-23　解压缩MobaXterm

在安装好MobaXterm之后，为了方便以后使用，要对它进行一些必要的设置。下面介绍一下如何创建一个session（会话）并且保存它。首先，双击桌面上的MobaXterm快捷方式，启动MobaXterm。在MobaXterm启动之后，单击"Sessions"→"New session"选项来创建一个session，如图6-24所示。

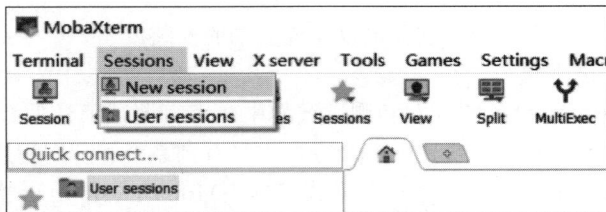

图6-24　在MobaXterm中创建session

在"Session settings"窗口中选择"Serial"（串口）选项，如图6-25所示。

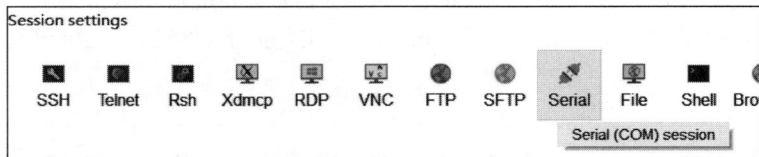

图6-25　选择串口

展开串口的列表，选择"COM4（USB-SERIAL CH340（COM4））"选项，如图6-26所示。

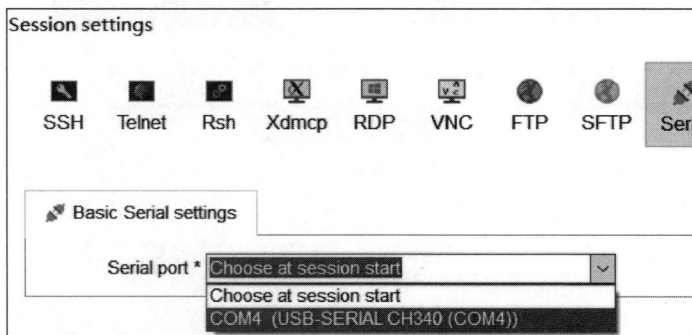

图6-26　选择串口号

在这里看到的是COM4（USB-SERIAL CH340（COM4））。用户可以根据自己的实际情况选择对应的端口，如图6-27所示。

在串口速度列表中，选择"115200"选项，如图6-28所示。

图6-27　连接核心板，查看串口号

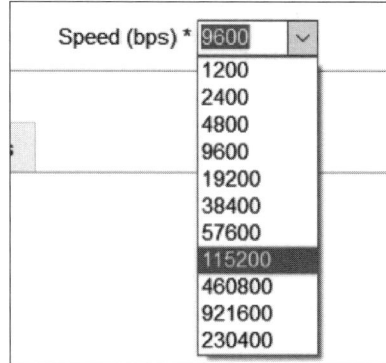

图6-28　选择串口速度

然后，单击"OK"按钮，完成session的创建。在session创建好之后，展开左侧的"Sessions"面板，核对刚刚创建好的session。同时，可以单击鼠标右键对它进行重命名，如图6-29所示。

图6-29　重命名sessions

（8）烧录工具Hiburn的安装

在本章的配套资源中，可以下载"HiBurn.exe"文件。下载好之后，建议把它放在适当的位置，并且在桌面上建立一个快捷方式，以便今后使用，如图6-30所示。

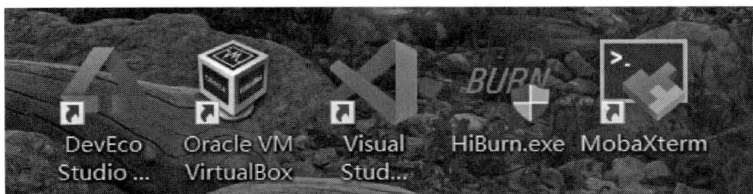

图6-30　HiBurn的快捷方式

HiBurn 的主界面如图 6-31 所示。接下来，介绍如何对 HiBum 进行启动后的设置。设置涉及三个方面：第一，波特率要设置为"2000000"，与最大波特率 3000000 Baud/s 相比，2000000 Baud/s 提供了一个稳定的烧录过程；第二，要设置串口号；第三，要勾选"Auto burn"复选框。

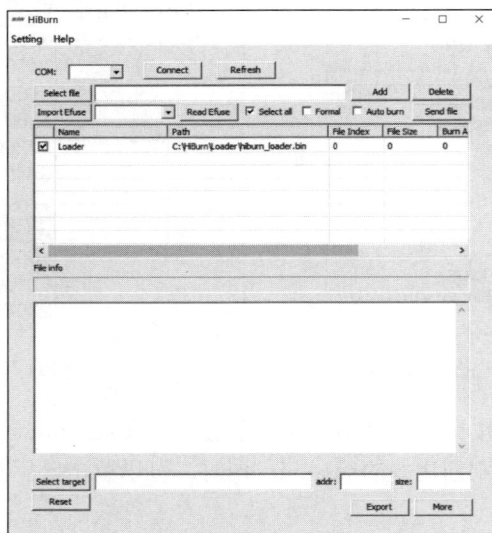

图 6-31　HiBurn 的主界面

第一步，在桌面上双击 HiBumn 的快捷方式，启动它。然后，在"Setting"菜单中选择"Com settings"选项，如图 6-32 所示。

进入串口参数设置界面，Baud 为波特率，默认 115200，可以选择 921600、2000000 或 3000000（实测最大支持的值），其他参数保持默认，点击"确定"保存，如图 6-33 所示。

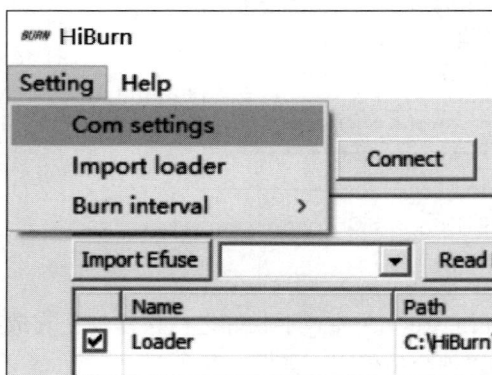

图 6-32　选择"Com settings"选项

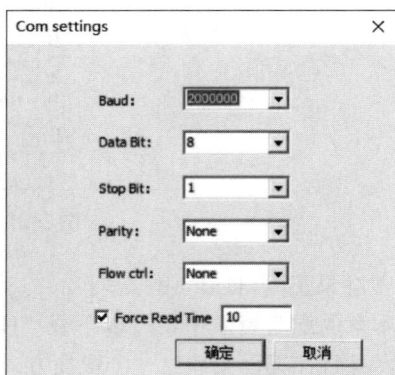

图 6-33　设置波特率

第二步，在串口列表中选择正确的串口号（串口是端口的一种），如图 6-34 所示。

请注意，图 6-34 所示的端口是 COM3，需核对端口是不是 COM3。具体比对方法如下：把光标放在"开始"按钮上，单击鼠标右键，选择"设备管理器"选项，展开"端口"，查看"USB-SERIAL CH340"后边的端口号，比如用户看到的是 COM3，那么在这里就选择 COM3。

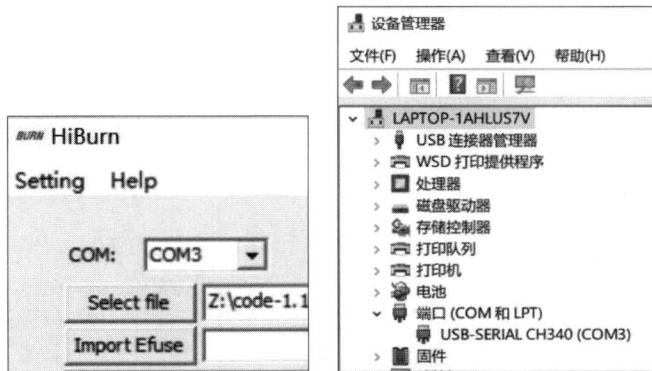

图6-34　设置串口号

第三步，勾选"Auto burn"复选框，如图6-35所示。

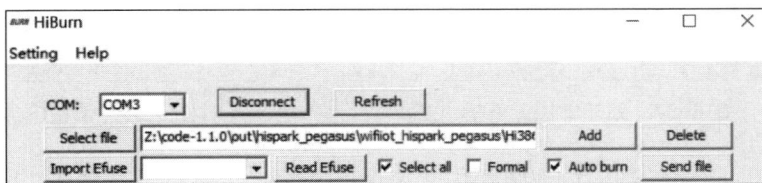

图6-35　勾选"Auto burn"复选框

以上是HiBum启动之后的必要设置。

6.2.2　搭建编译环境（Ubuntu系统）

（1）安装Ubuntu系统

① 下载Ubuntu桌面系统。本书使用Ubuntu桌面系统，推荐采用20.04以上的版本。Ubuntu的下载网址见对应官方网址如图6-36所示。单击"64-bit PC（AMD64）desktop image"下载。

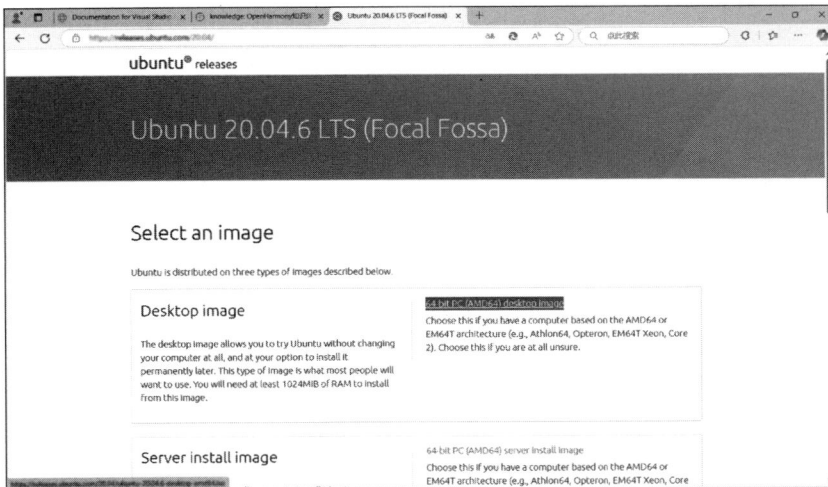

图6-36　下载Ubuntu桌面系统

② 新建虚拟机。首先，启动 VirtualBox。单击"新建"按钮创建虚拟计算机（虚拟机），如图6-37所示。

设置虚拟机的名称，例如"ubuntu20"。确定这个虚拟机的存放位置，例如D盘。"类型"选择"Linux"。"版本"选择"Ubuntu（64-bit）"，单击"下一步"按钮，如图6-38所示。

图6-37　新建虚拟计算机

图6-38　设置虚拟机

设置虚拟机的内存为4GB（4096MB），单击"下一步"按钮，如图6-39所示。根据个人情况，建议虚拟机内存为2～4GB。

单击"现在创建虚拟硬盘"单选按钮，单击"创建"按钮，如图6-40所示。

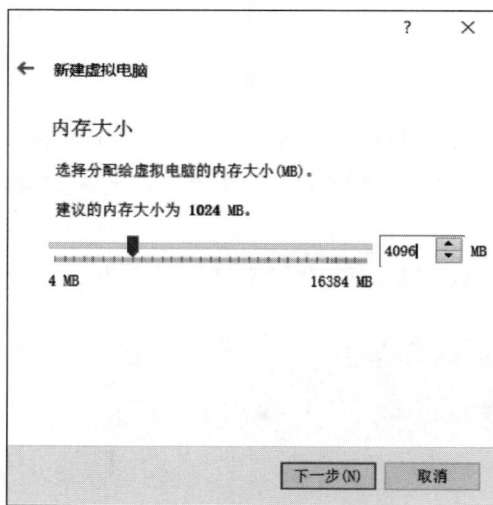

图6-39　设置内存大小

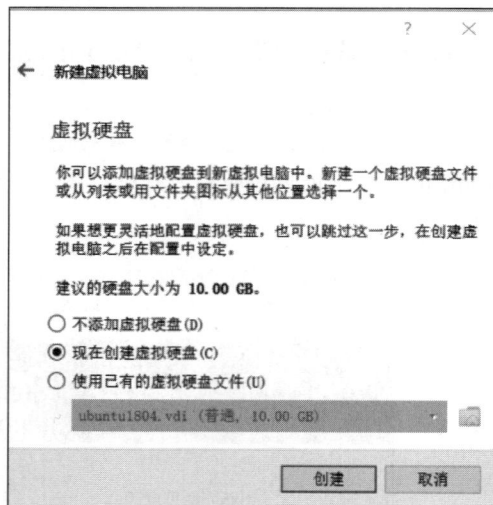

图6-40　创建虚拟硬盘

选择VDI格式的虚拟硬盘文件类型，单击"下一步"按钮，如图6-41所示。

将硬盘空间分配策略设置为"动态分配"，单击"下一步"按钮，如图6-42所示。

设置硬盘容量为"100GB"，单击"创建"按钮，如图6-43所示。根据个人情况，建议虚拟机硬盘容量为100GB以上。

配置虚拟计算机，单击"设置"，如图6-44所示。

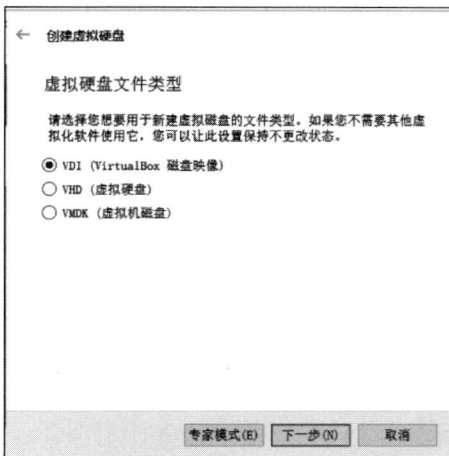

图6-41 选择虚拟硬盘文件类型

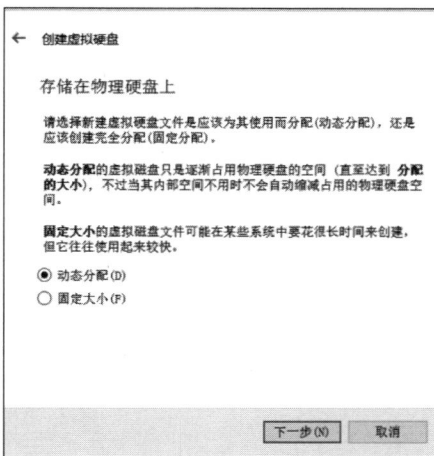

图6-42 选择硬盘空间分配策略

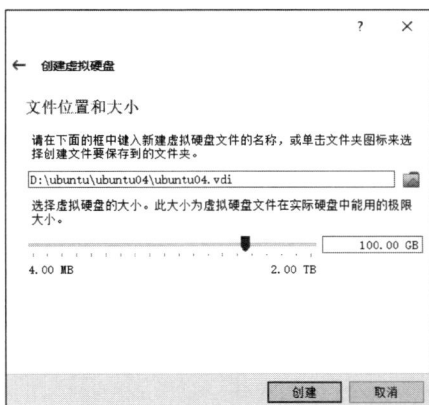

图6-43 设置硬盘容量

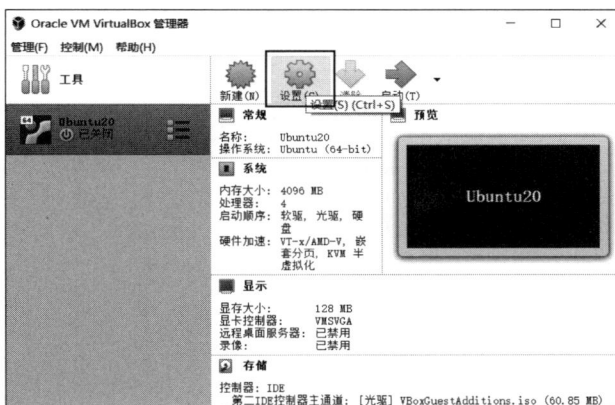

图6-44 系统设置选项

设置共享粘贴板,单击"常规"→"高级",共享粘贴板选择"双向",拖放选择"双向"如图6-45所示。

图6-45 设置共享粘贴板和拖放

设置处理器数量，单击"系统"→"处理器"，设置为2，如图6-46所示。

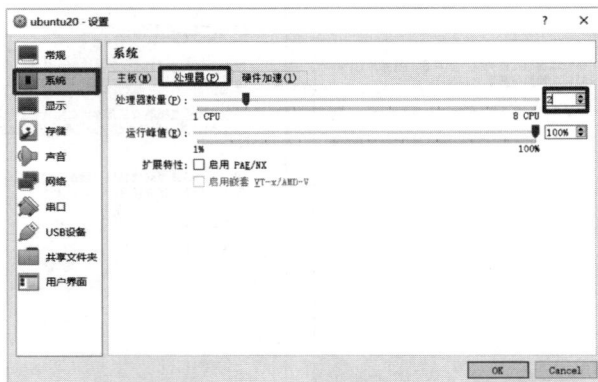

图6-46　设置处理器数量

设置显存大小，然后单击"显示"→"显存大小"区域，在弹出的窗口中将显存大小设置为"128MB"，单击"OK"按钮，如图6-47所示。

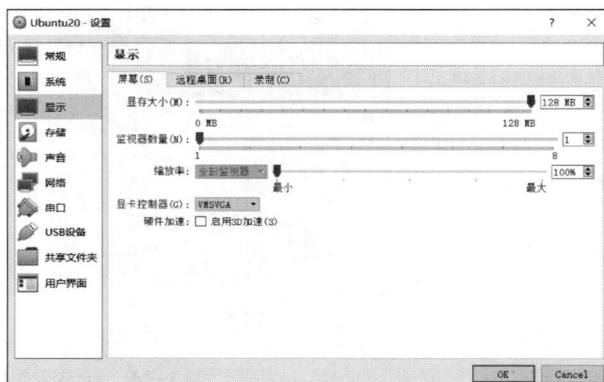

图6-47　设置显存大小

设置网络连接方式。单击"网络"→"网卡2"，勾选启用网络连接，连接方式选择"仅主机（Host-Only）网络"，单击"OK"按钮，如图6-48所示。

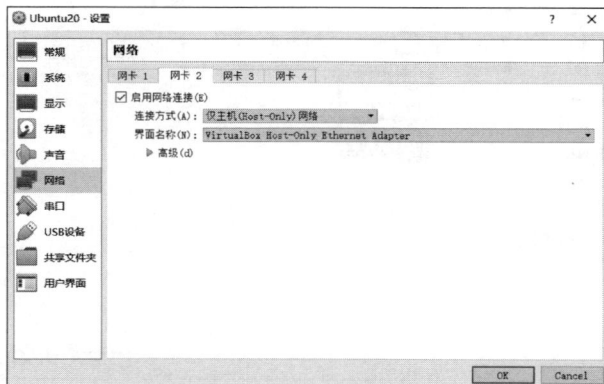

图6-48　设置网络连接方式

③ 安装 Ubuntu 系统。单击"启动"按钮，启动 Ubuntu 虚拟机，如图 6-49 所示。

选择启动盘，单击"选择一个虚拟光盘文件"，如图 6-50 所示。

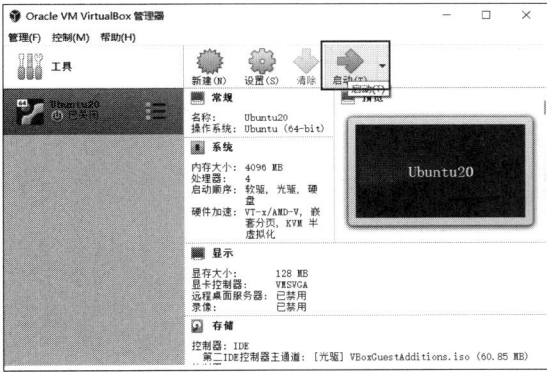

图 6-49　启动虚拟机

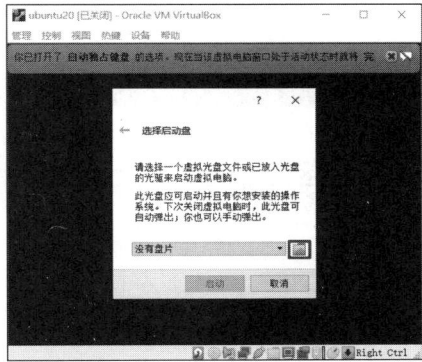

图 6-50　选择启动盘

单击"注册"，如图 6-51 所示。

找到已下载的 Ubuntu 镜像文件，如图 6-52 所示。然后单击"启动"。

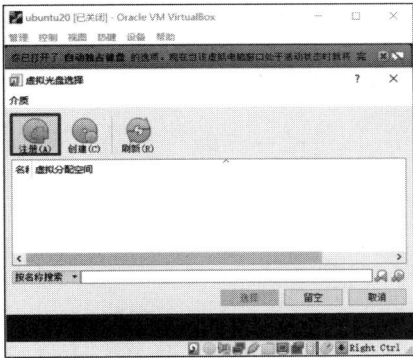

图 6-51　选择注册

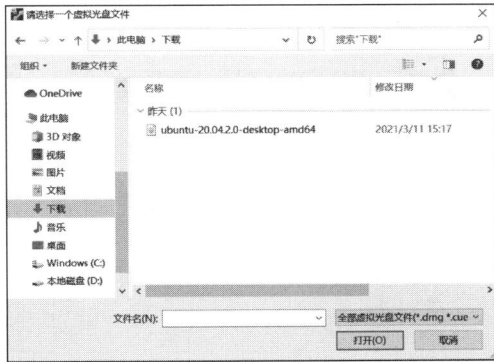

图 6-52　选择镜像文件

选择语言，选择"中文（简体）"，单击"安装 Ubuntu"按钮，选择键盘布局，如图 6-53 所示。

图 6-53　选择语言

选择"正常安装",然后单击"继续",如图6-54所示。

选择"清除整个硬盘并安装Ubuntu",然后单击"现在安装",如图6-55所示。在弹出的对话框中单击"继续"。

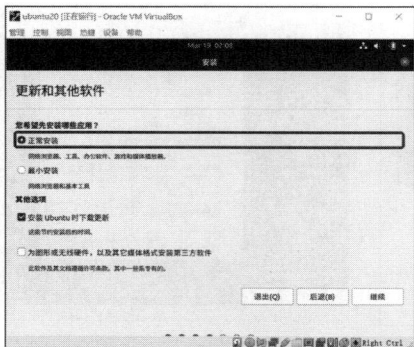

图6-54 软件安装

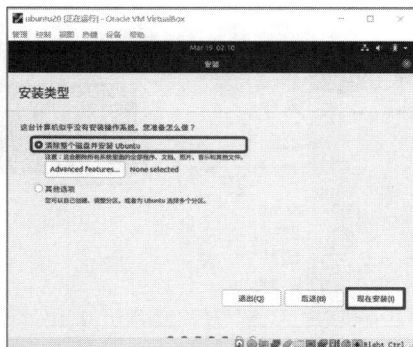

图6-55 磁盘安装类型

选择位置,单击"继续",如图6-56所示。设置用户名和虚拟计算机的相关信息,可根据个人情况自定义,单击"继续",注意:须记住账号和密码,否则无法登录系统。

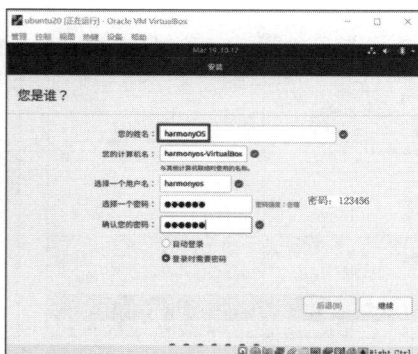

图6-56 设置用户名和虚拟计算机信息

自动安装系统需等待较长时间,大概15min。如图6-57所示,系统安装后会提示重启,单击"现在重启"。

图6-57 安装完成后提示重启

输入登录密码，如图6-58所示。第一次登录系统需要进行一些简单的配置，选择默认配置即可。更新软件，单击"立即安装"。

图6-58　软件更新

单击"设备"，选择"安装增强功能"，如图6-59所示。如果出现错误，需手动安装增强工具。在Ubuntu桌面上单击右键，选择"Open in Terminal"，打开终端窗口，运行以下命令：

```
/media/harmonyos/VBox_GAs_6.1.18/autorun.sh
```

图6-59　安装增强功能

④ Windows主机访问Linux主机配置。

a.VirtualBox设置双网卡。查看Linux虚拟机的IP地址，确保Windows可以ping通Ubuntu。进入命令行模式，输入ifconfig命令，查看Linux虚拟机的IP地址，如图6-60所示。如果无ifconfig命令，则在Ubuntu桌面上单击右键，选择"Open in Terminal"，打开终端窗口，输入以下命令安装。

```
sudo apt install net-tools
```

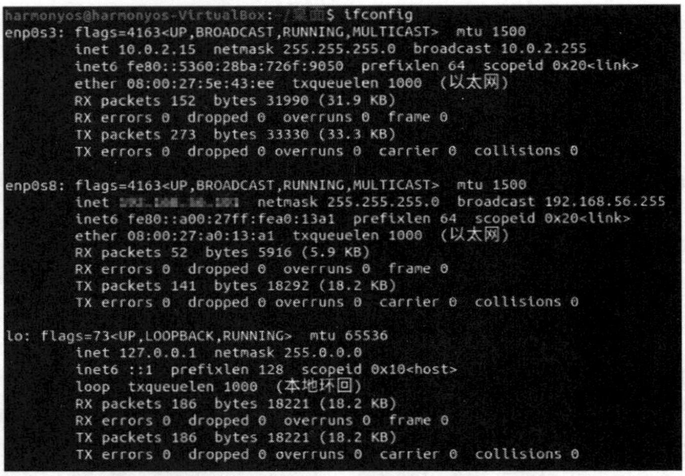

图6-60　查看Linux虚拟机的IP地址

在Windows系统里面ping虚拟机的IP，如图6-61所示。

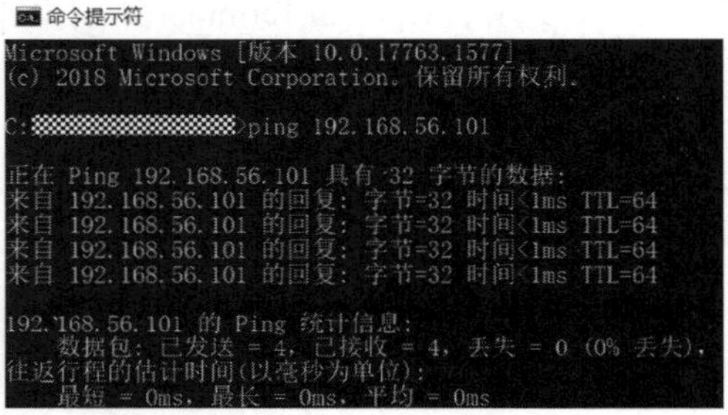

图6-61　ping通网络

安装编辑文件需要的vim工具。在Ubuntu桌面上单击右键，选择"Open in Terminal"，打开终端窗口，输入以下命令：

```
sudo apt-get install vim
```

为了确保IP地址不变，设置虚拟机IP地址为固定。在终端窗口中，输入以下命令：

```
sudo vim /etc/netplan/01-network-manager-all.yaml
```

修改内容如下：

```
#Let NetworkManager manage all devices on this system
network:
  version: 2
  renderer: NetworkManager
  ethernets:
    enp0s8:
      dhcp4: false
      addresses: [192.168.56.101/24]
```

```
        gateway4: 192.168.56.1
        nameservers:
            addresses: [192.168.56.1, 8.8.8.8]
```

然后重启网络,在终端窗口中,输入以下命令:

```
sudo netplan apply
```

b.支持远程终端访问。先安装openssh-server,在终端窗口中,输入以下命令:

```
sudo apt install openssh-server
```

c.安装Samba服务器。Samba服务器用于和Windows共享文件。通过Samba服务建立文件夹共享,将OpenHarmony的源码共享给Windows开发环境,这样就可以使用Windows下的VS Code和HiBurn进行开发与烧录了。

安装Samba服务首先在终端窗口中输入以下命令。

```
sudo apt install samba
```

创建一个用于分享的Samba目录,并且设置权限为可读、可写、可执行。在终端窗口中输入以下命令。

```
sudo mkdir ~/share
sudo chmod 777 ~/share
```

添加Samba用户,设置用户名和密码,在终端窗口中输入以下命令。例如用户名是harmonyos,密码是123456,如图6-62所示。

```
sudo smbpasswd -a harmonyos
```

图6-62　设置Samba用户名和密码

配置Samba的配置文件,在终端窗口中输入以下命令。

```
sudo vim /etc/samba/smb.conf
```

在配置文件smb.conf的最后添加下面的内容。

```
[share]
comment =share folder
browseable =yes
path =/home/harmonyos/share
create mask=0700
directory mask=0700
valid users =harmonyos
```

```
force user=harmonyos
force group =harmonyos
public=yes
available =yes
writable =yes
```

重启 Samba 服务器，在终端窗口中输入以下命令。

```
sudo service smbd restart
```

d. Windows 上创建网络硬盘。在 Windows 系统中，使用快捷键"Win+R"打开"运行"窗口，在弹出的运行窗口中输入虚拟机 IP 地址即可访问，输入 Samba 的用户名和密码，如图 6-63 所示。

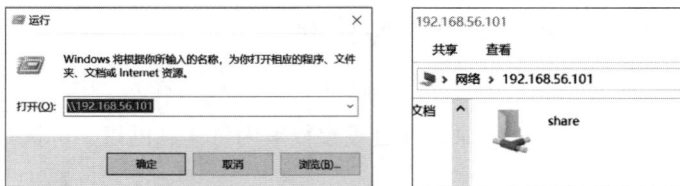

图 6-63　网络硬盘

在文件夹上单击右键，选择"映射网络驱动器"，如图 6-64 所示。设置驱动器为 Z 盘，单击"完成"。在 Windows 的"此电脑"→"网络位置"中新增了 Z 盘，用于共享 Linux 主机数据，后续将代码存放到该磁盘。

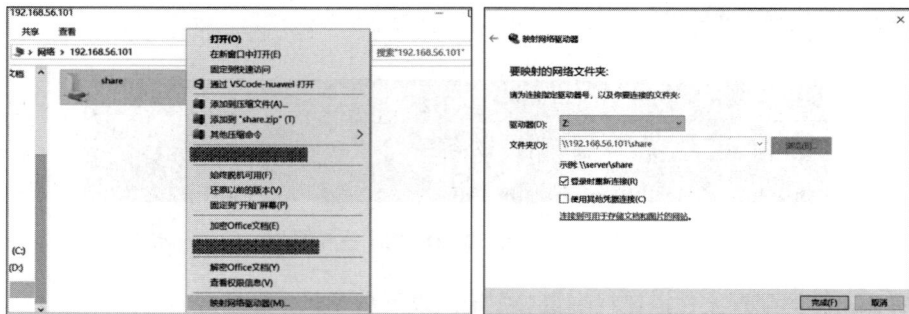

图 6-64　设置映射网络驱动器

将代码放在 share 目录下用于后续开发。在 Windows 电脑上，将 code-v1.1.1-LTS.tar.gz 源码存至 Z 盘。

进入 Ubuntu 系统查看源码，在 Ubuntu 桌面上单击右键，选择"Open in Terminal"，打开终端窗口，输入以下命令。

```
cd ～/share
tar -xvzf code-v1.1.1 -LTS.tar.gz
cd code-v1.1.1-LTS/
ll
```

（2）配置Linux编译环境

① 将Ubuntu Shell环境修改为bash。在Ubuntu桌面上单击右键，选择"Open in Terminal"，打开终端窗口，输入以下命令，确认输出结果为bash，如图6-65所示。

ls -l /bin/sh

```
harmonyos@harmonyos-VirtualBox:~$ ls -l /bin/sh
lrwxrwxrwx 1 root root 4  4月 28 14:34 /bin/sh -> bash
```

图6-65　Ubuntu Shell环境

如果输出结果不是bash，请在终端窗口中输入以下命令，输入密码，然后选择No，将Ubuntu shell由dash修改为bash，如图6-66所示。

sudo dpkg-reconfigure dash

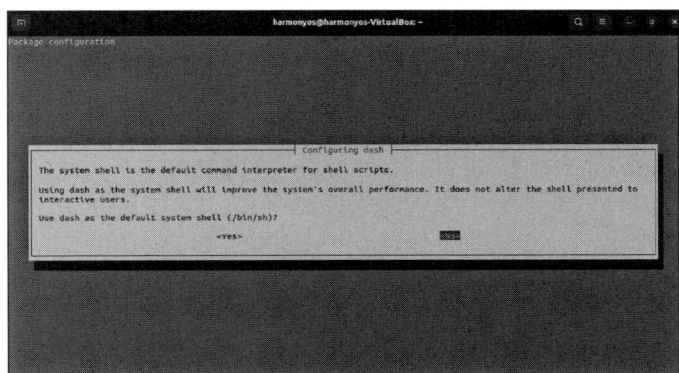

图6-66　dash配置

② 安装后续操作所需的库和工具。在终端窗口中输入以下命令，安装后续操作所需的库和工具。

```
sudo apt-get install gcc
sudo apt-get install build-essential gcc g++ make zlib* libffi-dev e2fsprogs pkg-config flex
bison perl bc openssl libssl-dev libelf-dev libc6-dev-amd64 binutils binutils-dev libdwarf-dev
u-boot-tools mtd-utils gcc-arm-linux-gnueabi cpio device-tree-compiler
```

③ 配置Python。

a. 设置默认Python解释器。将Python和Python 3的软链接更改为Python 3.8。在终端窗口中分别执行以下命令。

```
sudo update-alternatives --install /usr/bin/python python /usr/bin/python3.8 1
sudo update-alternatives --install /usr/bin/python3 python3 /usr/bin/python3.8 1
```

在终端窗口中执行以下命令，默认Python解释器已经更改为Pyihon3.8.10，如图6-67所示。

python --version

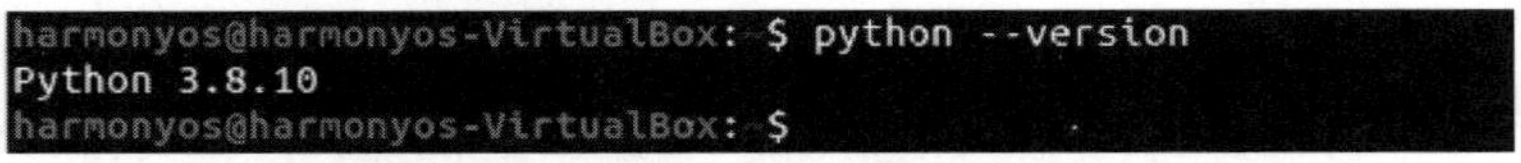

图6-67　默认Python解释器已改

b. 安装Python的包管理工具。在终端窗口中执行以下命令，安装Python的包管理工具。

sudo apt install python3-pip

c. 配置pip软件包的更新源。使用华为云作为pip软件包的更新源。在终端窗口中分别执行以下命令：

mkdir ～/.pip

pip3 config set global.index-url https://mirrors.huaweicloud.com/repository/pypi/simple

pip3 config set global.trusted-host mirrors.huaweicloud.com

pip3 config set global.timeout 120

④ 安装LLVM（仅OpenHarmony 1.x需要）。请注意，LLVM是OpenHammony1.x版本所需要的。安装LLVM分为以下四个步骤：

a. 下载。在终端窗口中执行以下命令：

wget https://repo.huaweicloud.com/harmonyos/compiler/clang/9.0.0-36191/linux/llvm-linux-9.0.0-36191.tar

b. 安装。安装过程其实也是解压缩的过程。将会把它解压缩到当前用户的home目录下。在终端窗口中执行以下命令：

tar -xvf llvm-linux-9.0.0-36191.tar -C ～/

c. 删除安装包。在终端窗口中执行以下命令：

rm llvm-linux-9.0.0-36191.tar

d. 添加到PATH环境变量中。在终端窗口中执行以下命令：

echo 'export PATH= ～/llvm/bin:$PATH' | tee -a ～/.bashrc

⑤ 安装hb。安装hb，也就是安装编译工具，分为以下四个步骤。请注意，安装目前版本的hb，要在Openarmony源码的根目录下去执行相应的命令。由于本书目前还没有介绍下载源码，所以安装hb这一步，请推迟到阅读6.2.3小节之后再进行操作。

首先，在OpenHarmony源码的根目录下打开一个终端窗口。

a. 安装。在终端窗口中执行以下命令：

python3 -m pip install --user build/lite

b. 配置环境变量。将pip包的bin文件所在的目录添加到PATH环境变量中，在终端窗口中执行以下命令：

echo 'export PATH= ～/.local/bin:$PATH' | tee -a ～/.bashrc

c. 使环境变量生效。在终端窗口中执行以下命令：

source ～/.bashrc

d.检查是否安装成功。在终端窗口中执行以下命令：

```
hb -h
```

如果能看到hb的版本信息，就表明安装成功，如图6-68所示。

```
harmonyos@harmonyos-VirtualBox:~/share/code-v1.1.1-LTS$ hb -h
usage: hb

OHOS build system

positional arguments:
  {build,set,env,clean,deps}
    build                Build source code
    set                  OHOS build settings
    env                  Show OHOS build env
    clean                Clean output
    deps                 OHOS components deps

optional arguments:
  -h, --help             show this help message and exit
```

图6-68　hb安装成功

⑥ 安装gn。gn用于根据BUILD.gn文件生成ninja编译脚本。请注意，gn是安装到OpenHarmony源码目录中的。由于本书目前还没有介绍下载源码，所以安装gn这一步，请推迟到阅读6.2.3小节之后再进行操作。

安装gn包括以下四个步骤。

a.新建目录。在终端窗口中执行以下命令：

```
mkdir -p ~/share/code-v1.1.1/prebuilts/build-tools/linux-x86/bin/
```

b.下载。在终端窗口中执行以下命令：

```
wget https://repo.huaweicloud.com/harmonyos/compiler/gn/1717/linux/gn-linux-x86-1717.tar.gz
```

c.解压缩安装。在终端窗口中执行以下命令：

```
tar -xvf gn-linux-x86-1717.tar.gz -C ~/share/code-v1.1.1/prebuilts/build-tools/linux-x86/bin/
```

d.删除安装包。在终端窗口中执行以下命令：

```
rm gn-linux-x86-1717.tar.gz
```

⑦ 安装ninja。在gn安装好后，需要安装ninja。这个工具用于执行ninja的编译脚本，运行编译命令，生成目标二进制文件。请注意，与gn类似，ninja也是安装到OpenHarmony源码目录中的。由于本书目前还没有介绍下载源码，所以安装ninja这一步，请推迟到阅读6.2.3小节之后再进行操作。安装ninja包括以下三个步骤。

a.下载。在终端窗口中执行以下命令：

```
wget https://repo.huaweicloud.com/harmonyos/compiler/ninja/1.10.1/linux/ninja-linux-x86-1.10.1.tar.gz
```

b.解压缩安装。在终端窗口中执行以下命令：

```
tar -xvf ninja-linux-x86-1.10.1.tar.gz -C ～/share/code-v1.1.1/prebuilts/build-tools/
linux-x86/bin/
```

c.删除安装包。在终端窗口中执行以下命令：

```
rm ninja-linux-x86-1.10.1.tar.gz
```

⑧ 安装编译和构建工具。安装编译和构建工具包括以下四个步骤。

a.安装scons软件包。scons软件包用于Hi3861SDK（software development kit，软件开发工具包）的编译和构建。在终端窗口中执行以下命令：

```
pip3 install scons
```

然后，将pip包的bin文件所在的目录添加到PATH环境变量中，之后使环境变量生效，在终端窗口中执行以下命令：

```
echo 'export PATH= ～/.local/bin:$PATH' | tee -a ～/.bashrc
source ～/.bashrc
```

验证一下scons软件包是否安装成功，在终端窗口中执行以下命令：

```
scons -v
```

当看到如图6-69所示的提示时，说明安装已经成功。

图6-69 scons软件安装成功

b.安装GUI menuconfig工具（Kconfiglib软件包）。Kconfiglib软件包用于根据Kconfig配置文件生成Makfile代码段和头文件。在终端窗口中执行以下命令：

```
pip3 install kconfiglib
```

c.安装pycryptodome和ecdsa软件包。这两个软件包用于对编译生成的二进制文件进行签名。在终端窗口中执行以下命令：

```
pip3 install pycryptodome ecdsa
```

d.安装gcc_riscv32（编译工具链）。gcc_riscv32作为一个交叉编译工具，用来编译出Hi3861平台的二进制代码。在终端窗口中执行以下命令。

首先，下载gcc_riscv32。

```
wget https://repo.huaweicloud.com/harmonyos/compiler/gcc_riscv32/7.3.0/linux/gcc_
riscv32-linux-7.3.0.tar.gz
```

然后，安装，就是将它解压缩到当前用户的home目录下。

```
tar -xvf gcc_riscv32-linux-7.3.0.tar.gz -C ～/
```

安装完毕后，可以删除安装包。

```
rm gcc_riscv32-linux-7.3.0.tar.gz
```

把gcc_riscv32的bin目录添加到PATH环境变量中。

```
echo 'export PATH= ～/gcc_riscv32/bin:$PATH' | tee -a ～/.bashrc
```

最后，使环境变量生效。

```
source ～/.bashrc
```

⑨ 安装获取源码的必要工具和配置。最后，安装获取OpenHarmony源码需要用到的工具，并且对它们进行配置，包括以下三个步骤。请在终端窗口中依次执行下列命令。

a. 安装git和git-lfs。

```
sudo apt install git-lfs
```

b. 安装repo和requests。

```
wget https://gitee.com/oschina/repo/raw/fork_flow/repo-py3
sudo mv repo-py3 /usr/local/bin/repo
sudo chmod a+x /usr/local/bin/repo
pip install requests
```

c. 配置git的用户信息。请注意，下面的邮箱和用户名仅供展示，在配置git用户信息的时候，要设置为自己的邮箱和用户名。

```
git config --global user.email"497628568@qq.com"
git config --global user.name "snow"
```

6.2.3　下载和编译OpenHarmony源码

（1）获取OpenHarmony源码

本书使用的是1.1.1 LTS版的源码，适合初学者。

① 启动Ubuntu虚拟机。启动VirtualBox，单击"启动"按钮，启动Ubuntu虚拟机，如图6-70所示。

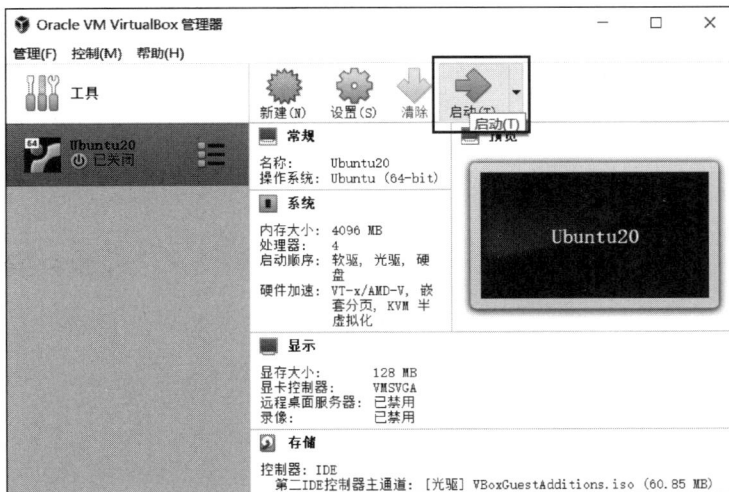

图6-70　启动虚拟机

② 建立源码根目录。在虚拟机桌面上单击鼠标右键，选择"Open in Terminal"，打开一个终端窗口。

首先，需要在虚拟机中建立一个相应的文件夹存放源码，本书把这个文件夹叫"源码根目录"。例如，在当前用户的home目录中，新建一个"share"文件夹，在其下建立一个"code-v1.1.1"文件夹，在里面放置源码。在当前用户的home目录下，建立一个"share/code-v1.1.1"层级目录。

```
mkdir -p ～/share/code-v1.1.1
```

然后，进入该目录。

```
cd ～/share/code-v1.1.1
```

③ 使用repo工具初始化源码仓。

```
repo init -u https://gitee.com/openharmony/manifest.git -b refs/tags/OpenHarmony-vl.1.1-LTS --no-repo-verify
```

在初始化源码仓的时候，采用指定"分支"或者"分支标签"的方法来拉取特定版本的OpenHarmony源码。在这里指定的是1.1.1 LTS版。

④ 使用repo工具同步源码仓。

```
repo sync -c
```

因为1.1.1 LTS版的源码仓较大，所以同步过程需要一定的时间。在同步完成之后，使用repo工具将源码仓中的大型文件拉取下来。

```
repo forall -c 'git lfs pull'
```

至此，1.1.1 LTS版的源码就下载完成了。

注意，1.1.1 LTS版的源码在本书配套资源"code-v1.1.1-LTS.tar.gz"，可直接将其复制到share文件夹中，解压即可。

（2）源码目录简介

图6-71所示为下载的1.1.1 LTS版的源码目录的展开结构。

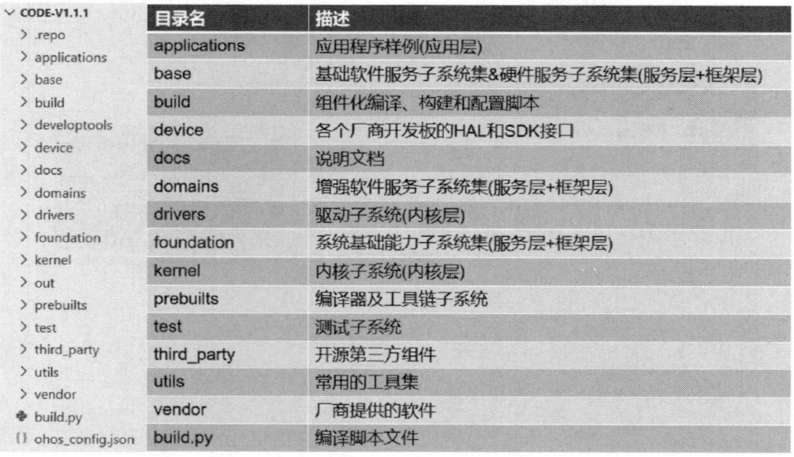

目录名	描述
applications	应用程序样例(应用层)
base	基础软件服务子系统集&硬件服务子系统集(服务层+框架层)
build	组件化编译、构建和配置脚本
device	各个厂商开发板的HAL和SDK接口
docs	说明文档
domains	增强软件服务子系统集(服务层+框架层)
drivers	驱动子系统(内核层)
foundation	系统基础能力子系统集(服务层+框架层)
kernel	内核子系统(内核层)
prebuilts	编译器及工具链子系统
test	测试子系统
third_party	开源第三方组件
utils	常用的工具集
vendor	厂商提供的软件
build.py	编译脚本文件

图6-71　源码目录的展开结果

（3）编译源码

编译源码就是将源码编译成能够在目标平台上运行的二进制文件。

① 设置目标开发板。

a. 在源码根目录中打开一个终端窗口。回到编译环境（Ubuntu虚拟机），进入当前用户的home目录，双击进入share文件夹，在这里可以看到刚刚下载完的1.1.1版的源码目录。在此文件夹上单击鼠标右键，选择"Open in Terminal"选项，如图6-72所示。

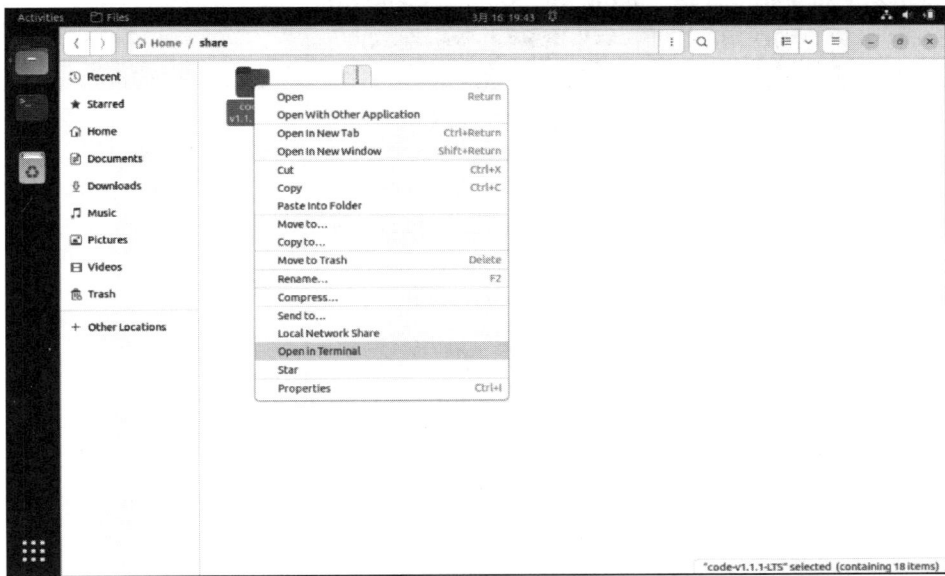

图6-72　在源码根目录中打开一个终端窗口

b. 选择开发板。在终端窗口中，执行以下命令。

> hb set

系统提示确定代码路径，按回车键，表示使用当前路径。然后，选择目前所使用的开发板。使用键盘的上下箭头按钮，选择"wifiiot_hispark_pegasus"这款开发板，按回车键。这样，目标开发板就设置完成了，如图6-73所示。注意，这个操作只需要设置一次，今后就不需要重复设置了。

图6-73　设置目标开发板

② 开始编译。在源码根目录中打开一个终端窗口。在终端窗口中执行以下命令。

> hb build

在编译完成后，观察信息的输出。如图6-74所示，在输出信息的最后一行中，如果可以看到"wifiiot_hispark_pegasus build success"这样的信息，就代表编译成功。

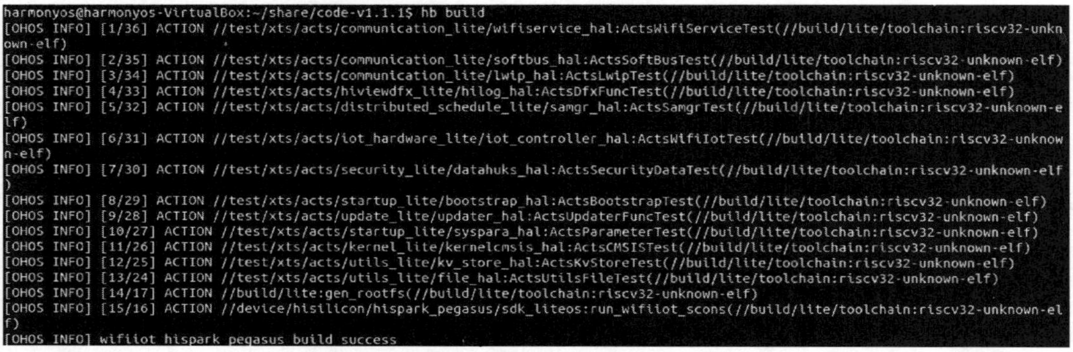

```
harmonyos@harmonyos-VirtualBox:~/share/code-v1.1.1$ hb build
[OHOS INFO] [1/36] ACTION //test/xts/acts/communication_lite/wifiservice_hal:ActsWifiServiceTest(//build/lite/toolchain:riscv32-unkn
own-elf)
[OHOS INFO] [2/35] ACTION //test/xts/acts/communication_lite/softbus_hal:ActsSoftBusTest(//build/lite/toolchain:riscv32-unknown-elf)
[OHOS INFO] [3/34] ACTION //test/xts/acts/communication_lite/lwip_hal:ActsLwipTest(//build/lite/toolchain:riscv32-unknown-elf)
[OHOS INFO] [4/33] ACTION //test/xts/acts/hiviewdfx_lite/hilog_hal:ActsDfxFuncTest(//build/lite/toolchain:riscv32-unknown-elf)
[OHOS INFO] [5/32] ACTION //test/xts/acts/distributed_schedule_lite/samgr_hal:ActsSamgrTest(//build/lite/toolchain:riscv32-unknown-e
lf)
[OHOS INFO] [6/31] ACTION //test/xts/acts/iot_hardware_lite/iot_controller_hal:ActsWifiIotTest(//build/lite/toolchain:riscv32-unknow
n-elf)
[OHOS INFO] [7/30] ACTION //test/xts/acts/security_lite/datahuks_hal:ActsSecurityDataTest(//build/lite/toolchain:riscv32-unknown-elf
)
[OHOS INFO] [8/29] ACTION //test/xts/acts/startup_lite/bootstrap_hal:ActsBootstrapTest(//build/lite/toolchain:riscv32-unknown-elf)
[OHOS INFO] [9/28] ACTION //test/xts/acts/update_lite/updater_hal:ActsUpdaterFuncTest(//build/lite/toolchain:riscv32-unknown-elf)
[OHOS INFO] [10/27] ACTION //test/xts/acts/startup_lite/syspara_hal:ActsParameterTest(//build/lite/toolchain:riscv32-unknown-elf)
[OHOS INFO] [11/26] ACTION //test/xts/acts/kernel_lite/kernelcmsis_hal:ActsCMSISTest(//build/lite/toolchain:riscv32-unknown-elf)
[OHOS INFO] [12/25] ACTION //test/xts/acts/utils_lite/kv_store_hal:ActsKvStoreTest(//build/lite/toolchain:riscv32-unknown-elf)
[OHOS INFO] [13/24] ACTION //test/xts/acts/utils_lite/file_hal:ActsUtilsFileTest(//build/lite/toolchain:riscv32-unknown-elf)
[OHOS INFO] [14/17] ACTION //build/lite:gen_rootfs(//build/lite/toolchain:riscv32-unknown-elf)
[OHOS INFO] [15/16] ACTION //device/hisilicon/hispark_pegasus/sdk_liteos:run_wifiiot_scons(//build/lite/toolchain:riscv32-unknown-el
f)
[OHOS INFO] wifiiot hispark pegasus build success
```

图6-74 编译结果

③ hb快速入门。hb的全称是“OHOS Build System”，从字面上理解就是“OpenHarmony操作系统构建系统”。它是用来编译源码并构建OpenHarmony镜像文件的。常用的hb命令如下所示。

hb -h：用于显示帮助，也就是这个命令的具体用法。

hb set：用于设置要编译的产品，也就是目标开发板。

hb build：用于进行增量编译。

hb build -f：用于进行全量编译。

hb clean：用于清除out目录中对应产品的编译产物。

一次全量编译相当于一次清除和一次增量编译的过程，等同于“hb clean”+“hb build”。

（4）烧录固件

① 编译生成的固件位置。首先，要找到编译生成的固件所在的位置。注意，每次编译生成的固件都是源码根目录下的“out/hispark_pegasus/wifiiot_hispark_pegasus/Hi3861_wifiiot_app_allinone.bin”文件。

因为需要使用Windows下的HiBurn工具对开发板进行烧录，而固件在Ubuntu虚拟机中，所以需要通过Windows来访问Ubuntu虚拟机。

② 准备开发套件。在烧录固件前，需准备开发套件。本次烧录运行所需开发套件的底板、核心板、显示屏和机器人板，如图6-75所示。

图6-75 开发套件

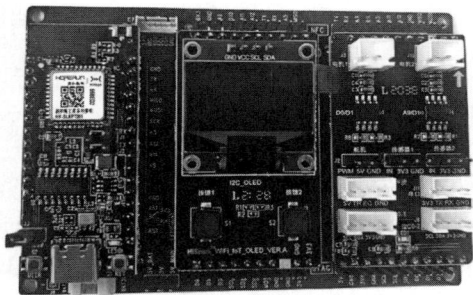

③ 烧录。

a. 将核心板和PC进行连接。

b. 启动HiBurn。

c. 配置HiBurn。将波特率设置为“2000000”，设置正确的串口号，并勾选“Auto burn”复选框。

d. 选择固件并开始烧录。在HiBurn中单击“Select file”选项，在打开的窗口中选择Z:\code-v1.1.1-LTS\out\hispark_pegasus\wifiiot_hispark_pegasus\Hi3861_wifiiot_app_allinone.bin，单击“打开”按钮，如图6-76所示。

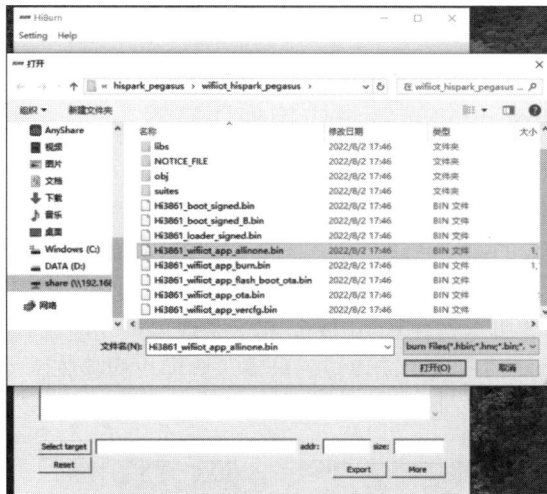

图 6-76 访问虚拟机的共享文件

接下来，单击"Connect"按钮，当看到"Conncctig…"提示的时候，按一下核心板右下角的"RESET"按钮，烧录就开始了。当看到"Execution Successful"提示时，代表烧录成功。最后，单击"Disconnect"按钮，烧录流程至此结束。

（5）在开发套件上运行

在烧录完成后，按一下核心板右下角的"RESET"按钮，就可以运行了。如果接入了OLED显示屏模块，就会发现在LED显示屏上是没有任何内容的。这是因为在OpenHarmony的源码中，在默认情况下并没有向OLED显示屏输出内容的代码。可以使用"MobaXterm"这个串口调试工具。首先，启动MobaXterm。由于之前已经建立了一个叫"Pegasus"的session，所以在sessions面板中双击它就可以打开这个session。可以看到，开发板正在通过串口进行信息输出，如图6-77所示。

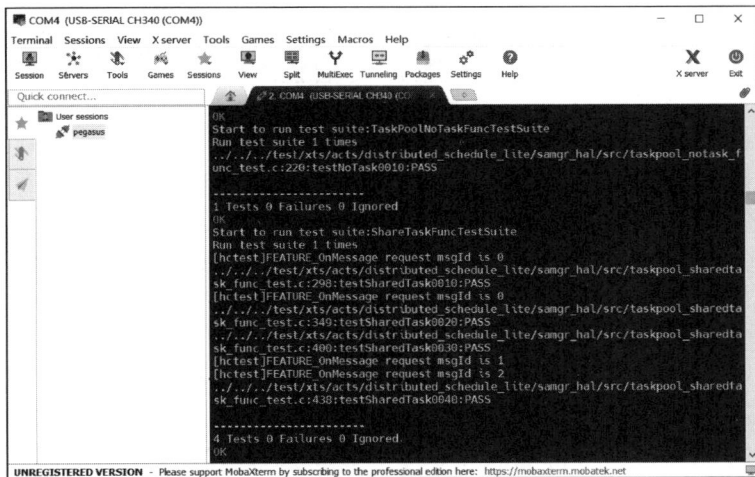

图 6-77 串口输出信息

至此，读者已经成功地完成了OpenHarmony的源码获取、源码编译、固件烧录和运行操作。

6.3 OpenHarmony轻量系统应用开发基础

6.3.1 OpenHarmony轻量系统应用模块开发

（1）应用模块的源码结构

OpenHarmony系统功能可按"系统"→"子系统"→"功能/模块"逐级展开：系统是由一个或多个子系统组成的；子系统是由一个或多个模块构成的；模块可以独立构建，以二进制方式集成，是具备独立验证能力的二进制单元。一个模块一般实现一个特定的功能，模块源码包含一个模块构建脚本文件BUILD.gn和一个或多个功能源码文件。例如实现一个打印输出Hello World的功能的模块，模块源码只需包含模块构建脚本文件BUILD.gn和一个功能源码文件hello_world.c，运行结果如图6-78所示。

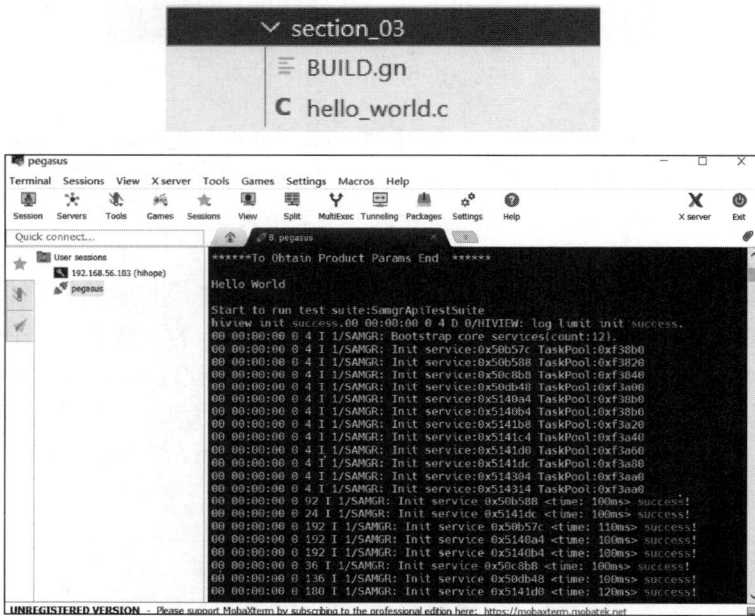

图6-78 模块运行结果

（2）模块初始化接口

在系统运行过程中，模块是以库的形式加载到内存，在没有其他模块调用之前，模块中的函数不会主动执行，如果要执行模块中的指定函数，则需用宏初始化函数，用于初始化函数的宏声明在头文件//utils\native\lite\include\ohos_init.h中，不同的宏可以将函数注册到不同的阶段，系统在初始化该阶段时，函数会被调用执行，可初始化的阶段如下。

① CORE阶段。系统在初始化CORE阶段时调用执行模块函数，用于初始化函数的宏有以下两个。

a.CORE_INIT（func）：使用默认优先级，默认优先级为2。

b.CORE_INIT_PRI（func，priority）：可通过priority参数设置优先级，优先级的取值为[0，4]。

② SYS_SERVICE阶段。系统在初始化SYS_SERVICE阶段时调用执行模块函数，用于初始化函数的宏有以下两个。

a.SYS_SERVICE_INIT（func）：使用默认优先级，默认优先级为2。

b.SYS_SERVTCE_INIT_PRI（func，priority）：可通过priority参数设置优先级，优先级的取值为[0，4]。

③ SYS_FEATURE阶段。系统在初始化SYS_FEATURE阶段时调用执行模块函数，用于初始化函数的宏有以下两个。

a.SYS_FEATURE_INIT（func）：使用默认优先级，默认优先级为2。

b.SYS_FEATURE_INIT_PRI（func，priority）：可通过priority参数设置优先级，优先级的取值为[0，4]。

④ RUN阶段。系统在初始化RUN阶段时调用执行模块函数，用于初始化函数的宏有以下两个。

a.SYS_RUN（func）：使用默认优先级，默认优先级为2。

b.SYS_RUN_PRI（func,priority）：可以通过priority参数设置优先级，优先级的取值为[0，4]。

⑤ APP_SERVICE阶段。系统在初始化APP_SERVICE阶段时调用执行模块函数，用于初始化函数的宏有以下两个。

a.SYSEX_SERVICE_INIT（func）：使用默认优先级，默认优先级为2。

b.STSEX_SERVICE_PRI（func，priority）：可以通过priority参数设置优先级，优先级的取值为[0，4]。

⑥ APP_FEATURE阶段。系统在初始化APP_FEATURE阶段时调用执行模块函数，用于初始化函数的宏有以下四个。

a.SYSEX_FEATURE_INIT（func）：使用默认优先级，默认优先级为2。

b.SYSEX_FEATURE_INIT_PRI（func，priority）：可通过priority参数设置优先级，优先级的取值为[0，4]。

c.APP_FEATURE_INIT（func）：使用默认优先级，默认优先级为2。

d.APP_FEATURE_INIT_PRI（func，priority）：可通过priority参数设置优先级，优先级的取值为[0，4]。

⑦ APP_SERVICE阶段。系统在初始化APP_SERVICE阶段时调用执行模块函数，用于初始化函数的宏有以下两个。

a.APP_SERVICE_INIT（func）：使用默认优先级，默认优先级为2。

b.APP_SERVICE_PRI（func，priority）：可以通过priority参数设置优先级，优先级的取值为[0，4]。

（3）应用模块开发

学习了应用模块的结构及初始接口，接下来以最经典的Hello World来讲解应用模块的开发：首先，创建工程目录及文件；其次，功能实现；再次，编写模块构建脚本；最后，将模块配置到应用子系统。

具体步骤如下。

① 创建本章源码目录ohos_play。在应用子系统目录//applications/sample/Wi-Fi-iot/app中创建目录ohos_play，用来存放本书所有的源码，如图6-79所示。

② 创建应用模块工程目录section_03。在ohos_play目录下创建应用模块sec_03_hello_world的工程目录section_03，如图6-80所示。

③ 创建应用模块源码文件hello_world.c。在应用模块sec_03_hello_world的工程目录section_03下，创建源码文件hello_world.c，如图6-81所示。

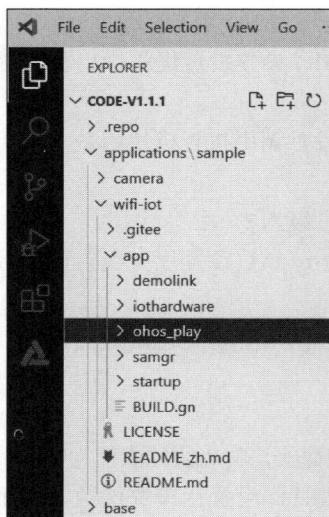

图 6-79　本书源码目录　　　　图 6-80　应用模块工程目录　　　　图 6-81　源码文件

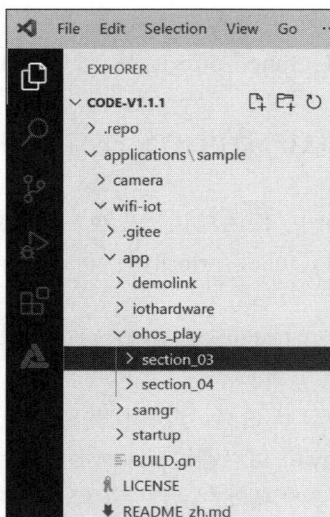

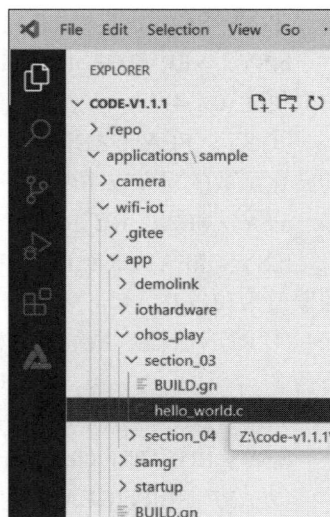

④ 引入依赖的头文件。引用函数 printf 和宏 SYS_RUN 所依赖的头文件，代码如下：

```
#include <stdio.h>
#include <ohos_init.h>
```

⑤ 编写功能函数 HelloWorld。编写功能函数 HelloWorld，在函数中调用 printf 函数完成打印输出 Hello World 功能代码如下：

```
static void HelloWorld(void)
{
    //函数printf声明在stdio.h头文件中，功能是打印输出格式化字符串
    printf("\r\nHello World!\n\r");
}
```

⑥ 初始化函数 HelloWorld。使用宏 SYS_RUN 初始化 HelloWorld 函数，使 HelloWorld 函数在系统初始化 RUN 阶段被执行，代码如下：

```
//宏SYS_RUN声明在ohos_init.h中，用来初始化模块
入口函数
SYS_RUN(HelloWorld);
```

⑦ 创建并编写模块构建脚本 BUILD.gn。在模块目录 section_03 下，创建模块构建脚本文件 BUILD.gn，如图 6-82 所示。编写模块构建脚本文件 BUILD.gn，指定模块名称（静态库名称）和依赖的源码文件，代码如下：

```
//applications/sample/wifi-iot/app/ohos_play/section_03/
BUILD.gn
#指定生成的模块名称为：sec_03_hello_world
```

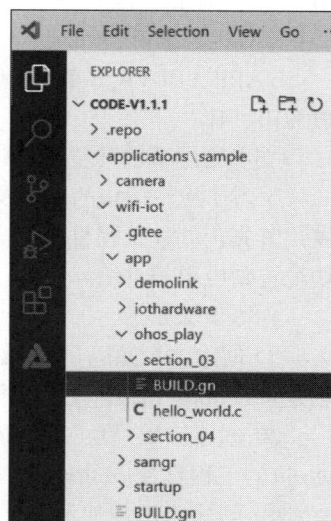

图 6-82　编译脚本文件

```
static_library("sec_03_hello_world") {
    #模块依赖的源码文件，多个文件时使用逗号隔开
    sources = [
        "hello_world.c",
    ]
#include目录，也就是头文件路径列表。列出引用头文件的所在位置，多个文件用逗号
隔开。
    include_dirs = [
        "//utils/native/lite/include",
    ]
}
```

⑧ 将模块配置到应用子系统。到目前为止，如果编译系统源码，则模块sec_03_hello_world的源码不会参与编译，需要在应用子系统的编译构建脚本BUILD.gn中配置模块sec_03_hello_world，具体的操作是在features中添加一条记录，格式为"模块目录的相对路径"+"："+"模块名称"，代码如下：

```
//applications/sample/wifi-iot/app/BUILD.gn
import("//build/lite/config/component/lite_component.gni")

lite_component("app") {
    features = [
        "ohos_play/section_03:sec_03_hello_world",
    ]
}
```

到目前为止应用模块开发完成了，在后面将会讲解应用模块的编译、烧写、测试。

（4）应用模块测试

接下来讲解系统源码的编译、固件的烧写及测试，具体内容如下。

① 编译系统源码。

a. 运行终端工具MobaXterm，连接Linux编译服务器，进行用户登录。选择Sessions-New sessions-ssh，Remote host设置为192.168.56.103，Specify username设置为harmonyos。

b. 将当前目录切换为code-v1.1.1，编译源码，命令如下：

```
cd share/code-v1.1.1/
hb set
hb build
```

运行效果如图6-83所示。

② 烧写固件。使用HiBurn将固件Hi3861_wifiiot_app_allinone.bin烧写到Hi3861开发板，固件的存放路径为\\out\wifiiot\Hi3861_wifiiot_app_allinone.bin，如图6-84所示。

③ 应用模块测试。运行MobaXterm终端工具，以便连接开发板，按复位键RST复位开发板，查看终端工具是否输出"Hello World!"语句，如果输出，就说明模块已经运行成功，运行效果如图6-85所示。

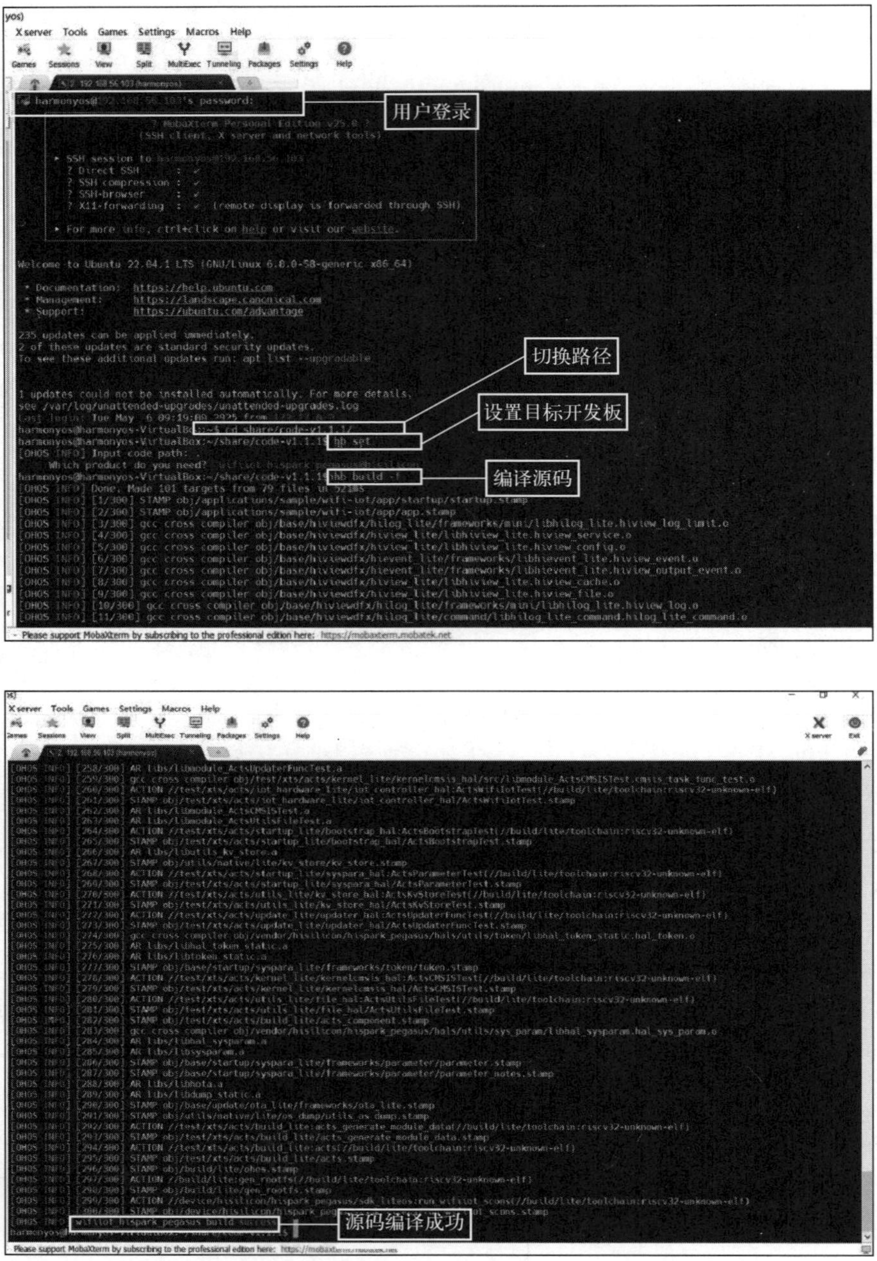

图6-83　编译鸿蒙操作系统源码

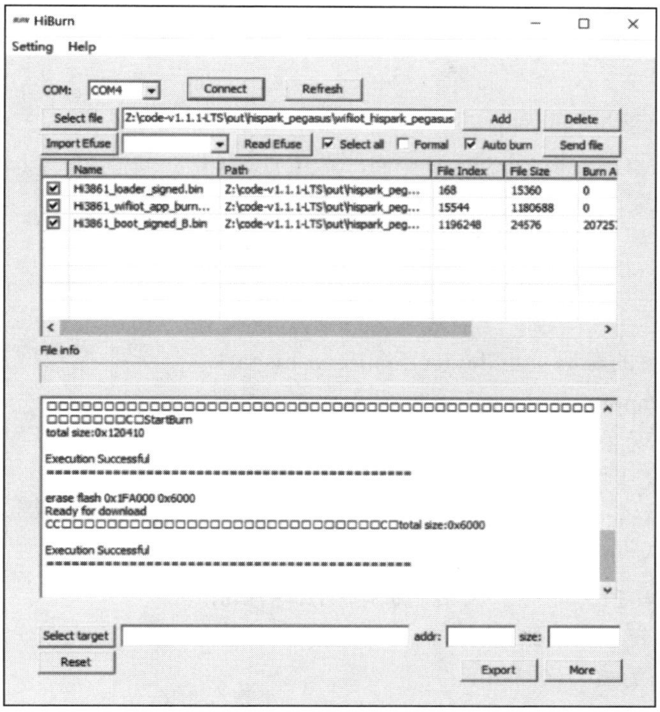

图6-84 烧写固件

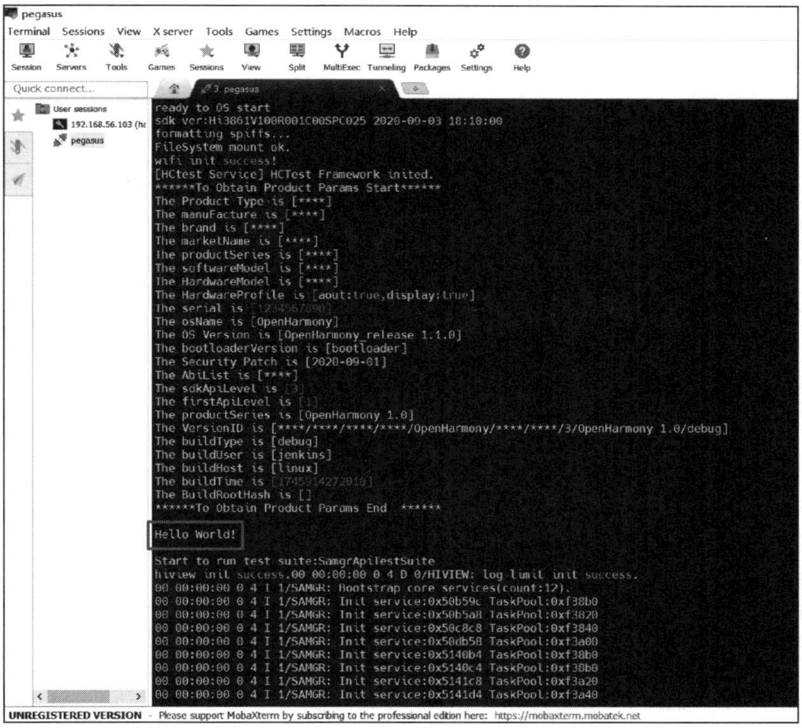

图6-85 应用模块成功运行

6.3.2 OpenHarmony 轻量系统应用模块启动流程解析

本节讲解 OpenHarmony 轻量系统模块的启动流程及验证方法。

（1）应用模块启动流程解析

由于鸿蒙轻量系统内核 LiteOS-M 被固化在了 Hi3861 芯片内，无法对鸿蒙内核进行修改及移植，并且内核在运行过程中无输出信息，所以启动流程分析只能从内核启动后的第一个入口函数 app_main 开始。应用模块的启动流程如图 6-86 所示。

函数 app_main 的源码位于 device/hisilicon/hispark_pegasus/sdk_liteos/app/wifiiot_app/src/app_main.c 文件中，在 app_main 中实现了 OpenHarmony 启动初始化功能：①获取并打印 SDK 版本号；②外围设备初始化；③工厂区 NV 初始化；④Flash 分区表初始化；⑤获取 Flash 分区表；⑥非工厂区 NV 初始化；⑦文件系统初始化；⑧初始化事件资源；⑨Wi-Fi 初始化；⑩最后调用 OHOS_Main 函数对鸿蒙操作系统进行初始化。

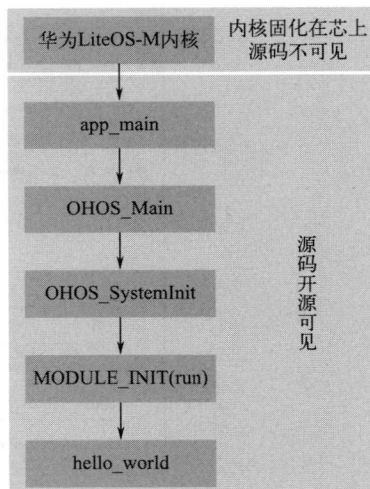

图 6-86 应用模块的启动流程

函数 app_main 的核心代码如下：

```
//device/hisilicon/hispark_pegasus/sdk_liteos/app/wifiiot_app/src/app_main.c
hi_void app_main(hi_void)
{
    #ifdef CONFIG_FACTORY_TEST_MODE
            printf("factory test mode!\r\n");
    #endif
    //获取 SDK 版本号
        const hi_char* sdk_ver = hi_get_sdk_version();
        printf("sdk ver:%s\r\n", sdk_ver);

        hi_flash_partition_table *ptable = HI_NULL;
    //外围设备初始化
        peripheral_init();
        peripheral_init_no_sleep();

    #ifndef CONFIG_FACTORY_TEST_MODE
        hi_lpc_register_wakeup_entry(peripheral_init);
    #endif
    //工厂区 NV 初始化
            hi_u32 ret = hi_factory_nv_init(HI_FNV_DEFAULT_ADDR, HI_NV_
DEFAULT_TOTAL_SIZE, HI_NV_DEFAULT_BLOCK_SIZE);
            if (ret != HI_ERR_SUCCESS) {
```

```
            printf("factory nv init fail\r\n");
        }
//Flash分区表初始化
        /* partion table should init after factory nv init. */
        ret = hi_flash_partition_init();
        if (ret != HI_ERR_SUCCESS) {
            printf("flash partition table init fail:0x%x \r\n", ret);
        }

//获取Flash分区表
        ptable = hi_get_partition_table();
//非工厂区初始化
        ret = hi_nv_init(ptable->table[HI_FLASH_PARTITON_NORMAL_NV].addr,
ptable->table[HI_FLASH_PARTITON_NORMAL_NV].size,
        HI_NV_DEFAULT_BLOCK_SIZE);
    if (ret != HI_ERR_SUCCESS) {
            printf("nv init fail\r\n");
    }

#ifndef CONFIG_FACTORY_TEST_MODE
    hi_upg_init();
#endif
//文件系统初始化
        /* if not use file system, there is no need init it */
        hi_fs_init();
//初始化事件资源
        (hi_void)hi_event_init(APP_INIT_EVENT_NUM, HI_NULL);
        hi_sal_init();
        /* 此处设为TRUE后中断中看门狗复位会显示复位时PC值，但有复位不完
全风险，量产版本请务必设为FALSE */
        hi_syserr_watchdog_debug(HI_FALSE);
        /* 默认记录宕机信息到FLASH，根据应用场景，可不记录，避免频繁异常
宕机情况损耗FLASH寿命 */
        hi_syserr_record_crash_info(HI_TRUE);

        hi_lpc_init();
    hi_lpc_register_hw_handler(config_before_sleep, config_after_sleep);

    #if defined(CONFIG_AT_COMMAND) || defined(CONFIG_FACTORY_TEST_
MODE)
        //初始化AT指令
```

```c
    ret = hi_at_init();
    if (ret == HI_ERR_SUCCESS) {
        //注册系统 AT 指令
        hi_at_sys_cmd_register();
    }
#endif
#ifndef CONFIG_FACTORY_TEST_MODE
#ifndef ENABLE_SHELL_DEBUG

#ifdef CONFIG_DIAG_SUPPORT
    (hi_void)hi_diag_init();
#endif
#else
    (hi_void)hi_shell_init();
#endif

    tcpip_init(NULL, NULL);
#endif
//初始化 Wi-Fi
    ret = hi_wifi_init(APP_INIT_VAP_NUM, APP_INIT_USR_NUM);
    if (ret != HISI_OK) {
        printf("wifi init failed!\n");
    } else {
        printf("wifi init success!\n");
    }
    app_demo_task_release_mem(); /* 释放系统栈内存所使用任务 */

#ifndef CONFIG_FACTORY_TEST_MODE
    app_demo_upg_init();
#ifdef CONFIG_HILINK
    ret = hilink_main();
    if (ret != HISI_OK) {
        printf("hilink init failed!\n");
    } else {
        printf("hilink init success!\n");
    }
#endif
#endif
//函数 OHOS_Main
    OHOS_Main();
}
```

函数 OHOS_Main 的最后调用 OHOS_SystemInit 函数进行鸿蒙系统的初始化。函数 OHOS_Main 的核心代码如下：

```
void OHOS_Main()
{
#if defined(CONFIG_AT_COMMAND) || defined(CONFIG_FACTORY_TEST_MODE)
    hi_u32 ret;
    ret = hi_at_init();
    if (ret == HI_ERR_SUCCESS) {
        hi_u32 ret2 = hi_at_register_cmd(G_OHOS_AT_FUNC_TBL, OHOS_AT_FUNC_
NUM);
        if (ret2 != HI_ERR_SUCCESS) {
            printf("Register ohos failed!\n");
        }
    }
#endif
//Openharmony 系统初始化
    OHOS_SystemInit();
}
```

函数 OHOS_SystemInit 实现了对不同阶段的初始化，主要是初始化了一些相关模块、系统，包括 bsp、device（设备）。函数源码位于 base/startup/bootstrap_lite/services/source/system_init.c 文件中，代码如下：

```
//base/startup/bootstrap lite/services/source/system_init.c
void HOS_SystemInit(void)
{
    MODULE_INIT(bsp);
    MODULE_INIT(device);
    MODULE_INIT(core);
    SYS_INIT(service);
    SYS_INIT(feature);
    //初始化 run 段，源码中所有被宏 SYS_RUN 初始化的函数会在这里被调用执行
    MODULE_INIT(run);
    SAMGR_Bootstrap();
}
```

（2）应用模块启动流程验证

接下来验证上面的启动流程，整体思路如下：

① 在函数 app_main 中找到 OHOS_Main（）函数，并在其上下行插入打印语句。

② 在函数 OHOS_SystemInit（）中找到 MODULE_INIT（run）语句，并在其上下行插入打印语句。

③ 重新编译系统源码，烧写固件，查看打印消息。

在源码文件device/hisilicon/hispark_pegasus/sdk_liteos/app/wifiiot_app/src/app_main.c中找到OHOS_Main函数，并在其上下行插入打印语句，代码如下：

```
printf("%s %d\n", __FILE__, __LINE__);
OHOS_Main();
printf("%s %d\n", __FILE__, __LINE__);
```

插入效果如图6-87所示。

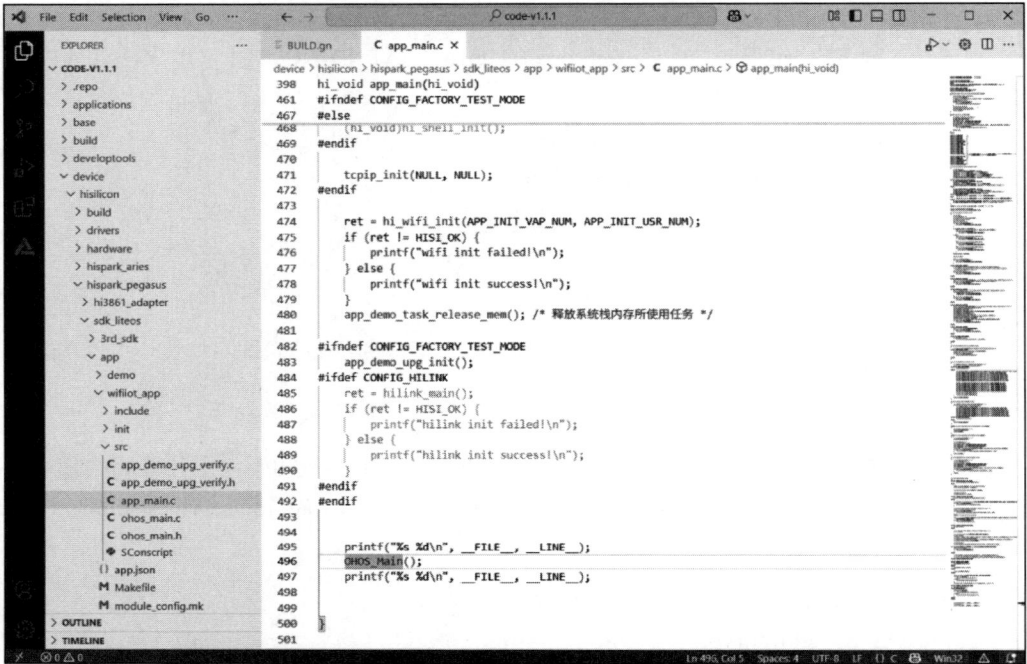

图6-87　在函数app_main中插入打印语句

在源码文件base/startup/bootstrap_lite/services/source/system_init.c中找到函数第一行和MODULE_INIT（run）语句，并在其上下行插入打印语句，其中__FILE__用于获取当前程序执行的文件名称，__LINE__用于获取当前程序执行的行号，并引用stdio.h头文件，代码如下：

```
printf("%s %d\n", __FILE__, __LINE__);
MODULE_INIT(bsp);
MODULE_INIT(device);
MODULE_INIT(core);
SYS_INIT(service);
SYS_INIT(feature);
printf("%s %d\n", __FILE__, __LINE__);
MODULE_INIT(run);
printf("%s %d\n", __FILE__, __LINE__);
```

插入效果如图6-88所示。

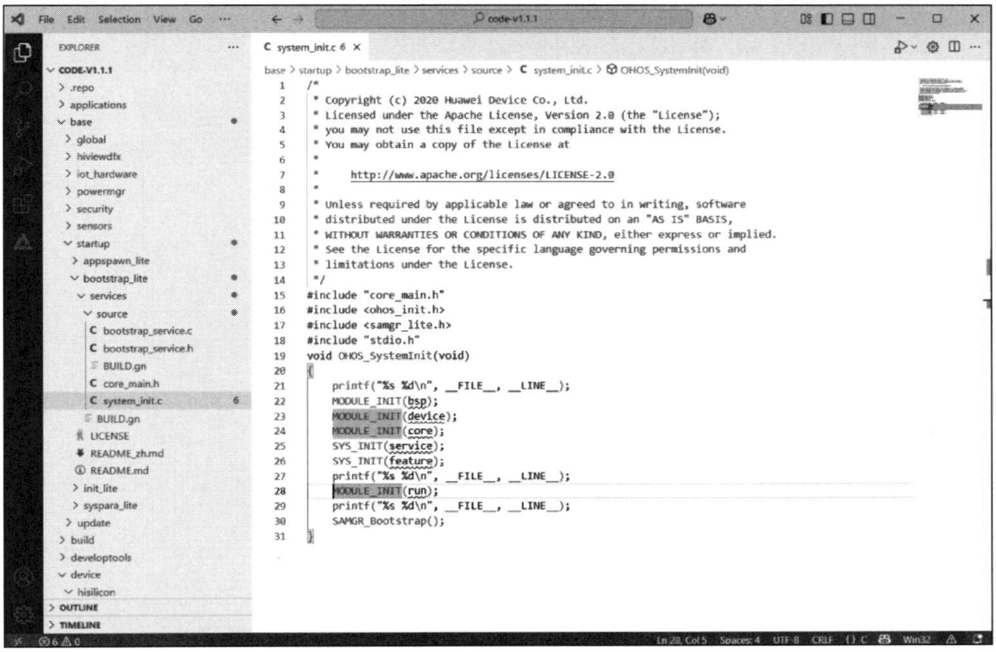

图6-88 在函数OHOS_SystemInit()中插入打印语句

重新编译系统源码，烧写固件，查看打印消息，效果如图6-89所示。

图6-89 应用模块启动流程验证

注意：Hi3861平台配置文件位于vendor\hisilicon\hispark_pegasus\config.json。可以看到该配置文件有很多内容，第一段这里指定了产品名称、版本、使用的内核类型，下面这里都是子系统。这里先不要test子系统，不然每次开机后，系统都要跑test认证程序，影响后面测试，先删除test子系统，如图6-90所示。

```
{
    "product_name": "wifiiot_hispark_pegasus",
    "ohos_version": "OpenHarmony 1.0",
    "device_company": "hisilicon",
    "board": "hispark_pegasus",
    "kernel_type": "liteos_m",
    "kernel_version": "",
    "subsystems": [
        {
            "subsystem": "applications",
            "components": [
                { "component": "wifi_iot_sample_app", "features":[] }
            ]
        },
        {
            "subsystem": "iot_hardware",
            "components": [
                { "component": "iot_controller", "features":[] }
            ]
        },
        {
            "subsystem": "hiviewdfx",
            "components": [
                { "component": "hilog_lite", "features":[] },
                { "component": "hievent_lite", "features":[] }
            ]
        },
        {
            "subsystem": "distributed_schedule",
            "components": [
                { "component": "system_ability_manager", "features":[] }
            ]
        },
        {
            "subsystem": "security",
            "components": [
                { "component": "hichainsdk", "features":[] },
```

```
            "subsystem": "vendor",
            "components": [
                { "component": "hi3861_sdk", "target": "//device/hisilicon/hispark_pegasus/sdk_liteos:wifiiot_sdk", "features":[] }
            ]
        },
        {
            "subsystem": "test",
            "components": [
                { "component": "xts_acts", "features":[] },
                { "component": "xts_tools", "features":[] }
            ]
        }
    ],
    "vendor_adapter_dir": "//device/hisilicon/hispark_pegasus/hi3861_adapter",
    "third_party_dir": "//device/hisilicon/hispark_pegasus/sdk_liteos/third_party",
    "product_adapter_dir": "//vendor/hisilicon/hispark_pegasus/hals",
    "ohos_product_type":"",
    "ohos_manufacture":"",
    "ohos_brand":"",
    "ohos_market_name":"",
    "ohos_product_series":"",
    "ohos_product_model":"",
    "ohos_software_model":"",
    "ohos_hardware_model":"",
            "subsystem": "vendor",
            "components": [
                { "component": "hi3861_sdk", "target": "//device/hisilicon/hispark_pegasus/sdk_liteos:wifiiot_sdk", "features":[] }
            ]
        }
    ],
    "vendor_adapter_dir": "//device/hisilicon/hispark_pegasus/hi3861_adapter",
    "third_party_dir": "//device/hisilicon/hispark_pegasus/sdk_liteos/third_party",
    "product_adapter_dir": "//vendor/hisilicon/hispark_pegasus/hals",
    "ohos_product_type":"",
    "ohos_manufacture":"",
    "ohos_brand":"",
    "ohos_market_name":"",
    "ohos_product_series":"",
    "ohos_product_model":"",
```

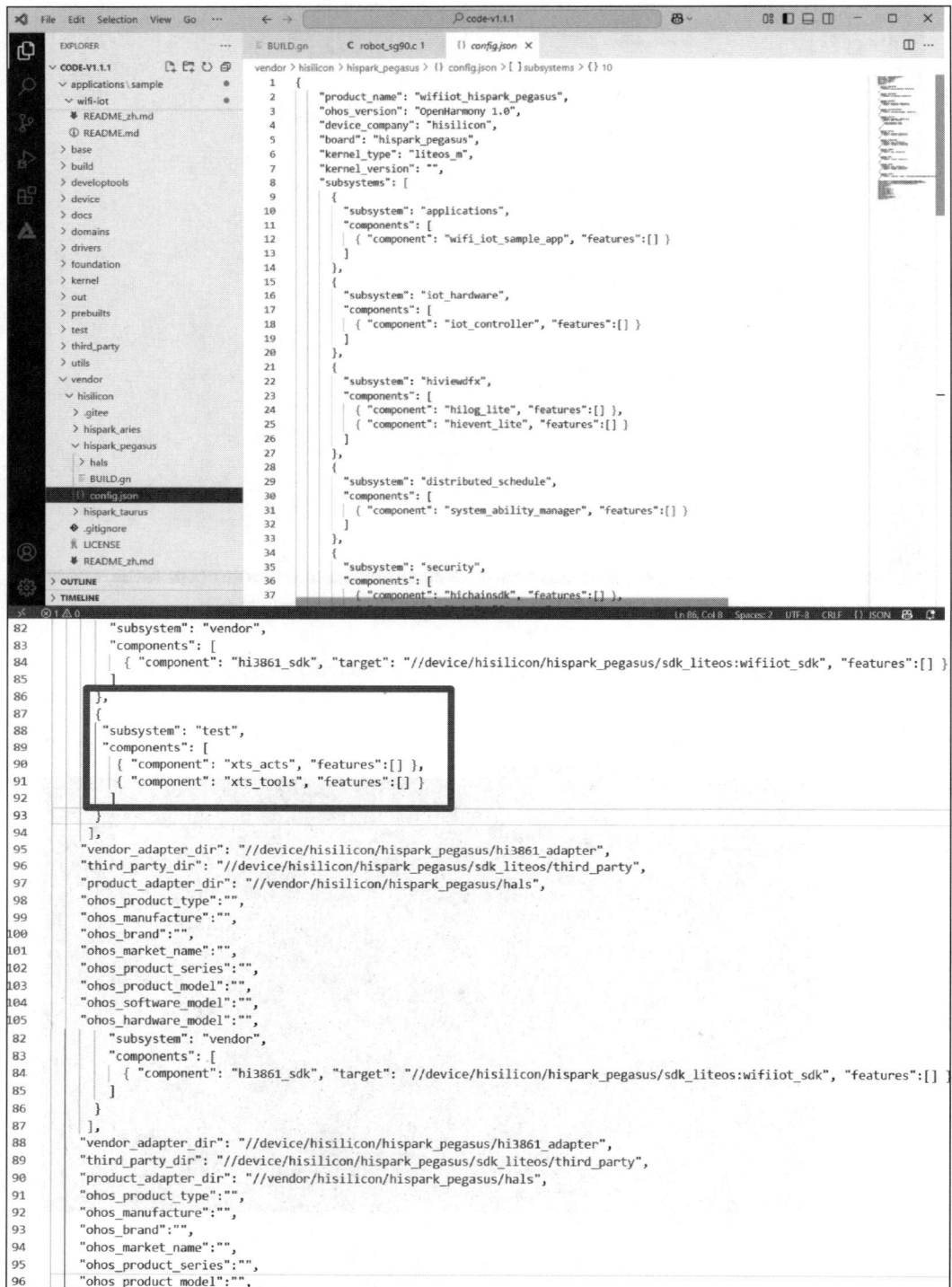

图6-90　Hi3861平台配置文件

6.4 OpenHarmony 轻量系统设备开发

6.4.1 GPIO

6.4.1.1 GPIO

（1）相关概念

数字I/O（数字输入/输出）是只有0和1两种数据状态的I/O方式。通常使用0表示低电平，而用1表示高电平。

GPIO（general purpose input/output）包含通用输入和通用输出。Hi3861V100芯片内部集成了GPIO模块，用于实现芯片引脚上的数字I/O。

（2）Hi3861V100芯片的GPIO引脚分布

Hi3861V100芯片有15个GPIO引脚，它们的分布如图6-91所示。

引脚编号	默认功能
2	GPIO_00
3	GPIO_01
4	GPIO_02
5	GPIO_03
6	GPIO_04
17	GPIO_05
18	GPIO_06
19	GPIO_07
20	GPIO_08
27	GPIO_09
28	GPIO_10
29	GPIO_11
30	GPIO_12
31	GPIO_13
32	GPIO_14

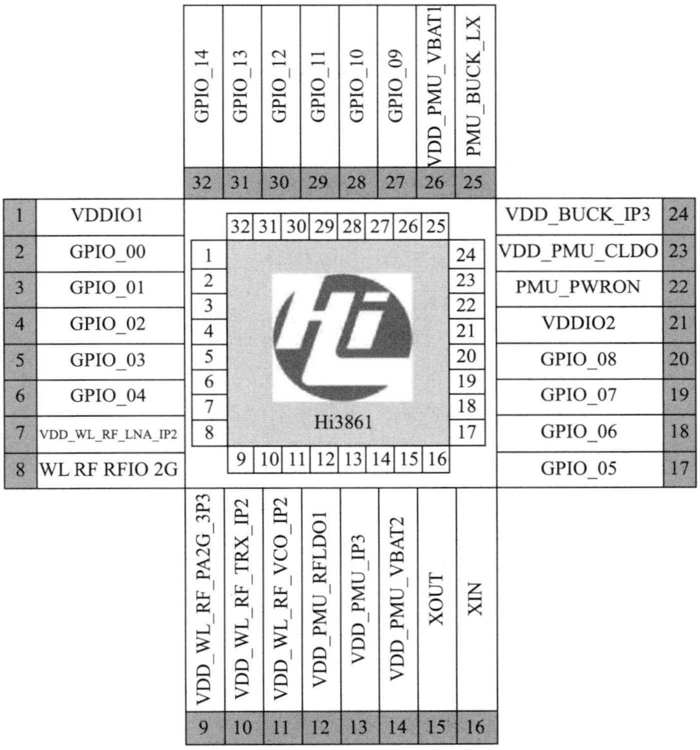

图6-91　Hi3861V100芯片的GPIO引脚分布

（3）OpenHarmony IoT接口

OpenHarmony的IoT接口指的是OpenHarmony操作物联网的各种外围硬件设备的一组API。它是软件和硬件沟通的桥梁，屏幕、按键、灯光、传感器等都可以通过IoT接口进行控制。

作为操作系统，OpenHarmony运行在智能小车开发套件的核心板上。应用通过OpenHarmony提供的IoT接口控制开发套件的各种扩展板，如图6-92所示。

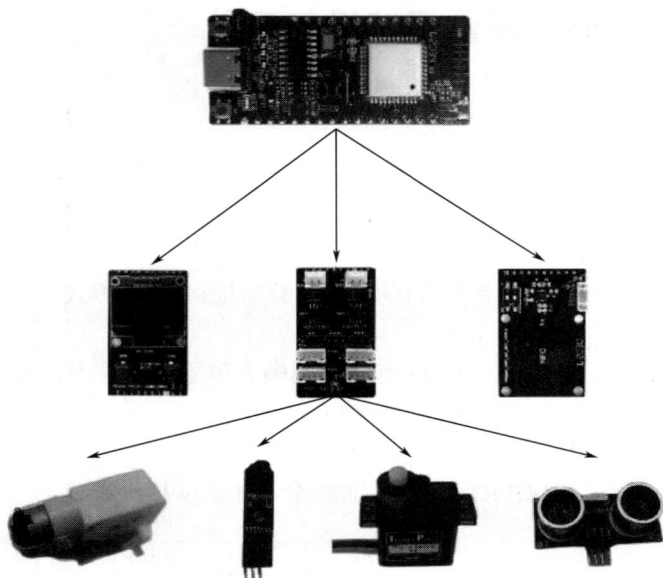

图6-92　通过IoT接口控制扩展板

OpenHarmony 提供的 IoT 接口种类十分丰富，本节介绍的是 GPIO 接口。

6.4.1.2　GPIO 接口的开发流程

GPIO 接口是 OpenHarmony 操作主控芯片（例如 Hi3861V100）GPIO 引脚的一组 API。GPIO 接口的功能如下：

① 设置引脚方向（输入或者输出）；

② 读写引脚的电平值（低电平或高电平）；

③ 设置引脚的中断响应函数和中断触发方式；

④ 使能或禁止引脚中断。

Hi3861V100 芯片的 GPIO 接口的开发流程如图6-93所示。

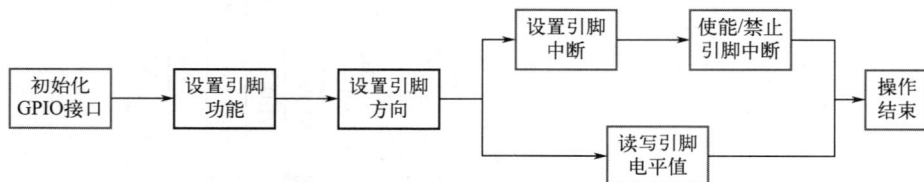

图6-93　GPIO接口的开发流程

6.4.1.3　案例1：GPIO 输出控制－控制核心板的可编程 LED 灯

（1）所需硬件

本案例为控制核心板的可编程 LED 灯案例，需要智能小车开发套件中的底板和核心板。

① 核心板。核心板的实物图如图6-94所示，主要部件包括一个 USB Type-C 接口、一个用户按键、一个 LED 连接跳线帽、一个 CH340G 串口芯片、Hi3861 主控芯片、两个串口 TX/RX 跳线帽、一个复位按键。

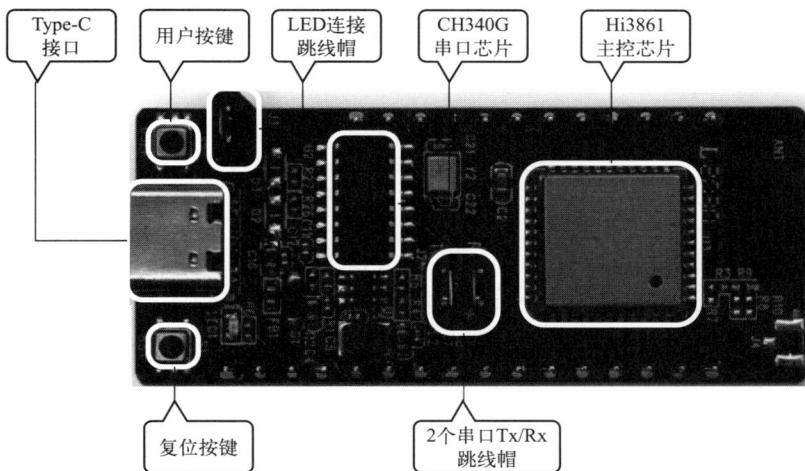

图6-94　核心板实物图

a. Hi3861V100模块。Hi3861V100模块内部封装了主控芯片Hi3861V100，还包括晶振、电容、电阻等外围器件。

Hi3861V100芯片内部集成了CPU、Flash、SRAM和Wi-Fi等器件，其中：Flash用于存放二进制的程序代码、配置参数等静态数据；CPU用来执行程序；SRAM是内存，用来加载程序、存放程序运行时产生的数据；Wi-Fi可以为应用程序提供网络连接的能力。

b. CH340 USB转串口芯片。这是一个经典的串口调试芯片，被广泛地应用在路由器、机顶盒等设备中。通过这个芯片连接主控芯片的UART接口和核心板的USB Type-C接口，从而实现UART接口和USB Type-C接口间的信号转换。

c. USB Type-C接口。核心板的USB Type-C接口具有以下两个功能：

第一，为核心板及整个套件进行供电；

第二，连接到电脑的USB接口，进行串口调试和系统烧录。

d. 复位按键。复位按键被标记为"RST"，也就是RESET。它可以触发主控芯片的CPU硬件复位，使得程序重新开始执行。

e. 可编程按键。可编程按键被标记为"USER"，用于程序的按键输入。用户可以通过程序读取按键当前的状态。

f. 可编程LED灯。可编程LED灯被标记为"LED1"，用于显示程序的运行时状态，可编写程序控制点亮或熄灭。

g. 两组跳线帽。右侧的两个跳线帽分别被标记为RX和TX，分别用于连接主控芯片UART接口的TX和RX引脚与CH340USB转串口芯片的RX和TX引脚。

左侧的一个跳线帽被标记为GPIO09，用于连接主控芯片和可编程LED灯。

交流与思考

【问题】如果将右侧的两个跳线帽拔掉，会有什么现象？

【解答】如果把右侧的两个跳线帽拔掉，主控芯片和CH340 USB转串口芯片的连接就会断开，从而空出主控芯片UART接口的TX和RX引脚，可用于连接其他外部设备。

请注意，作为轻量级设备，Hi3861V100模块的硬件资源是十分有限的。整个模块一共只有2MB的Flash和352kB的SRAM。所以，在编写代码的时候，一定要注意硬件资源的使用效率。

在学习和开发过程中的注意事项：

第一，要避免内存溢出（out of memory，OOM）。那么如何避免内存溢出？要注意程序使用的内存总量。

第二，要避免内存泄漏（memory leak）。内存泄漏会导致内存溢出。由于Hi3861V100模块的内存资源十分有限，所以它的内存泄漏的堆积后果会来得更快。因此，在写程序的时候，一定要注意手动分配的内存是否及时回收了。

②底板。底板的实物图如图6-95所示，其主要部件介绍如下。

WLAN模组主板卡槽：该卡槽位置插入Wi-Fi IoT主板。

NFC排线接口：通过NFC排线连接到NFC板上。

卡槽①：该位置能插入显示板。

卡槽②：该位置可以插入机器人板、智能红绿灯板、智能炫彩灯板、环境监测板等。

底板供电电源切换开关：用于切换底板的供电来源；向上拨，表示使用主板电池电源给底板（以及扩展板）供电；向下拨，表示使用底板电池电源给底板（以及扩展板）供电。

电池接口：底板的电源输入口，可以接锂电池或者干电池。

底板5V电源切换开关：用于切换外设5V供电来源，跳冒接左边为电池给外设的5V电源供电；跳冒接右边为主板Type-C接口，其电压为5V，给外设的5V电源供电。

JTAG接口：可以接入J-Link调试器，进行下载或者调试；也可以接入HiSpark_USB_JTAG板，使用OpenOCD进行下载或者调试。

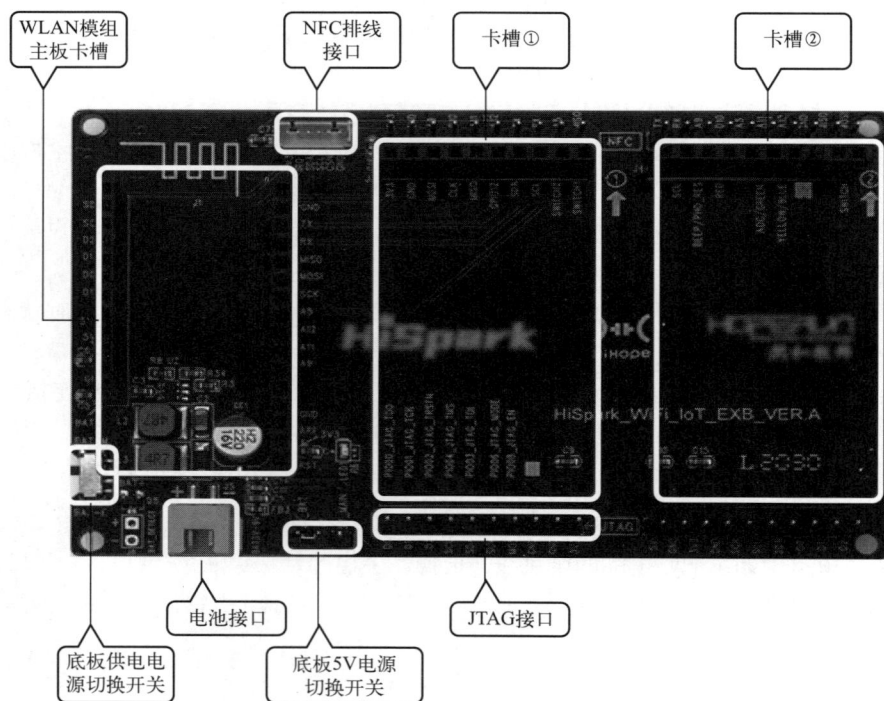

图6-95　底板

通常在开发和调试阶段，可以使用USB线进行供电，以便烧录和测试。在程序调试完成之后，可以使用电池供电，或者通过USB线连接移动电源供电。

（2）实现原理

可编程LED灯的一端通过跳线帽J3连接到Hi3861V100芯片的GPIO09引脚上，而另一端通过电阻R_6连接到3.3V电源上，实物图与电路图如图6-96所示。发光二极管具有单向导通性。如果想点亮发光二极管，则电流只能从左边的正极流入，从右边的负极流出，所以只有GPIO09引脚输出低电平时电流才能通过D2发光二极管，D2发光二极管被点亮。因此，控制Hi3861V100芯片的GPIO09引脚输出不同的电平即可控制LED灯的状态：GPIO09输出低电平，产生电位差，点亮LED灯；GPIO09输出高电平，消除电位差，熄灭aLED灯。

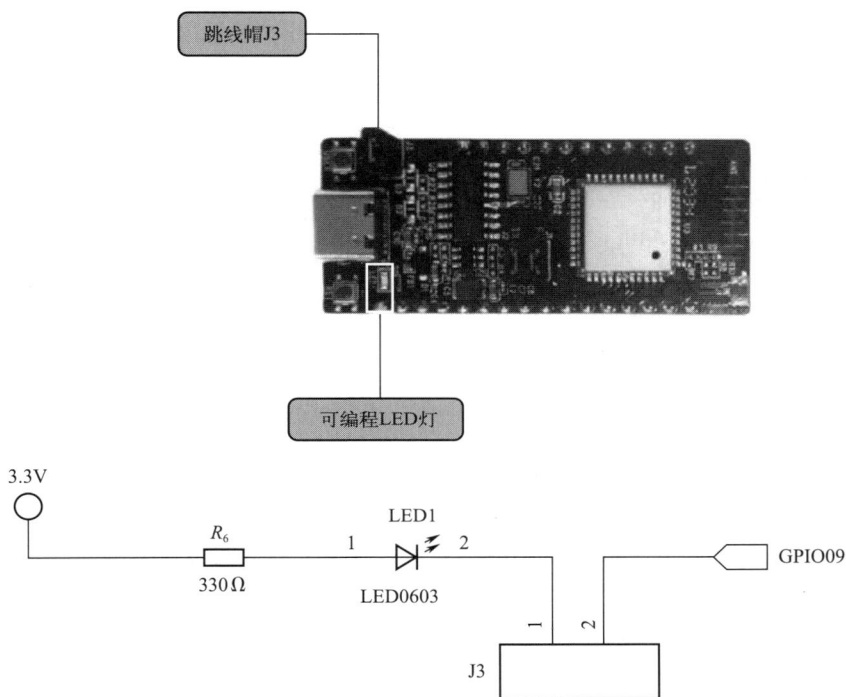

图6-96 可编程LED灯图

本案例的实现原理是：根据GPIO09引脚输出的高低电平控制D2发光二极管的灭亮，亮表示工作，灭代表空闲。

（3）开发步骤

① 在section_04中创建工程目录case1-indicator。

② 在case1-indicator中创建源码文件indicator_demo.c。

③ 功能实现，代码如下：

```
//applications/sample/wifi-iot/app/ohos_play/section_04/case1-indicator/indicator_demo.c
/*
    *实现思路：
        1)初始化
```

        (1) 分析电路，确定 GPIO 引脚索引为 GPIO09。

        (2) 调用函数 IoTGpioInit 初始化 GPIO 引脚。

        (3) 调用函数 hi_io_set_func 设置引脚的功能为 GPIO。

        (4) 调用函数 IoTGpioSetDir 设置引脚为输出。

    2) 功能实现

        (1) 循环调用函数 IoTGpioSetOutputVal 输出低或高电平，实现 LED 亮灭功能。

```
*
*/
#include <unistd.h>
#include "stdio.h"
#include "ohos_init.h"
#include "cmsis_os2.h"
#include "iot_gpio.h"
#include "hi_io.h"

//初始化引脚 GPIO09
#define LED_TEST_GPIO 9

void *LedTask(const char *arg)
{
    (void)arg;

    IoTGpioInit(LED_TEST_GPIO);    //初始化 GPIO
    //设置 GPIO09 引脚功能为 GPIO
    hi_io_set_func(LED_TEST_GPIO,HI_IO_FUNC_GPIO_9_GPIO);
    //设置 GPIO09 引脚方向为输出
    IoTGpioSetDir(LED_TEST_GPIO, IOT_GPIO_DIR_OUT);

    while (1)
    {
        //输出低电平，点亮 LED 灯
        IoTGpioSetOutputVal(LED_TEST_GPIO, IOT_GPIO_VALUE0);
        usleep(300000);    //等待 0.3s

        //输出高电平
        IoTGpioSetOutputVal(LED_TEST_GPIO, IOT_GPIO_VALUE1);
        usleep(300000);    //等待 0.3s
    }

    return NULL;
}
```

```
    void LedEntry(void)
  {
        osThreadAttr_t attr;
        attr.name = "LedTask";
        attr.attr_bits = 0U;
        attr.cb_mem = NULL;
        attr.cb_size = 0U;
        attr.stack_mem = NULL;
        attr.stack_size = 512;
        attr.priority = 26;

        if (osThreadNew((osThreadFunc_t)LedTask, NULL, &attr) == NULL) {
        printf("[LedExample] Falied to create LedTask!\n");
    }
}
//将模块入口函数初始化为LedEntry
APP_FEATURE_INIT(LedEntry);
```

④ 在 casel-indicator 中创建模块，构建脚本 BUILD.gn 并初始化模块，代码如下：

```
#//applications/sample/wifi-iot/app/ohos_play/section_04/case1-indicator/BUILD.gn
static_library("sec_04_indicator") {
    sources = [
        "indicator_demo.c",
    ]

    include_dirs = [
        "//utils/native/lite/include",
        "//kernel/liteos_m/kal/cmsis",
        "//base/iot_hardware/peripheral/interfaces/kits",
    ]
}
```

⑤ 将模块 sec_04_indicator 配置到应用子系统，代码如下：

```
#//applications/sample/wifi-iot/app/BUILD.gn
import("//build/lite/config/component/lite_component.gni")
lite_component("app") {
    features = [
        "ohos_play/section_04/case1-indicator:sec_04_indicator",
    ]
}
```

⑥ 测试。编译应用模块,将固件烧写到开发板,复位开发板,可编程LED灯会规律地闪烁。

6.4.1.4 案例2:GPIO输出控制-舵机控制

（1）所需硬件

本案例为舵机控制案例,需要智能小车开发套件中的底板、核心板、机器人板和舵机,其中底板和核心板前面案例已介绍,不再赘述。

① 机器人板。机器人板具有智能车的电机驱动功能和丰富的外设接口。机器人板实物图如图6-97所示,其主要部件有两个电机接口、一个舵机接口、一个超声波接口、两个 I^2C 接口、一个串口接口、两个红外传感器接口。

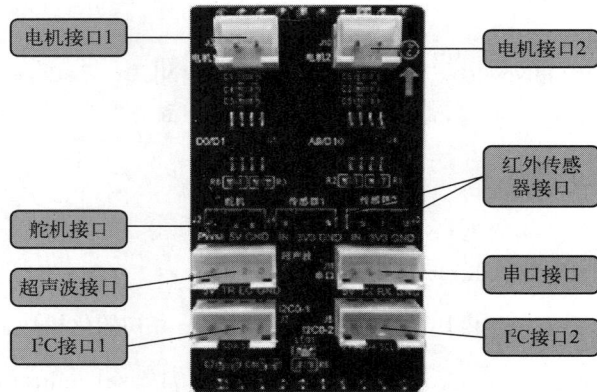

图6-97　机器人板实物图

② 舵机。本案例中的舵机采用SG90舵机,舵机的3个引脚从前往后依次为GND、VCC、信号,实物图如图6-98所示。舵机的主要参数如下所述。

工作电压是3.0~6.7V(典型为4.7V)。

转矩范围:4.7V时1.6kg•cm;6.0V时2.0kg•cm。

转动范围:约170°(实际有效转角170°~190°)。

响应时间:0.12s/60°(4.7V)。

质量:9g。

图6-98　舵机

舵机内部有一个基准电路,产生周期为20ms、宽度为1.5ms的基准信号,将获得的直流偏置电压与电位器的电压比较,获得电压差输出,经过电路板IC方向判断,再驱动无核心马达开始转动,通过减速齿轮将动力传至摆臂,同时由位置检测器送回信号,判断是否已经到位,舵机转动的角度是通过调节PWM(脉冲宽度调制)信号的占空比来实现的,标准的PWM信号的周期固定为20ms,理论上脉宽分布应该在1ms到2ms之间,实际上可在0.5ms到2.5ms之间,脉宽与转角0°~180°相对应,如图6-99所示。

（2）实现原理

智能小车开发套件中舵机与机器人板相连接,最终信号连接到Hi3861V100的GPIO02,接线原理如图6-100所示。

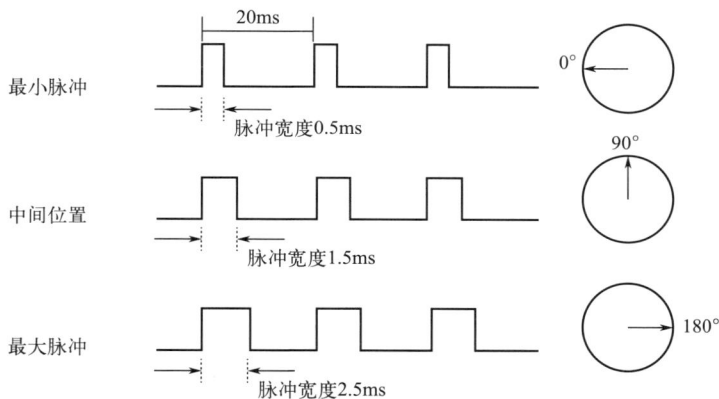

图6-99 角度与脉冲宽度对应关系图

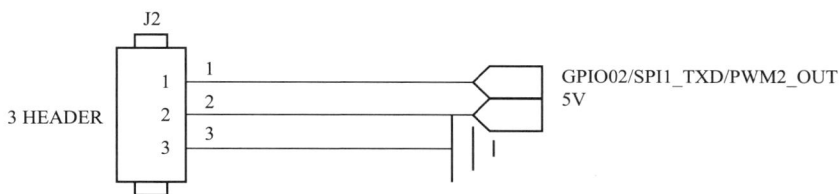

图6-100 舵机的接线原理图

（3）开发步骤

① 在section_04中创建工程目录case2-servo。

② 在case2-servo中创建源码文件robot_sg90.c。

③ 功能实现，代码如下：

```
//applications/sample/wifi-iot/app/ohos_play/section_04/case2-servo/robot_sg90.c
#include <stdio.h>
#include <stdlib.h>
#include <memory.h>
#include "ohos_init.h"
#include "cmsis_os2.h"
#include "iot_gpio.h"
#include "hi_io.h"
#include "hi_time.h"

//查阅机器人板原理图可知，SG90舵机通过GPIO02与3861连接
//SG90舵机的控制需要MCU产生一个周期为20ms的脉冲信号，以0.5ms到2.5ms的
高电平来控制舵机转动的角度
#define GPIO2 2
//输出20000μs的脉冲信号(xμs高电平,20000-xμs低电平)
void set_angle( unsigned int duty) {
    IoTGpioSetDir(GPIO2, IOT_GPIO_DIR_OUT);// 设置GPIO2为输出模式
```

```
    //GPIO2输出xμs高电平
    IoTGpioSetOutputVal(GPIO2, IOT_GPIO_VALUE1);
    hi_udelay(duty);
    //GPIO2输出20000-xμs低电平
    IoTGpioSetOutputVal(GPIO2, IOT_GPIO_VALUE0);
    hi_udelay(20000 - duty);
}
/*Turn 45 degrees to the left of the steering gear
1、依据角度与脉冲的关系，设置高电平时间为1000μs
2、发送10次脉冲信号，控制舵机向左旋转45°
*/
void engine_turn_left_45(void)
{
    for (int i = 0; i <10; i++)
    {
        set_angle(1000);
    }
}


/*Turn 90 degrees to the left of the steering gear
1、依据角度与脉冲的关系，设置高电平时间为500μs
2、发送10次脉冲信号，控制舵机向左旋转90°
*/
void engine_turn_left_90(void)
{
    for (int i = 0; i <10; i++)
    {
        set_angle(500);
    }
}


/*Turn 45 degrees to the right of the steering gear
1、依据角度与脉冲的关系，设置高电平时间为2000μs
2、发送10次脉冲信号，控制舵机向右旋转45°
*/
void engine_turn_right_45(void)
{
    for (int i = 0; i <10; i++)
    {
        set_angle(2000);
    }
```

```
}

/*Turn 90 degrees to the right of the steering gear
1、依据角度与脉冲的关系，设置高电平时间为2500μs
2、发送10次脉冲信号，控制舵机向右旋转90°
*/
void engine_turn_right_90(void)
{
    for (int i = 0; i <10; i++)
    {
        set_angle(2500);
    }
}


/*The steering gear is centered
1、依据角度与脉冲的关系，设置高电平时间为1500μs
2、发送10次脉冲信号，控制舵机居中
*/
void regress_middle(void)
{
    for (int i = 0; i <10; i++)
    {
        set_angle(1500);
    }
}
/*任务实现*/
void RobotTask(void* parame) {
    (void)parame;
    printf("start test sg90\r\n");
    //舵机转向轴向左转45°
    engine_turn_left_45();
    printf("Turn 45 degrees to the left of the steering gear\r\n");
    osDelay(200);//延时200ms
    //舵机转向轴向左转90°
    engine_turn_left_90();
    printf("Turn 90 degrees to the left of the steering gear\r\n");
    osDelay(200);
    //舵机转向轴居中回到初始状态
    regress_middle();
    printf("The steering gear is centered\r\n");
    osDelay(200);
```

```
    //舵机转向轴向右转45°
    engine_turn_right_45();
    printf("Turn 45 degrees to the left of the steering gear\r\n");
    osDelay(200);
//舵机转向轴向右转90°
    engine_turn_right_90();
    printf("Turn 90 degrees to the left of the steering gear\r\n");
    osDelay(200);

    regress_middle();
    printf("The steering gear is centered\r\n");
}

static void RobotDemo(void)
{
    osThreadAttr_t attr;

    attr.name = "RobotTask";
    attr.attr_bits = 0U;
    attr.cb_mem = NULL;
    attr.cb_size = 0U;
    attr.stack_mem = NULL;
    attr.stack_size = 10240;
    attr.priority = osPriorityNormal;

    if (osThreadNew(RobotTask, NULL, &attr) == NULL) {
        printf("[RobotDemo] Falied to create RobotTask!\n");
    }
}

//使用OpenHarmony启动恢复模块接口APP_FEATURE_INIT()启动RobotDemo业务
APP_FEATURE_INIT(RobotDemo);
```

④ 在case2-servo中创建模块，构建脚本BUILD.gn并初始化模块，代码如下：

```
#//applications/sample/wifi-iot/app/ohos_play/section_04/case2-servo/BUILD.gn
static_library("sec_04_servo") {
    sources = [
        "robot_sg90.c",
    ]

    include_dirs = [
```

```
        "//utils/native/lite/include",
        "//kernel/liteos_m/kal/cmsis",
        "//base/iot_hardware/peripheral/interfaces/kits",
    ]
}
```

⑤ 将模块sec_04_servo配置到应用子系统，代码如下：

```
#//applications/sample/wifi-iot/app/BUILD.gn
import("//build/lite/config/component/lite_component.gni")
lite_component("app") {
    features = [
        "ohos_play/section_04/case2-servo:sec_04_servo",
    ]
}
```

⑥ 测试。将核心板、底板、机器人板和舵机相连，编译应用模块，将固件烧写到开发板，复位开发板，观察舵机转动的角度，查看MobaXterm终端工具中的打印消息，如图6-101所示。

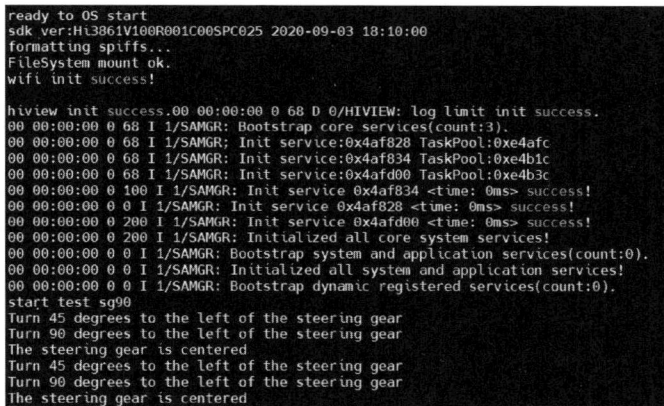

图6-101　舵机控制运行效果

6.4.1.5　案例3：GPIO输入控制-循迹模块

（1）所需硬件

本案例为循迹模块案例，需要智能小车开发套件中的底板、核心板、机器人板和红外反射传感器，其中底板、核心板和机器人板前面案例已介绍，不再赘述。

红外反射传感器实物图如图6-102所示，其主要部件如下：一个TCRT5000红外反射传感器；红外反射传感器信号接口，从左至右依次为GND、VCC、OUT。

红外反射传感器的检测反射距离为1～25mm。输出形式是数字开关量。

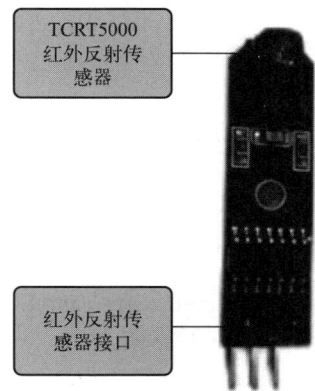

图6-102　红外反射传感器

（2）实现原理

循迹所采用的模块为红外反射传感器TCRT5000模块，传感器的红外发射二极管不断发射红外线：当发射出的红外线没有被反射回来或被反射回来但强度不够大时，此时模块输出端为低电平，指示二极管一直处于熄灭状态；当被检测物体出现在检测范围内时，红外线被反射回来且强度足够大，光敏三极管饱和，此时模块的输出端为高电平，指示二极管被点亮，原理如图6-103所示。

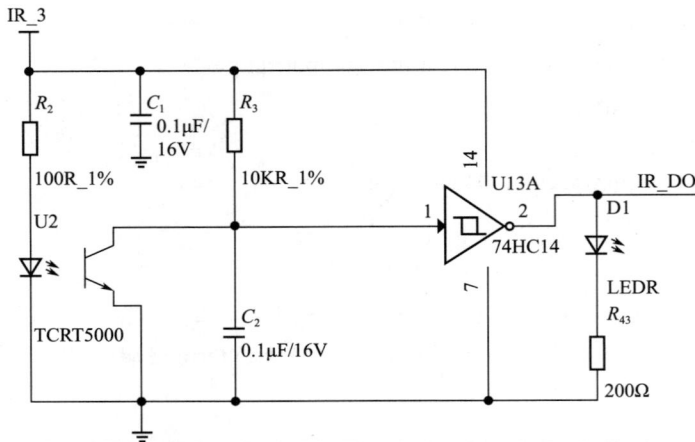

图6-103　红外反射传感器TCRT5000模块原理图

智能小车开发套件中有两个红外反射传感器，输出信号分别与主板的GPIO11和GPIO12相连，接线如图6-104所示。

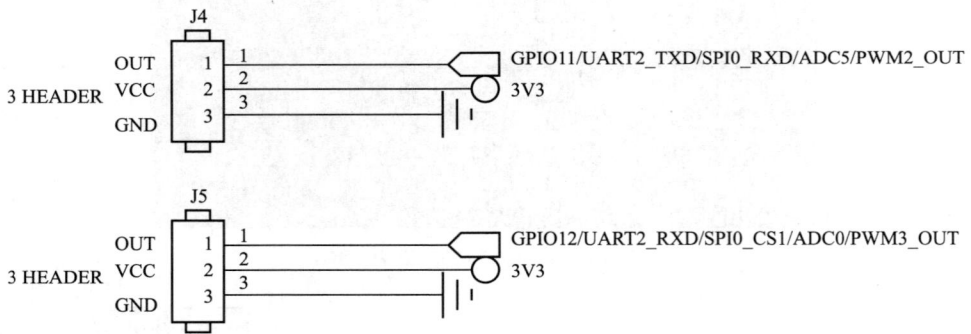

图6-104　红外反射传感器接线图

（3）开发步骤

① 在section_04中创建工程目录case3-trct5000。

② 在case3-trct5000中创建源码文件trct5000_demo.c。

③ 功能实现，代码如下：

```
//applications/sample/wifi-iot/app/ohos_play/section_04/case3-trct5000/trct5000_demo.c
#include <stdio.h>
#include <stdlib.h>
#include <memory.h>
```

```c
#include "ohos_init.h"
#include "cmsis_os2.h"
#include "iot_gpio.h"
#include "hi_io.h"
#include "hi_time.h"

//查阅机器人板原理图可知
//左边的红外传感器通过GPIO11与3861芯片连接
//右边的红外传感器通过GPIO12与3861芯片连接
#define GPIO11 11
#define GPIO12 12

//获取红外传感器输出的电平高低
void get_tcrt5000_value (void) {
    IotGpioValue id_status; //声明变量id_status

    IoTGpioGetInputVal(GPIO11, &id_status);//获取GPIO11引脚的输入电平值

    //如果GPIO11输入电平值是低电平,串口打印"left black",说明左边的红外传感
器识别到了黑色（此时传感器灯熄灭）
    if (id_status == IOT_GPIO_VALUE0) {
        printf("left black\r\n");
    }
    else
    {
        printf("left white\r\n");
    }

    IoTGpioGetInputVal(GPIO12, &id_status);//获取GPIO12引脚的输入电平值
    //如果GPIO12输入电平值是低电平,串口打印"right black",说明右边的红外传
感器识别到了黑色（此时传感器灯熄灭）
    if (id_status == IOT_GPIO_VALUE0) {
        printf("right black\r\n");
    }

else
    {
        printf("right white\r\n");
    }
```

```
}

void RobotTask(void) {

    printf("start test tcrt5000\r\n");

    //循环执行获取左右两个传感器值的任务,并且每次获取之间会等待2s
    while (1) {
        hi_sleep(2000);
        get_tcrt5000_value();
    }

}

static void RobotDemo(void)
{
    osThreadAttr_t attr;

    attr.name = "RobotTask";
    attr.attr_bits = 0U;
    attr.cb_mem = NULL;
    attr.cb_size = 0U;
    attr.stack_mem = NULL;
    attr.stack_size = 10240;
    attr.priority = osPriorityNormal;

    if (osThreadNew(RobotTask, NULL, &attr) == NULL) {
        printf("[RobotDemo] Falied to create RobotTask!\n");
    }
}

//使用OpenHarmony启动恢复模块接口APP_FEATURE_INIT()启动RobotDemo业务
APP_FEATURE_INIT(RobotDemo);
```

④ 在case3-trct5000中创建模块,构建脚本BUILD.gn并初始化模块,代码如下:

```
#//applications/sample/wifi-iot/app/ohos_play/section_04/case3-trct5000/BUILD.gn
static_library("sec_04_trct5000") {
    sources = [
        "trct5000_demo.c",
    ]
include_dirs = [
```

```
        "//utils/native/lite/include",
        "//kernel/liteos_m/kal/cmsis",
        "//base/iot_hardware/peripheral/interfaces/kits",
    ]
}
```

⑤ 将模块sec_04_trct5000配置到应用子系统，代码如下：

```
#//applications/sample/wifi-iot/app/BUILD.gn
import("//build/lite/config/component/lite_component.gni")
lite_component("app") {
    features = [
        "ohos_play/section_04/case3-trct5000:sec_04_trct5000",
    ]
}
```

⑥ 测试。将核心板、底板、机器人板和红外反射传感器相连，编译应用模块，将固件烧写到开发板，运行 MobaXterm 终端工具，以便与开发板相连，复位开发板，当循迹模块检测到白线和黑线时，观察 MobaXterm 终端工具中的打印信息，如图 6-105 所示。

6.4.1.6 案例4：GPIO输入输出控制 – 超声波测距

（1）所需硬件

本案例为超声波测距案例，需要智能小车开发套件中的底板、核心板、机器人板和超声波传感器，其中底板、核心板和机器人板前面案例已介绍，不再赘述。

超声波传感器实物如图6-106所示，其主要部件如下：超声波发射和接收模块；超声波传感器接口，从左至右依次为VCC、Trig、Echo、GND。

超声波传感器的主要参数：工作电压：直流5V；工作电流：15mA；运行频率：40kHz；最大范围：4m；最小范围：2cm；测距精度：3mm；测量角度：15°；触发输入信号：10μs TTL脉冲；尺寸：45mm×20mm×15mm。

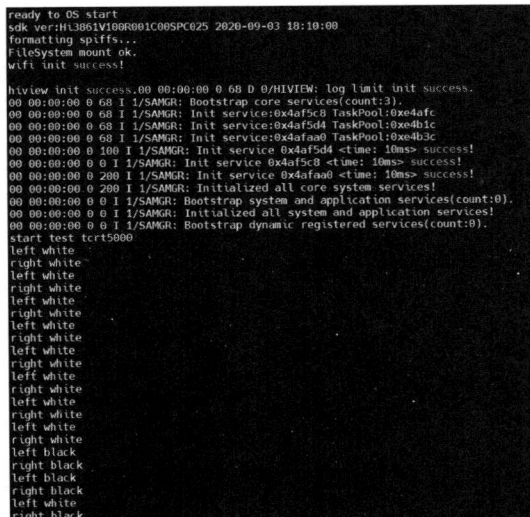

图6-105　红外反射传感器运行效果

图6-106　超声波传感器实物图

HC-SR04超声波距离传感器的核心是两个超声波传感器：一个用作发射器，将电信号转换为40kHz超声波脉冲；一个用作接收器，监听发射的脉冲。如果接收到它们，它将产生一个输出脉冲，其宽度可用于确定脉冲传播的距离。其工作原理采用I/O触发测距，给至少10μs的高电平信号，模块自动发送8个40kHz的方波，自动检测是否有信号返回，有信号返回，通过I/O输出一高电平，高电平持续的时间就是超声波从发射到返回的时间。超声波时序如图6-107所示。

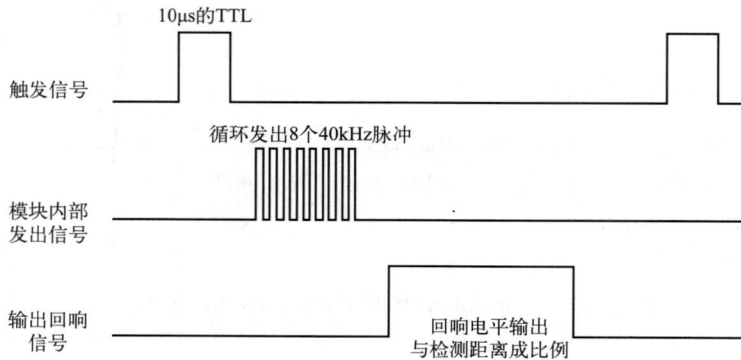

图6-107　超声波时序图

（2）实现原理

超声波传感器HC-SR04采用I/O口Trig触发测距，给至少10μs的高电平信号。自动发送8个40kHz的方波，自动检测是否有信号返回。如果有信号返回，则通过I/O口Echo输出一个高电平，高电平持续的时间就是超声波从发射到返回的时间。

测试距离计算公式为

$$h = \frac{vt}{2} \tag{6-1}$$

式中，h为测试距离；t为高电平时间；v为声速，取340m/s。

智能小车开发套件中超声波传感器与机器人板相连接，超声波传感器的Trig引脚连接到Hi3861V100的GPIO07，超声波传感器的Echo引脚连接到Hi3861V100的GPIO08，接线原理如图6-108所示。

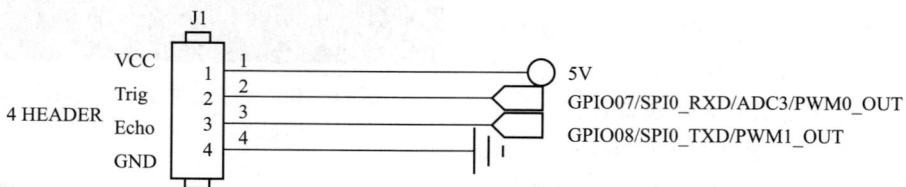

图6-108　超声波传感器的接线原理图

（3）开发步骤

① 在section_04中创建工程目录case4-ranging。

② 在case4-ranging中创建源码文件ranging_demo.c。

③ 功能实现，代码如下：

```
//applications/sample/wifi-iot/app/ohos_play/section_04/case4-ranging/ranging_demo.c
#include <stdio.h>
#include <stdlib.h>
```

```
#include <memory.h>

#include "ohos_init.h"
#include "cmsis_os2.h"
#include "iot_gpio.h"
#include "hi_io.h"
#include "hi_time.h"

//HC-SR04 超声波测距模块通过 GPIO7 和 GPIO8 连接到 3861
#define GPIO_8 8
#define GPIO_7 7

#define GPIO_FUNC 0

//测距功能实现
float GetDistance (void) {
    static unsigned long start_time = 0, time = 0;
    float distance = 0.0;
    IotGpioValue value = IOT_GPIO_VALUE0;
    unsigned int flag = 0;

    IoTWatchDogDisable();
    hi_io_set_func(GPIO_8, GPIO_FUNC);

    IoTGpioSetDir(GPIO_8, IOT_GPIO_DIR_IN);//GPIO_8 设置为输入引脚
    IoTGpioSetDir(GPIO_7, IOT_GPIO_DIR_OUT);//GPIO_7 设置为输出引脚

    //GPIO_7 输出一个脉冲触发信号到超声波测距模块
    IoTGpioSetOutputVal(GPIO_7, IOT_GPIO_VALUE1);
    hi_udelay(20);
    IoTGpioSetOutputVal(GPIO_7, IOT_GPIO_VALUE0);

    //超声波测距模块接收到 GPIO_7 输出的脉冲触发信号后,模块输出回响信号(高
电平)到 GPIO_8
    while (1) {
        IoTGpioGetInputVal(GPIO_8, &value);

        //测量回响信号(高电平)时间
        if ( value == IOT_GPIO_VALUE1 && flag == 0) {
            start_time = hi_get_us();
            flag = 1;
```

```
        }
        if (value == IOT_GPIO_VALUE0 && flag == 1) {
            time = hi_get_us() - start_time;
            start_time = 0;
            break;
        }


    }
    //距离=高电平时间×0.034 / 2
    distance = time * 0.034 / 2;
    return distance;
}

void RobotTask(void* parame) {
    (void)parame;
    printf("start test hcsr04\r\n");

    //重复执行测距功能,测量周期为200ms
    while(1) {
        float distance = GetDistance();
        printf("distance is %f\r\n", distance);
        osDelay(200);
    }
}

static void RobotDemo(void)
{
    osThreadAttr_t attr;

    attr.name = "RobotTask";
    attr.attr_bits = 0U;
    attr.cb_mem = NULL;
    attr.cb_size = 0U;
    attr.stack_mem = NULL;
    attr.stack_size = 10240;
    attr.priority = osPriorityNormal;

    if (osThreadNew(RobotTask, NULL, &attr) == NULL) {
        printf("[RobotDemo] Falied to create RobotTask!\n");
    }
}
```

```
//使用OpenHarmony启动恢复模块接口APP_FEATURE_INIT()启动RobotDemo
APP_FEATURE_INIT(RobotDemo);
```

④ 在case4-ranging中创建模块，构建脚本BUILD.gn并初始化模块，代码如下：

```
#//applications/sample/wifi-iot/app/ohos_play/section_04/case4-ranging/BUILD.gn
static_library("sec_04_ranging") {
    sources = [
        "ranging_demo.c",
    ]
    include_dirs = [
        "//utils/native/lite/include",

        "//kernel/liteos_m/kal/cmsis",
        "//base/iot_hardware/peripheral/interfaces/kits",
    ]
}
```

⑤ 将模块sec_04_ranging配置到应用子系统，代码如下：

```
#//applications/sample/wifi-iot/app/BUILD.gn
import("//build/lite/config/component/lite_component.gni")
lite_component("app") {
    features = [
        "ohos_play/section_04/case4-ranging:sec_04_ranging",
    ]
}
```

⑥ 测试。将核心板、底板、机器人板和超声波传感器相连，编译应用模块，将固件烧写到开发板，运行MobaXterm终端工具，以便与开发板相连，复位开发板，观察MobaXterm终端工具中的打印信息，如图6-109所示。

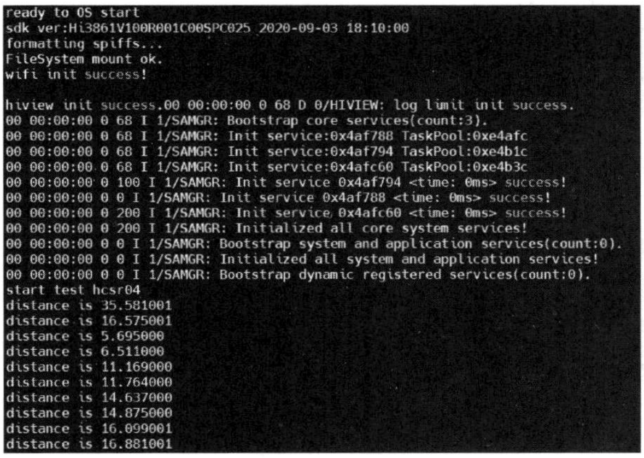

图6-109 超声波传感器运行效果

6.4.2　PWM输出控制

（1）PWM的含义

PWM的全称是pulse width modulation，即脉冲宽度调制，简称为脉宽调制。PWM是利用微处理器的数字输出对模拟电路进行控制的一种非常有效的技术。

（2）用数字电路控制模拟电路的原因

模拟电压和电流可以直接用来控制硬件，例如对汽车收音机的音量进行控制。在简单的模拟收音机中，音量旋钮被连接到一个可变电阻上。当拧动旋钮时，电阻值会变大或变小，流经这个电阻的电流也随之增加或减少，从而改变了驱动扬声器的电流值，使音量相应地变大或变小。与收音机一样，模拟电路的输出与输入呈线性比例。尽管模拟控制看起来可能直观而简单，但它并不总是非常经济或者可行的。其中的一个原因就是，模拟电路容易随时间发生漂移，因而变得难以调节。能够解决这个问题的精密模拟电路可能非常庞大并且昂贵，例如老式的家庭立体声设备。模拟电路还有可能严重发热，它的功耗和工作元件两端的电压与电流的乘积成正比。模拟电路还可能对噪声很敏感，任何扰动或噪声都会改变电流的大小，而通过数字电路控制模拟电路则可以大幅度地降低系统的成本和功耗。此外，许多微控制器和DSP（数字信号处理器）已经在芯片上包含了PWM控制器，这使数字电路控制的实现变得更加容易了。

（3）PWM基本原理

① 面积等效原理。首先介绍面积等效原理，这是PWM控制技术的重要基础理论。原理如下：当冲量相等而形状不同的窄脉冲加在具有惯性的环节上时，其效果基本相同，如图6-110所示。原理中提到的窄脉冲就是方波，冲量就是窄脉冲的面积，效果基本相同是指惯性环节的输出波形基本相同。当输入量发生突变时，输出量不能突变，只能按指数规律逐渐变化，这就是惯性环节。惯性环节一般包含一个储能元件和一个耗能元件。

数字信号只有高/低电平两种状态。在一段连续的时间内，让同一个引脚输出不同状态的高/低电平，就可以实现输出方波信号。

② 周期。如图6-111所示，这是一个由电池、开关和LED灯组成的电路。该电路使用开关控制LED灯亮一秒、灭一秒，并且一直循环。相当于由于开关的接通或断开，在这个电路中形成了一个方波信号。

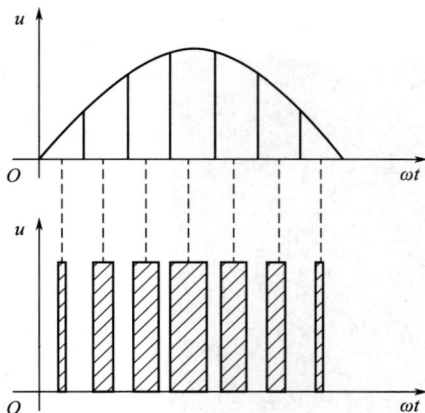

图6-110　面积等效原理

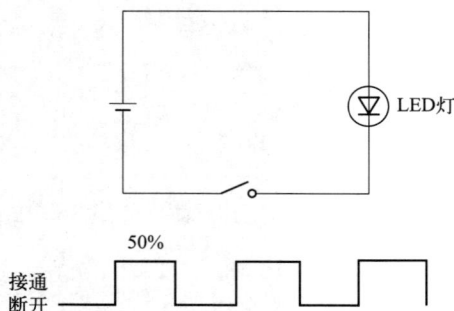

图6-111　周期

在一个周期内，LED灯有50%的时间处于亮的状态，有50%的时间处于灭的状态。周期指的是完成一次循环（亮+灭）的总时间。如果用ON表示亮，用OFF表示灭，那么：

$$周期=ON的时间+OFF的时间$$

以图6-111为例，它的周期就是1s+1s=2s。

③ 占空比。占空比（duty ratio）指的是亮的时间与周期的比值，即：

$$D = \frac{t_{ON}}{T} \times 100\% \tag{6-2}$$

式中，D为占空比；t_{ON}为亮的时间；T为周期。

以图6-111为例，它的占空比是50%。占空比分别为25%、50%、75%的情况如图6-112所示。

根据面积等效原理，无论什么形状的电压波形，只要脉冲面积与波形面积相同，产生的效果（平均输出电压）就是一样的。因此可以使用这些脉冲来代替波形，从而改变电路输出的电压的大小和频率。

因此，高占空比意味着脉冲面积大，电路输出的电压就高，导致LED灯非常明亮，低占空比意味着脉冲面积小，电路输出的电压就低，导致LED灯较为暗淡，如图6-113所示。

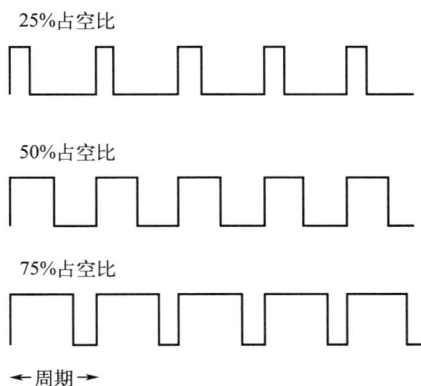

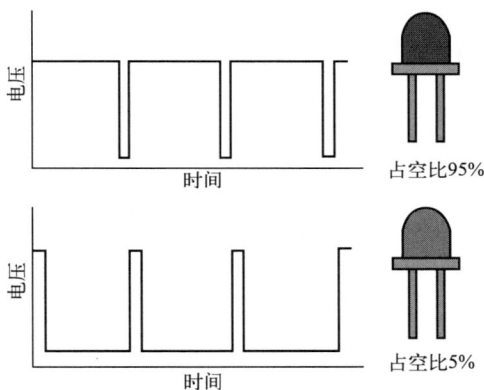

图6-112　占空比　　　图6-113　不同占空比导致LED灯亮度变化

LED灯的亮度（光亮）与频率无关，而与占空比成正比。频率为100Hz的方波和频率为200Hz的方波的占空比可以都是75%。所以，这两个方波驱动的LED灯的亮度是一样的。频率的作用是它影响着模拟电路输出的电压波形的平滑度，从而影响了亮度变化的平滑度。在由以非常低的频率产生的方波信号控制的LED灯中，可以感觉到LED灯的亮度变得卡顿。这在人看来是一种闪烁，而不是光强度的均匀变化。

总结一下，脉冲调制有两个重要的参数：第一个是输出频率，频率越高，模拟的效果越好；第二个是占空比，占空比改变输出模拟效果的电压大小，占空比越大，模拟电路输出的电压就越大。

（4）PWM的优势场景

PWM是一项伟大的技术，与模拟控制相比具有很多优势，在蜂鸣器驱动、电机驱动、逆变电路、加湿器雾化量控制、变速风扇控制器、混合动力和电动汽车电机驱动电路、LED调光器等领域有着大量的应用场景。

① PWM可降低功耗。例如，它降低了变频空调、变频冰箱、变频洗衣机等电器的功耗。

在某些情况下，变频空调的能耗不到非变频空调的一半。如果一个设备被宣传为具备变速压缩机或无级变速风扇功能，那么它很可能使用了PWM技术。

② PWM可延长负载寿命。例如，使用PWM控制灯的亮度，灯散发的热量将低于模拟控制所散发的热量，因为模拟控制会将电流转化为热量，因此传送到负载的功率较低，这可以延长负载的生命周期。如果使用较高的频率，则能够像模拟控制一样顺畅地控制光的亮度。

③ PWM可使电机具有低速高转矩的特点。例如，如果使用PWM控制转子，则转子能够以较低的速度运转。在使用模拟电路控制转子时，低转速情况下无法生成足够的转矩。微小电流生成的电磁场不足以转动转子。相比之下，PWM电路能够生成一个满能量的磁通短脉冲，足以支持转子低速转动。这也是电动汽车拥有低速高转矩的主要原因。

（5）Hi3861V100芯片的PWM引脚分布

Hi3861V100芯片的PWM模块不需要CPU主动控制，就可以输出连续的方波信号。在拥有PWM模块的芯片中，CPU只需要向PWM模块设定方波的一些参数，就可以实现在没有CPU控制的情况下，输出一定频率和占空比的连续方波信号。Hi3861V100芯片的PWM引脚分布如表6-1所示。

表6-1 Hi3861V100芯片的PWM引脚分布

引脚编号	默认功能	复用信号	引脚编号	默认功能	复用信号
2	GPIO-00	PWM3_OUT	20	GPIO-08	PWM1_OUT
3	GPIO-01	PWM4_OUT	27	GPIO-09	PWM0_OUT
4	GPIO-02	PWM2_OUT	28	GPIO-10	PWM1_OUT
5	GPIO-03	PWM5_OUT	29	GPIO-11	PWM2_OUT
6	GPIO-04	PWM1_OUT	30	GPIO-12	PWM3_OUT
17	GPIO-05	PWM2_OUT	31	GPIO-13	PWM4_OUT
18	GPIO-06	PWM3_OUT	32	GPIO-14	PWM5_OUT
19	GPIO-07	PWM0_OUT			

（6）案例5：PWM输出控制－电机驱动

① 所需硬件。本案例为电机驱动案例，需要智能小车开发套件中的底板、核心板、机器人板和电机，其中底板、核心板和机器人板前面案例已介绍，不再赘述。

a. 电机。所用驱动电机为tt直流减速电机，电机实物如图6-114所示。

电机的电源线连接到机器人板的电机接口，电机接口下面是电机驱动芯片L9110S，机器人板实物如图6-115所示。

图6-114 电机实物图

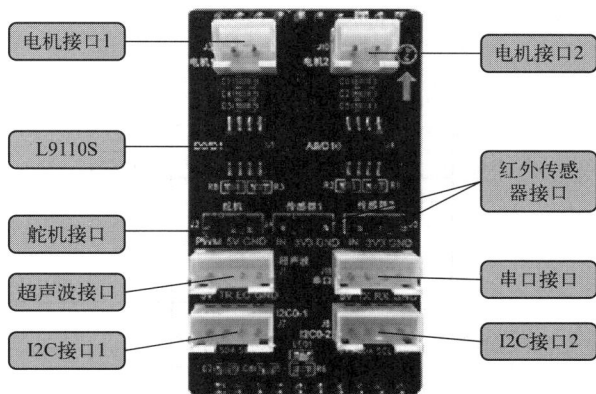

图 6-115　机器人板实物图中的 L9110S

b.电机驱动芯片 L9110S。电机驱动采用 L9110S 芯片。L9110S 是一块直流电机驱动电路，该产品为电池供电的玩具、低压或电池供电的控制应用提供了一种集成直流电机驱动的解决方案。电路内部集成了采用 MOS 管设计的 H 桥驱动电路，主要应用于驱动通用直流电机。

L9110S 的主要特点为：内置功率管实现电机桥式驱动；待机电流低；CMOS 工艺实现；典型电压值为 5V；驱动能力 VDD1=VDD2=4.5V，输出电流可达 400mA；通用直流电机驱动；可驱动 800mA 电机；封装形式为 SOP8、DFN8。

L9110S 的引脚分布如图 6-116 所示。

L9110S 的引脚定义如表 6-2 所示。

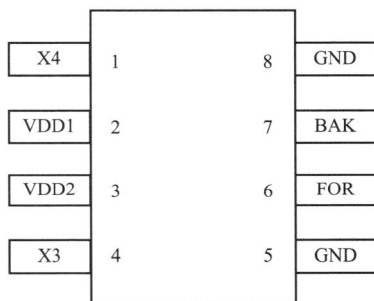

图 6-116　L9110S 的引脚图

表6-2　L9110S 的引脚定义

引脚	符号	功能	引脚	符号	功能
1	X4	正转输出	5	GND	接地端
2	VDD1	功率电源	6	FOR	正转逻辑输入
3	VDD2	逻辑电源	7	BAK	反转逻辑输入
4	X3	反转输出	8	GND	接地端

BAK、FOR 为电机转向控制脚，X3、X4 为电机输出驱动脚，通过 BAK、FOR 输入脚的电平控制实现转向控制功能，电机转向控制逻辑真值表如表 6-3 所示。

表6-3　电机转向控制逻辑真值表

BAK	FOR	X3	X4	功能
0	0	Z	Z	待机
0	1	0	1	正转
1	0	1	0	反转
1	1	0	0	刹车

电机转向控制逻辑波形示意如图6-117所示。

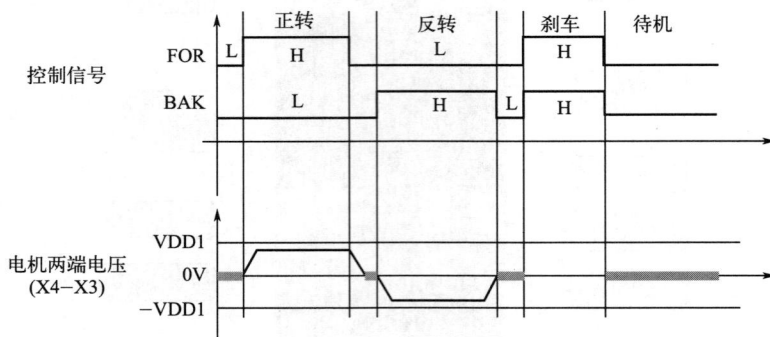

图6-117　电机转向控制逻辑波形示意图

② 实现原理。电机驱动控制电路的原理如图6-118所示。其中电机驱动器的IA引脚连接到Hi3861V100的GPIO_00上，IB引脚连接到Hi3861V100的GPIO_01上。本案例根据电机驱动控制电路图和控制芯片原理，电机驱动实现为对IB/IA引脚拉高，其中一根引脚进行PWM输出，以此来控制电机转动。转动方向与电机所在位置有关。案例中，拉高IB，IA输出PWM，小车后退，拉高IA，IB输出PWM，小车前进。

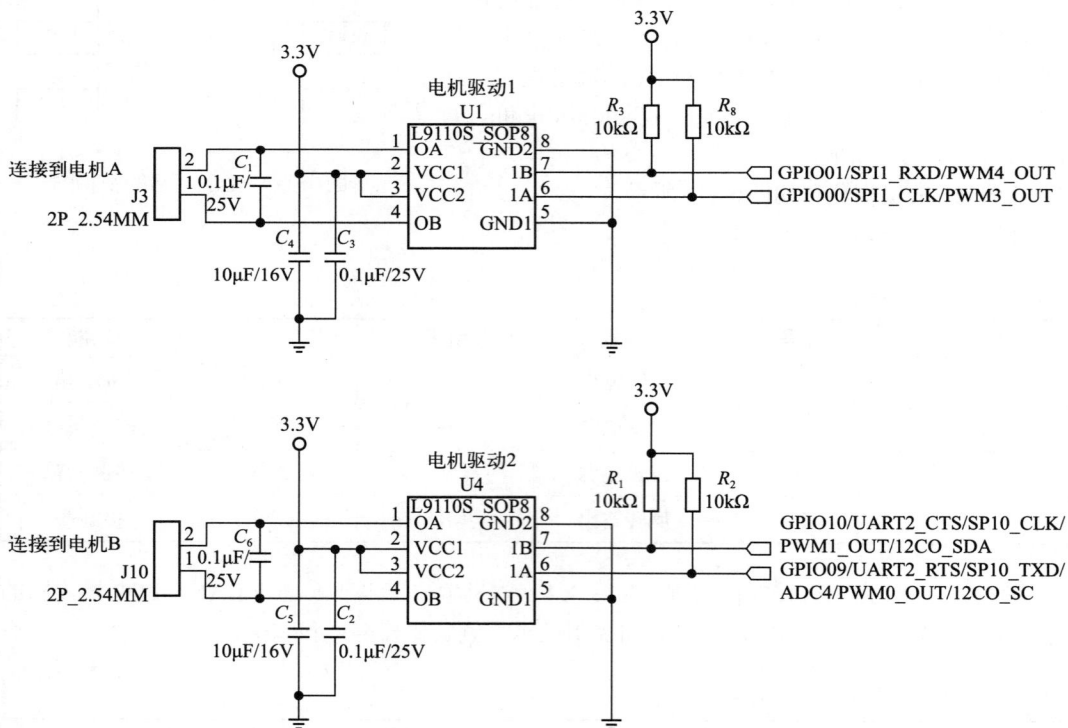

图6-118　电机驱动原理图

③ 开发步骤。

a. 在 //device/hisilicon/hispark_pegasus/sdk_liteos/build/config/usr_config.mk 文件中开启PWM。打开 //device/hisilicon/hispark_pegasus/sdk_liteos/build/config/usr_config.mk 文件。在

usr_config.mk 文件中找到#CONFIG_PWM_SUPPORT is not set 和#CONFIG_PWM_HOLD_
AFTER_REBOOT is not set。在语句下面插入两条语句，开启PWM，代码如下：

```
#//device/hisilicon/hispark pegasus/sdkliteos/build/config/usr_config.mk
CONFIG_PWM_SUPPORT=Y
CONFIG_PWM_HOLD_AFTER_REBOOT=Y
```

b. 在section_04 中创建工程目录case5-motor。

c. 在case5-motor 中创建源码文件motor_demo.c。

d. 功能实现，代码如下：

```
//applications/sample/wifi-iot/app/ohos_play/section_04/case5-motor/motor_demo.c
#include <stdio.h>              // 标准输入输出
#include "ohos_init.h"          // 用于初始化服务(services)和功能(features)
#include "cmsis_os2.h"          // CMSIS-RTOS API V2
#include "hi_types_base.h"
#include "iot_gpio.h"           // OpenHarmony HAL API：IoT 硬件设备操作接口-GPIO
#include "hi_io.h"              // 海思 Pegasus SDK：IoT 硬件设备操作接口-IO
#include "iot_pwm.h"            // OpenHarmony HAL API：IoT 硬件设备操作接口-PWM
#include "hi_pwm.h"

#define GPIO0 0
#define GPIO1 1
#define GPIO9 9
#define GPIO10 10
#define GPIOFUNC 0

void gpio_control (unsigned int  gpio, IotGpioValue value) {
    hi_io_set_func(gpio, GPIOFUNC);
    IoTGpioSetDir(gpio, IOT_GPIO_DIR_OUT);
    IoTGpioSetOutputVal(gpio, value);
}

void pwm_control(hi_io_name name,hi_u8 func,hi_pwm_port port,hi_u16 duty){
    hi_io_set_func(name,func);
    IoTPwmInit(port);
    hi_pwm_set_clock(PWM_CLK_160M);  //hi_pwm.h 中有定义工作时钟 160M
    IoTPwmStart(port, duty, 4000);  //PWM signal duty cycle = duty/freq Frequency =
Clock source frequency/freq
}

//小车前进-快
```

```
    void car_forward_fast(void){
        gpio_control(GPIO0, IOT_GPIO_VALUE1);
        pwm_control(HI_IO_NAME_GPIO_1, HI_IO_FUNC_GPIO_1_PWM4_OUT, HI_
PWM_PORT_PWM4, 1);
        gpio_control(GPIO9, IOT_GPIO_VALUE1);
        pwm_control(HI_IO_NAME_GPIO_10, HI_IO_FUNC_GPIO_10_PWM1_OUT, HI_
PWM_PORT_PWM1, 1);
    }

    //小车前进-慢
    void car_forward_slow(void){
        gpio_control(GPIO0, IOT_GPIO_VALUE1);
        pwm_control(HI_IO_NAME_GPIO_1, HI_IO_FUNC_GPIO_1_PWM4_OUT, HI_
PWM_PORT_PWM4, 15);
        gpio_control(GPIO9, IOT_GPIO_VALUE1);
        pwm_control(HI_IO_NAME_GPIO_10, HI_IO_FUNC_GPIO_10_PWM1_OUT, HI_
PWM_PORT_PWM1, 15);
    }

    //小车右转
    void car_turn_right(void){
        gpio_control(GPIO0, IOT_GPIO_VALUE1);
        pwm_control(HI_IO_NAME_GPIO_1, HI_IO_FUNC_GPIO_1_PWM4_OUT, HI_
PWM_PORT_PWM4, 1);
        gpio_control(GPIO9, IOT_GPIO_VALUE1);
        pwm_control(HI_IO_NAME_GPIO_10, HI_IO_FUNC_GPIO_10_PWM1_OUT, HI_
PWM_PORT_PWM1, 15);
    }
    //小车左转
    void car_turn_left(void){
        gpio_control(GPIO0, IOT_GPIO_VALUE1);
        pwm_control(HI_IO_NAME_GPIO_1, HI_IO_FUNC_GPIO_1_PWM4_OUT, HI_
PWM_PORT_PWM4, 15);
        gpio_control(GPIO9, IOT_GPIO_VALUE1);
        pwm_control(HI_IO_NAME_GPIO_10, HI_IO_FUNC_GPIO_10_PWM1_OUT, HI_
PWM_PORT_PWM1, 1);
    }
    //小车停止
    void car_stop(void) {
        gpio_control(GPIO0, IOT_GPIO_VALUE1);
        gpio_control(GPIO1, IOT_GPIO_VALUE1);
```

```
        gpio_control(GPIO9, IOT_GPIO_VALUE1);
        gpio_control(GPIO10, IOT_GPIO_VALUE1);
}


// 主线程函数
static void PwmMotTask(void *arg)
{
        (void)arg;
        printf("start test l9110s\r\n");
        car_forward_fast();
        osDelay(200);
        car_forward_slow();
        osDelay(200);
        car_turn_right();
        osDelay(200);
        car_turn_left();
        osDelay(200);

        car_stop();
        osDelay(200);
}


// 入口函数
static void PwmMotEntry(void)
{
        // 定义线程属性
        osThreadAttr_t attr;
        attr.name = "PwmMotTask";
        attr.attr_bits = 0U;
        attr.cb_mem = NULL;
        attr.cb_size = 0U;
        attr.stack_mem = NULL;
        attr.stack_size = 10240;
        attr.priority = osPriorityNormal;
        // 创建线程
        if (osThreadNew(PwmMotTask, NULL, &attr) == NULL)
        {
                printf("[PwmMotExample] Falied to create PwmMotTask!\n");
        }
}
```

```
// 运行入口函数
APP_FEATURE_INIT(PwmMotEntry);
```

e. 在case5-motor中创建模块，构建脚本BUILD.gn并初始化模块，代码如下：

```
#//applications/sample/wifi-iot/app/ohos_play/section_04/case5-motor/BUILD.gn
static_library("sec_04_motor") {
    sources = [
        "motor_demo.c",
    ]
    include_dirs = [
        "//utils/native/lite/include",
        "//kernel/liteos_m/kal/cmsis",
        "//base/iot_hardware/peripheral/interfaces/kits",
        "//device/hisilicon/hispark_pegasus/sdk_liteos/include",
    ]
}
```

f. 将模块sec_04_motor配置到应用子系统，代码如下：

```
#//applications/sample/wifi-iot/app/BUILD.gn
import("//build/lite/config/component/lite_component.gni")
lite_component("app") {
    features = [
        "ohos_play/section_04/case5-motor:sec_04_motor",
    ]
}
```

g. 测试。将直流电机与直流电机驱动板相连，将电机驱动板插到底板上，将核心板插到底板上，编译应用模块，将固件烧写到开发板，复位开发板，观察电机的运行效果。

6.4.3　OLED显示屏的驱动和控制

（1）OLED简介

OLED的全称是organic light-emitting diode，即有机发光二极管。OLED是一种电流型的有机发光器件，有机半导体材料和发光材料在电场的驱动下通过载流子的注入和复合而导致其发光。OLED的发光强度与注入的电流成正比。

OLED有自发光、视角广、厚度薄、对比度高、清晰度高、构造简单、响应速度快、柔性好、使用温度范围广等特点。

OLED的应用领域十分广泛：在商业领域中，OLED可用于POS机、复印机、ATM机、广告屏等；在消费类电子产品领域中，OLED应用得最广泛的是智能手机，其次是笔记本、显示屏、电视、平板、数码相机、VR设备等；在交通领域中，OLED主要用于轮船和飞机的仪表、GPS、可视电话、车载显示屏等；在工业领域中，OLED可用于工控系统的显示屏、触控屏等；在医疗领域中，OLED可用于医学诊断影像、手术监控屏幕等。

（2）OLED显示屏板介绍

OLED显示屏板实物如图6-119所示，其主要部件如下：一个0.96英寸（约2.44cm）的OLED显示屏、一颗SSD1306显示屏驱动芯片（在OLED显示屏下面）、两个按键。

① 0.96英寸OLED显示屏。这块显示屏的屏幕分辨率为128px×64px。其在横向上分布着128个像素（px），在纵向上分布着64个像素，总计8192个像素。在显色方面，它能够显示黑、白两色。它的可视角度大于160°，而功耗则低至0.06W。它可以显示文字、图形，实现简单的用户界面交互。

② SSD1306显示屏驱动芯片。该驱动芯片采用I^2C接口，连接到了Hi3861V100芯片的I^2C0总线上，也就是31号和32号引脚上。在I^2C0总线上，SSD1306显示屏驱动芯片的设备地址是0x78。

③ 两个按键。OLED显示屏的底部有两个按键，分别被标记为"按键1"和"按键2"，可通过编程检测按键是否被按下。

图6-119　OLED显示屏板

（3）OLED的初始化

① 通信方式。SSD1306显示屏驱动芯片使用字节流命令方式进行通信。每个命令包括1个字节的命令代码和可能存在的N个字节的参数。在发送命令的时候，主设备发送相应命令的字节流给SSD1306显示屏驱动芯片。

② 常用命令。控制SSD1306显示屏驱动芯片的命令有很多，常用命令如表6-4所示。

表6-4　SSD1306显示屏驱动芯片的常用命令

代码（十六进制）	命令	说明
81+xx	设置对比度	两个字节的命令，xx的范围为0～255，值越大，对比度越高
A4/A5	开启/关闭整体显示	A4：将显存内容输出到屏幕。 A5：输出时忽略显存内容
A6/A7	设置正常/反色显示	A6：正常显示。0对应像素熄灭，1对应像素亮起。 A7：反色显示。0对应像素亮起，1对应像素熄灭
AE/AF	设置显示开/关	AE：显示关闭（睡眠模式，默认状态）。 AF：显示开启（正常模式）
B0～B7	在页寻址模式时，设置页面起始地址	设置GDDRAM页面起始地址(PAGE0～PAGE7)
00～0F	在页寻址模式时，设置列地址的低4位	列地址范围为0～127，即0x00～0x7f
10～1F	在页寻址模式时，设置列地址的高4位	列地址的高4位需要和0x10进行按位或操作

页寻址模式中，以其中两个命令为例，具体说明一下命令的功能和使用方法。

a.设置对比度。这是两个字节的命令，其中有1个字节的参数。参数值越大，对比度越高。命令格式如表6-5所示，将命令代码和参数按顺序发出即可。

表6-5 设置对比度命令

命令代码	参数
0x81	0x**

b.设置正常/反色显示。这是1个字节的命令。命令代码0xA6表示正常显示，也就是0对应像素熄灭，1对应像素亮起，如图6-120所示。

命令代码0xA7表示反色显示，也就是0对应像素亮起，1对应像素熄灭，如图6-121所示。

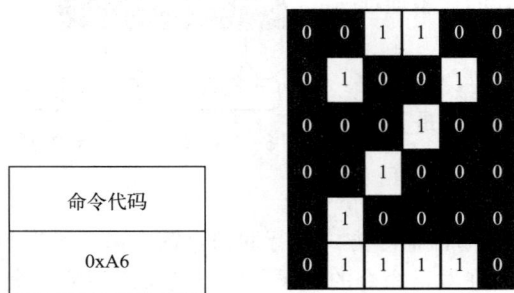

图6-120 设置正常显示

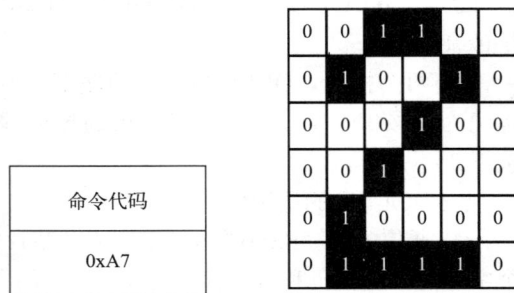

图6-121 设置反色显示

③ 初始化SSD1306显示屏驱动芯片。初始化的本质是向SSD1306显示屏驱动芯片发送一系列与设置有关的命令。详细代码请查阅SSD1306显示屏驱动芯片技术手册。

SSD1306显示屏驱动芯片的典型初始化代码如下。把这些初始化代码以字节流的方式依次发出即可，一次发出一个字节。由于初始化代码很多，只介绍其中的一部分（中文注释部分），其他英文注释部分不再详细讲解，请自行查阅技术手册。

```
1.0xAE, //显示关闭
2.0x00, //在页寻址模式时，设置列地址的低4位为0000
3.0x10, //在页寻址模式时，设置列地址的高4位为0000
4.0x40, //设置起始行地址为第0行
5.0xB0, //在页寻址模式时，设置页面起始地址为PAGE0
6.0x81, //设置对比度
7.0xFF, //对比度数值
8.0xA1, //set segment remap
9.0xA6, //设置正常显示。0对应像素熄灭，1对应像素亮起
10.0xA8, //--set multiplex ratio(1 to 64)
11.0x3F, //--1/32 duty
12.0xc8, //com scan direction
13.0xD3, //-set display offset
14.0x00, //
```

```
15.0xd5, //set osc division
16.0x80, //
17.0xD8, // set area color mode off
18.0x05, //
19.0xD9, // Set Pre-Charge Period
20.0xF1, //
21.0xDA, // set com pin configuartion
22.0x12, //
23.0xDB, //set Vcomh
24.0x30, //
25.0x8D, //set charge pump enable
26.0x14, //
27.0xAF, //显示开启
```

（4）案例6：OLED显示西文字符

① 所需硬件。本案例为OLED显示西文字符案例，需要智能小车开发套件中的底板、核心板、OLED显示屏，其中底板、核心板、机器人板和OLED显示屏前面案例已介绍，不再赘述。

② 实现原理。

a.点阵字体。在屏幕上绘制ASCII字符需要用到点阵字体。点阵字体也叫位图字体，它的每个字形都用一组二维像素信息来表示。通俗地说，就是每个字的形状都用一张表来表示，表中的每个单元格都是一个像素，如图6-122所示的"123"。

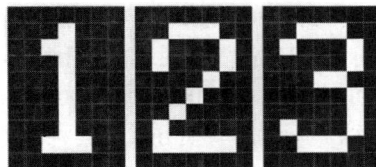

图6-122　点阵字体

智能小车开发套件的OLED显示屏默认只能显示黑白两色，因此下面介绍两色点阵字体的制作方法。

把每个字符的轮廓（形状）分解成M×N个点，每个点用0或1来表示字符的轮廓。有笔画的地方用1表示，而没有笔画的地方用0表示。这样就得到了一张表，表中的每个单元格都是一个二进制位，代表一个像素。当OLED显示屏正在显示的时候，0对应像素熄灭，1对应像素亮起。于是，就得到了如图6-123所示的一个亮起的文字"2"。

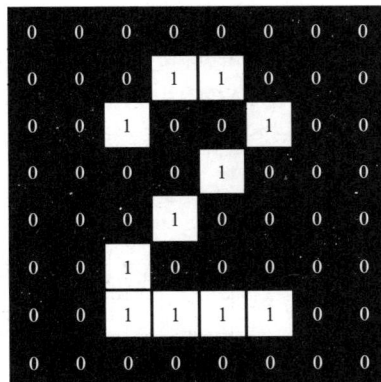

图6-123　两色点阵字体

位是计算机处理信息的最小单位，而计算机处理信息的基本单位是字节，所以可以按特定顺序将数据转化为字节，并且存储起来。这个新建表格并存储下来的过程就叫"取模"。

b.取模方式。表格是二维结构，所以取模有两个方向：横向和纵向，以图6-124为例介绍。

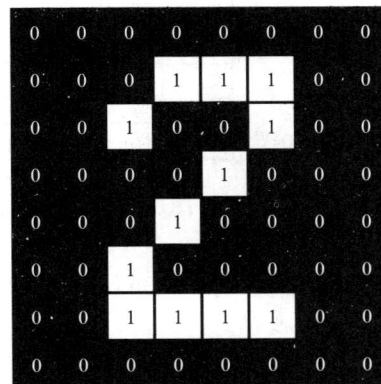

图6-124　取模方式

横向：横向指的是按行取模。也就是从上到下先取第一行，再取第二行，然后取第三行一直到最后一行。具体分为两种方式。

第一种方式是，每行8个像素组成一个字节，左侧的像素数据是字节的最高位，这叫"横向8点左高位"。图6-124所示的"2"按照横向8点左高位的取模方式，生成的数据依次为00000000、00011100……

第二种方式是，每行8个像素组成一个字节，右侧的像素数据是字节的最高位，这叫"横向8点右高位"。图6-124所示的"2"按照横向8点右高位的取模方式，生成的数据依次为00000000、00111000……

纵向：纵向指的是按列取模。也就是从左到右先取第一列，再取第二列，然后取第三列，直到最后一列。具体也分为两种方式。

第一种方式是，每列8个像素组成一个字节，上侧的像素数据是字节的最高位，这叫"纵向8点上高位"。图6-124所示的"2"，按照纵向8点上高位的取模方式，生成的数据依次为00000000、00000000、00100110……

第二种方式是，每列8个像素组成一个字节，下侧的像素数据是字节的最高位，这叫"纵向8点下高位"。图6-124所示的"2"，按照纵向8点下高位的取模方式，生成的数据依次为00000000、00000000、01100100……

综上所述，取模方式有四种：横向8点左高位、横向8点右高位、纵向8点上高位和纵向8点下高位。不管采用哪一种取模方式，得到的都是一个字节的序列。它可以用数组来表示，也可以持久化地存储起来。

c.适合SSD1306显示屏驱动芯片的最佳取模方式。SSD1306显示屏驱动芯片的显存一共分为8个PAGE（页），自上而下分别是PAGE0～PAGE7。每个PAGE有128列。在页寻址模式下，在一个PAGE中数据按列写入，如图6-125所示。从列0开始，一次写入一列，直到列127。每列一个字节，其二进制位的顺序为低位在上、高位在下。

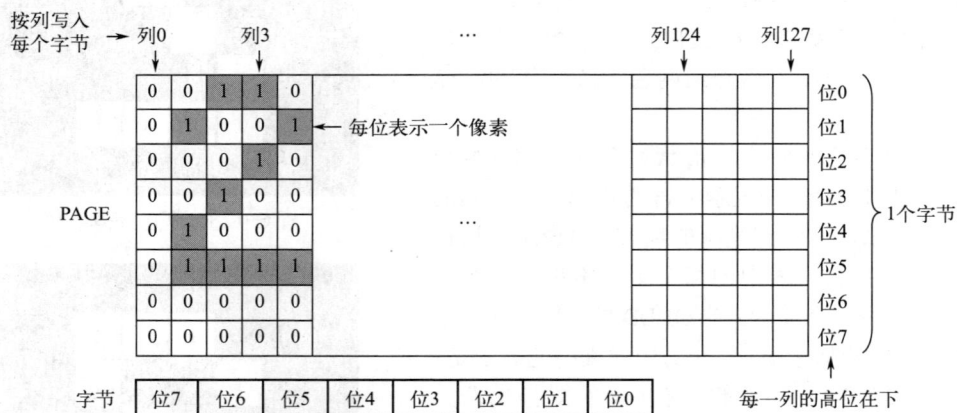

图6-125 适合SSD1306显示屏驱动芯片的最佳取模方式

因此，适合SSD1306显示屏驱动芯片的最佳取模方式为纵向8点下高位。这样可以让写入逻辑清晰易懂。

【问题】在纵向8点下高位的取模方式下，如字符轮廓超过了8行怎么办？

【解答】使用"分页取模"就可以了。分页方式与显存的分页方式保持一致，如图6-126所示。取模顺序从PAGE0开始，按纵向8点下高位的方式取模，取完一个PAGE再取下一个PAGE，到PAGE7为止。

d.数据存储。取模得到的字节序列可以用一维数组或二维数组来表示。数组的维度影响着数组的遍历方式。

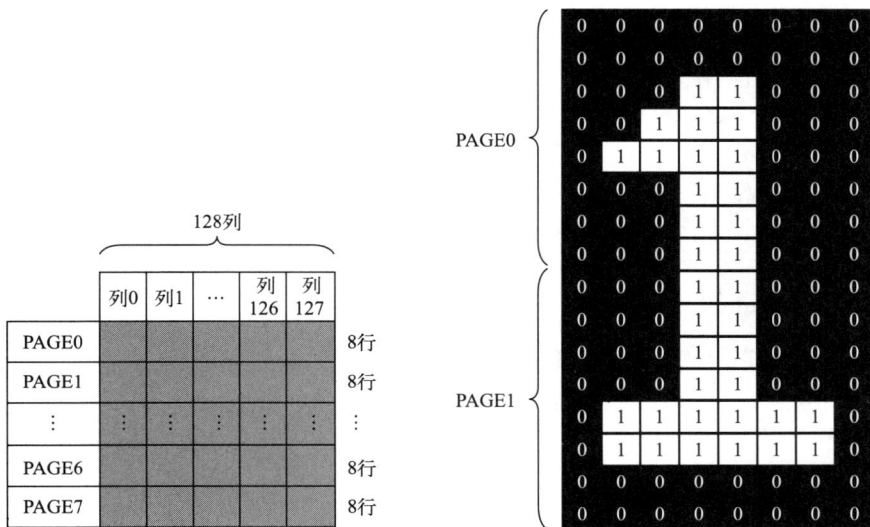

图6-126　显存的分页方式

e.字体显示。在显示字符的时候，依序遍历数组，然后按字节发送即可。如果字符轮廓超过了行，就要分页发送。

以图6-126所示的"1"为例，首先定位写入位置PAGE0，发送字符轮廓的上半部分，然后重新定位写入位置PAGE1，再发送字符轮廓的下半部分。

当把ASCII码表中的所有可打印字符都取模存储起来时，就得到了点阵字体集合，也就是西文字库。字符的轮廓和大小不同，就会生成不同的字库（非矢量字库），字符的轮廓就是字体，大小就是字号。有了西文字库，就可以在OLED显示屏上显示西文字符了。

③ 开发步骤。

a.在 //device/hisilicon/hispark_pegasus/sdk_liteos/ build/config/usr_config.mk 文件中开启I2C。

b.在section_04中创建工程目录case6-display。

c.在case6-display中加载驱动文件oled_fonts.h、oled_ssd1306.c、oled_ssd1306.h，如图6-127所示。

図6-127　加载驱动文件

d.在case6-display中创建源码文件display_demo.c。

e.功能实现，代码如下：

//applications/sample/wifi-iot/app/ohos_play/section_04/case6-display/display_demo.c

```c
#include <stdio.h>              // 标准输入输出
#include <unistd.h>             // POSIX 标准接口

#include "ohos_init.h"          // 用于初始化服务(services)和功能(features)
#include "cmsis_os2.h"          // CMSIS-RTOS API V2

#include "iot_gpio.h"           // OpenHarmony HAL: IoT 硬件设备操作接口-GPIO
#include "hi_io.h"              // 海思 Pegasus SDK: IoT 硬件设备操作接口-IO
#include "hi_adc.h"             // 海思 Pegasus SDK: IoT 硬件设备操作接口-ADC

// OLED 显示屏简化版驱动接口
#include "oled_ssd1306.h"

// 定义一个宏, 用于标识 ADC2 通道
#define ANALOG_KEY_CHAN_NAME HI_ADC_CHANNEL_2

// 将 ADC 值转换为电压值
static float ConvertToVoltage(unsigned short data)
{
    return (float)data * 1.8 * 4 / 4096;
}
// 主线程函数
static void OledTask(void *arg)
{
    (void)arg;

    // 初始化 SSD1306 显示屏驱动芯片
    OledInit();

    // 全屏填充黑色
    OledFillScreen(0x00);

    // 显示字符串 OpenHarmony
    OledShowString(20, 3, "OpenHarmony", FONT8x16);   // 居中

    // 等待 3s
    sleep(3);
    // 依次显示 3 屏内容
    for (int i = 0; i < 3; i++) {
        // 全屏填充黑色
        OledFillScreen(0x00);
```

```
        // 显示8行ABCDEFGHIJKLMNOP
        for (int y = 0; y < 8; y++) {
                static const char text[] = "ABCDEFGHIJKLMNOP"; // QRSTUVWXYZ
                OledShowString(0, y, text, FONT6x8);
        }
        // 等待1s
        sleep(1);
    }

    // 全屏填充黑色
    OledFillScreen(0x00);

    // 工作循环
    while (1) {
        // 要显示的字符串
        static char text[128] = {0};
        // 用于存放ADC2通道的值
        unsigned short data = 0;
        // 读取ADC2通道的值
            hi_adc_read(ANALOG_KEY_CHAN_NAME, &data, HI_ADC_EQU_
MODEL_4, HI_ADC_CUR_BAIS_DEFAULT, 0);
        // 转换为电压值
        float voltage = ConvertToVoltage(data);
        // 格式化字符串
        snprintf(text, sizeof(text), "voltage: %.3f!", voltage);
        // 显示字符串
        OledShowString(0, 1, text, FONT6x8);
        // 等待30ms
        usleep(30*1000);
    }
}

// 入口函数
static void OledDemo(void)
{
    // 定义线程属性
    osThreadAttr_t attr;
    attr.name = "OledTask";
    attr.attr_bits = 0U;
    attr.cb_mem = NULL;
    attr.cb_size = 0U;
```

```
        attr.stack_mem = NULL;
        attr.stack_size = 4096;
        attr.priority = osPriorityNormal;

        // 创建线程
        if (osThreadNew(OledTask, NULL, &attr) == NULL) {
            printf("[OledDemo] Falied to create OledTask!\n");
        }
    }

    // 运行入口函数
    APP_FEATURE_INIT(OledDemo);
```

f. 在 case6-display 中创建模块，构建脚本 BUILD.gn 并初始化模块，代码如下：

```
#//applications/sample/wifi-iot/app/ohos_play/section_04/case6-display/BUILD.gn
static_library("sec_04_display") {
    sources = [
        "display_demo.c",
        "oled_ssd1306.c",
    ]
    include_dirs = [
        "//utils/native/lite/include",
        "//kernel/liteos_m/kal",
        "//base/iot_hardware/peripheral/interfaces/kits",
    ]
}
```

g. 将模块 sec_04_display 配置到应用子系统，代码如下：

```
#//applications/sample/wifi-iot/app/BUILD.gn
import("//build/lite/config/component/lite_component.gni")
lite_component("app") {
    features = [
        "ohos_play/section_04/case6-display:sec_04_display",
    ]
}
```

h. 测试。将 LCD 显示屏插到底板上，将主控板插到底板上，编译应用模块，将固件写到开发板，复位开发板，观察 OLED 显示屏上显示的信息，如图 6-128 所示。

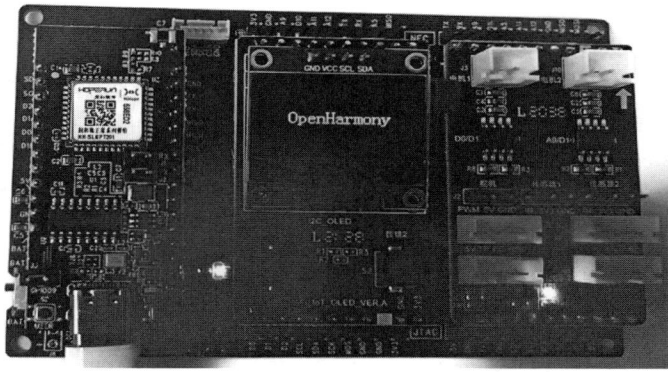

图 6-128　显示案例的运行效果

习题

6-1　目前 OpenHarmony 主要有几种系统类型？典型设备分别有哪些？

6-2　简单介绍一下 OpenHarmony 技术架构。

6-3　OpenHarmony 技术特性是什么？

6-4　OpenHarmony 支持根据什么来实现组件弹性部署？

6-5　OpenHarmony 的开发环境包括哪些？分别用来做什么？

6-6　GPIO 接口的功能包括哪些？

6-7　机器人板具有智能车的电机驱动功能和丰富的外设接口。外设接口包括哪些？

6-8　HC-SR04 超声波距离传感器的核心是两个超声波传感器，它们的作用是什么？

第 **7** 章

智能制造与工业AI

导读

　　本章着重探讨智能制造与工业AI，先是阐述二者融合产生的影响。在技术层面，智能制造依托的工业物联网、大数据等技术与工业AI的机器学习、计算机视觉等技术相互配合，共同推动工业生产从传统模式向智能化转变。在实际应用方面，介绍了其在生产计划安排、产品质量把控、设备故障预测与维护，以及供应链各环节管理上的具体应用情况，展现出提升生产效率、降低成本、增强企业竞争力等优势。同时，也指出在发展中面临的数据相关问题，如数据质量参差不齐、安全保障有困难，人才方面存在的复合型人才匮乏、组织架构不适配等情况，还有行业标准与法规不完善带来的困扰。针对这些，说明了通过构建数据治理体系、加强人才培养与组织变革、完善行业标准法规等一系列应对策略。最后，对智能制造与工业AI未来在与更多新兴技术融合、拓展应用至更多行业领域，以及在产业升级、可持续发展等多领域发挥重要作用进行了展望。

本章知识点

- 智能制造相关技术与工业AI技术介绍
- 智能制造相关技术与工业AI技术的实际应用与分析
- 面临的挑战与应对策略
- 未来发展趋势

7.1　智能制造与工业AI：开启工业新纪元

　　在当今科技飞速发展的时代，智能制造正以前所未有的速度重塑着工业领域。智能制造，不仅仅是传统制造业的升级，更是一场融合了先进技术、创新理念和高效管理的产业革命，而工业AI作为这场革命的核心驱动力，正为工业带来前所未有的智能化变革。

　　智能制造旨在通过数字化、网络化和智能化技术，实现生产过程的自动化、柔性化和智能化，提高生产效率、产品质量和企业竞争力。工业AI则是将人工智能技术应用于工业领域，通过机器学习、深度学习、计算机视觉、自然语言处理等技术，实现对工业数据的智能分析和决策，提高工业生产的智能化水平。

7.1.1　智能制造

　　智能制造是一种基于先进信息技术、自动化技术和智能化技术的新型制造模式。它将传统的制造过程与现代信息技术深度融合，实现生产过程的自动化、智能化、柔性化和高效化。

　　智能制造的内涵丰富，涵盖了从产品设计、生产制造、物流配送、售后服务等全生命周期的各个环节：通过数字化技术，实现产品设计的虚拟化和协同化；通过自动化技术，实现生产过程的无人化和高效化；通过智能化技术，实现生产过程的自适应、自优化和自决策。

（1）智能制造的关键技术

① 工业物联网。工业物联网是智能制造的基础技术之一。它通过传感器、射频识别等技术，实现设备、产品和人员之间的互联互通，为智能制造提供实时的数据支持。工业物联网可以实现设备状态监测、生产过程监控、质量检测等功能，提高生产效率和产品质量。

② 大数据与数据分析。大数据技术在智能制造中发挥着重要作用。它通过对生产过程中产生的大量数据进行采集、存储和分析，可以挖掘出潜在的生产规律和质量问题，为生产决策提供数据支持。数据分析技术可以实现数据的可视化、预测分析、优化决策等功能，提高生产效率和产品质量。

③ 人工智能与机器学习。人工智能和机器学习技术是智能制造的核心技术之一。它通过对生产过程中的数据进行学习和训练，可以建立起智能化的生产模型和决策系统，实现生产过程的自适应、自优化和自决策。人工智能和机器学习技术可以实现设备故障预测、生产过程优化、质量检测等功能，提高生产效率和产品质量。

④ 机器人与自动化技术。机器人和自动化技术是智能制造的重要技术之一。它通过机器人和自动化设备的应用，可以实现生产过程的无人化和高效化。机器人和自动化技术可以实现物料搬运、加工装配、质量检测等功能，提高生产效率和产品质量。

（2）智能制造的典型应用领域

① 汽车制造。汽车制造是智能制造的重要应用领域之一。它通过智能制造技术，可以实现汽车生产过程的自动化、智能化和柔性化，提高生产效率和产品质量，例如：通过工业物联网技术，可以实现汽车生产线的设备状态监测和生产过程监控，提高生产效率和产品质量；通过人工智能和机器学习技术，可以实现汽车故障预测和维修决策，提高售后服务水平。

② 电子制造。电子制造是智能制造的重要应用领域之一。它通过智能制造技术，可以实现电子产品生产过程的自动化、智能化和柔性化，提高生产效率和产品质量，例如：通过工业物联网技术，可以实现电子产品生产线的设备状态监测和生产过程监控，提高生产效率和产品质量；通过大数据与数据分析技术，可以实现电子产品质量检测和故障分析，提高产品质量和可靠性。

③ 机械制造。机械制造是智能制造的传统应用领域之一。它通过智能制造技术，可以实现机械产品生产过程的自动化、智能化和柔性化，提高生产效率和产品质量，例如：通过机器人与自动化技术，可以实现机械加工过程的无人化和高效化，提高生产效率和产品质量；通过人工智能和机器学习技术，可以实现机械产品的故障预测和维修决策，提高售后服务水平。

（3）智能制造的优势与挑战

① 优势。

a.提高生产效率：智能制造可以实现生产过程的自动化、智能化和柔性化，减少人工干预，提高生产效率。

b.提高产品质量：智能制造可以实现生产过程的精准控制和质量检测，提高产品质量和可靠性。

c.降低成本：智能制造可以实现生产过程的优化和资源的合理配置，降低生产成本。

d.提高企业竞争力：智能制造可以提高企业的生产效率、产品质量和创新能力，增强企业的竞争力。

② 挑战。

a.技术难题：智能制造涉及众多先进技术，如工业物联网、大数据、人工智能、机器人等，这些技术的研发和应用还存在一些难题。

b.人才短缺：智能制造需要大量的高素质人才，如数据科学家、算法工程师、机器人工程师等，目前这些人才还比较短缺。

c.安全风险：智能制造涉及大量的数据和设备，这些数据和设备的安全风险也比较高，需要加强安全防护。

（4）智能制造的未来发展趋势

① 智能化程度不断提高。随着人工智能、机器学习等技术的不断发展，智能制造的智能化程度将不断提高。未来，智能制造将实现更加智能化的生产决策、设备控制和质量检测，提高生产效率和产品质量。

② 融合创新不断加速。智能制造将与其他先进技术不断融合创新，如物联网、大数据、云计算、区块链等。未来，这些技术的融合将为智能制造带来更加智能化、高效化和安全化的解决方案。

③ 产业生态不断完善。随着智能制造的不断发展，产业生态将不断完善。未来，将形成以智能制造为核心的产业生态体系，包括硬件设备供应商、软件开发商、系统集成商、服务提供商等，为智能制造提供全方位的支持和服务。

7.1.2　工业 AI

工业 AI 是指将人工智能技术应用于工业生产的各个环节，包括设计、生产、物流、质量控制、设备维护等。通过对工业数据的采集、分析和挖掘，工业 AI 能够实现智能决策、自主控制和优化生产过程，从而提高工业生产的效率和质量。

（1）工业 AI 的特点

① 数据驱动：工业 AI 依赖于大量的工业数据，通过对数据的分析和挖掘，实现对生产过程的智能控制和优化。

② 实时性：工业生产过程需要实时响应和决策，工业 AI 能够快速处理大量数据，并在短时间内作出准确的决策。

③ 自适应性：工业生产环境复杂多变，工业 AI 能够根据生产环境的变化自动调整算法和模型，实现自适应控制和优化。

④ 可靠性：工业生产对系统的可靠性要求极高，工业 AI 经过严格的测试和验证，能够保证在复杂工业环境下的稳定运行。

（2）工业 AI 的关键技术

① 机器学习。机器学习是工业 AI 的核心技术之一。它通过对大量数据的学习，建立预测模型和决策模型，实现对工业生产过程的智能控制和优化。例如，在设备故障预测中，机器学习算法可以通过对设备运行数据的分析，提前预测设备故障的发生，从而实现预防性维护，降低设备故障率和维修成本。

② 深度学习。深度学习是一种基于人工神经网络的机器学习技术。它具有强大的特征提取和模式识别能力，在图像识别、语音识别、自然语言处理等领域取得了巨大的成功。在工业领域，深度学习可以应用于产品质量检测、设备故障诊断、生产过程优化等方面。例如，在产品质量检测中，深度学习算法可以通过对产品图像的分析，自动识别产品表面的缺陷和

瑕疵，提高产品质量检测的效率和准确性。

③ 计算机视觉。计算机视觉是一门研究如何使计算机"看"懂图像和视频的科学技术。在工业领域，计算机视觉可以应用于产品质量检测、机器人导航、安全监控等方面。例如，在产品质量检测中，计算机视觉系统可以通过对产品图像的分析，自动检测产品表面的缺陷和瑕疵，提高产品质量检测的效率和准确性。

④ 自然语言处理。自然语言处理是一门研究如何使计算机理解和处理人类语言的科学技术。在工业领域，自然语言处理可以应用于智能客服、设备故障诊断、生产过程优化等方面。例如，在智能客服中，自然语言处理系统可以通过对用户问题的理解和分析，自动回答用户的问题，提高客户服务的效率和质量。

（3）工业 AI 的应用领域

① 智能制造。工业 AI 可以应用于智能制造的各个环节，包括智能设计、智能生产、智能物流、智能质量控制等，例如：在智能生产中，工业 AI 可以通过对生产过程的实时监控和优化，提高生产效率和产品质量；在智能物流中，工业 AI 可以通过对物流数据的分析和优化，提高物流效率和降低物流成本。

② 智能设备维护。工业 AI 可以通过对设备运行数据的分析和预测，实现设备的智能维护和故障诊断。例如，在设备故障诊断中，工业 AI 可以通过对设备运行数据的分析，提前预测设备故障的发生，从而实现预防性维护，降低设备故障率和维修成本。

③ 智能能源管理。工业 AI 可以应用于智能能源管理，通过对能源数据的分析和优化，提高能源利用效率和降低能源成本。例如，在智能能源管理中，工业 AI 可以通过对能源消耗数据的分析，优化能源分配和使用策略，提高能源利用效率。

④ 智能供应链管理。工业 AI 可以应用于智能供应链管理，通过对供应链数据的分析和优化，提高供应链效率和降低供应链成本。例如，在智能供应链管理中，工业 AI 可以通过对供应链数据的分析，优化库存管理和物流配送策略，提高供应链效率。

（4）工业 AI 的发展趋势

① 融合创新。工业 AI 将与其他先进技术融合创新，如物联网、大数据、云计算、区块链等，共同推动工业向智能化、可持续化方向发展，例如：工业 AI 与物联网技术的融合，可以实现设备的互联互通和数据的实时采集；工业 AI 与大数据技术的融合，可以实现对海量工业数据的分析和挖掘；工业 AI 与云计算技术的融合，可以实现资源的共享和协同计算；工业 AI 与区块链技术的融合，可以实现数据的安全存储和可信共享。

② 智能化程度不断提高。随着人工智能技术的不断发展，工业 AI 的智能化程度将不断提高。未来，工业 AI 将实现更加智能化的决策和控制，为工业生产带来更高的效率和质量，例如：在设备故障诊断中，工业 AI 将实现更加准确的故障预测和诊断，提高设备的可靠性和可用性；在生产过程优化中，工业 AI 将实现更加精准的优化控制，提高生产效率和产品质量。

③ 应用领域不断拓展。随着工业 AI 技术的不断成熟和应用案例的不断增加，工业 AI 的应用领域将不断拓展。未来，工业 AI 将应用于更多的工业领域和行业，为工业生产带来更多的机遇和挑战。例如，在医疗、交通、能源等领域，工业 AI 将发挥越来越重要的作用。

7.1.3 智能制造与工业 AI：携手共创工业未来

智能制造涵盖了产品设计、生产制造、物流配送、售后服务等全生命周期的各个环节。在这个过程中，产生了大量的数据，如生产设备运行数据、产品质量检测数据、供应链管理数据等。这些数据为工业AI提供了丰富的应用场景，使得工业AI能够通过对这些数据的分析和挖掘，实现智能决策、自主控制和优化生产过程。

工业AI作为一种先进的技术手段，能够为智能制造提供强大的支持。通过机器学习、深度学习、计算机视觉、自然语言处理等技术，工业AI可以实现对工业数据的智能分析和决策，提高生产效率、产品质量和企业竞争力，例如：在设备故障预测中，工业AI可以通过对设备运行数据的分析，提前预测设备故障的发生，从而实现预防性维护，降低设备故障率和维修成本；在产品质量检测中，工业AI可以通过对产品图像的分析，自动识别产品表面的缺陷和瑕疵，提高产品质量检测的效率和准确性。

在当代制造业的进阶之路上，智能制造与工业AI的融合成为关键驱动力，深度重塑着生产的内核机理，促使生产流程朝着自动化、智能化及柔性化稳步迈进。这一转型的显著成效之一，便是人工干预的大幅削减，以及生产效率的可观提升。

就生产现场而言，工业机器人与自动化生产线的广泛部署，发挥着变革性效能。它们如同精密运转的齿轮组，契合无间，使得生产过程逐步趋近无人化理想状态，在汽车制造、电子器件生产等众多领域，原本依赖大量人力、耗时冗长的工序，如今在自动化设备的高效运作下，生产节奏显著加快，产能得以迅猛攀升，达成高效化生产目标。

与之相辅相成的是工业AI所承载的智能调度及优化算法体系。此系统是生产中枢的"智慧大脑"，凭借对复杂生产数据的实时解析与深度洞察，精准把控原材料供应、设备工况，以及订单交付进度等关键信息，进而精确运筹生产资源，确保各类生产要素在恰当的时空节点各安其位，各尽其能。当面临订单激增、产品品类切换等动态生产情境时，算法能够迅速响应，灵活且精准地重新规划生产任务分配方案，保障生产线始终维持高效运行态势，持续推动生产效率迈向新台阶。

聚焦产品质量管控维度，工业AI依托其强大的数据实时监测与分析能力，构筑起坚实的质量保障壁垒，达成对产品品质的精准把控。

置身于现代化的质量检测环节，工业AI技术大放异彩。在面对机械零部件、精密电子产品等各类产品时，它能够整合产品图像、运行声音、工作温度等多源数据，运用先进的数据分析模型，快速且精准地甄别产品表面乃至内部隐匿的缺陷与瑕疵，相较传统人工质检方式，检测效率呈指数级跃升，准确率亦达到前所未有的高度，有效规避了人为疏忽导致的误判风险，为高品质产品输出筑牢根基。

回溯至生产流程内部，工业AI持续深耕生产工艺参数的优化工作。在制药、半导体芯片制造等对工艺稳定性要求严苛的行业中，借助实时采集的海量生产数据，工业AI系统可敏锐捕捉工艺参数的细微波动，及时反馈并自动驱动设备精准调校，确保生产全程关键参数始终稳定在最佳区间，从而使产品在成分纯度、性能指标，以及外观尺寸等多方面保持高度一致性与稳定性，全方位提升产品质量层级。

审视企业运营成本架构，智能制造与工业AI的深度嵌入，从多重维度助力成本削减，彰显卓越经济效益。

从人力成本视角剖析，自动化生产线及工业机器人的规模化应用，掀起生产模式革新浪潮，促使企业人力需求锐减。传统劳动密集型生产场景中，大量重复性手工劳作被智能设备取而代之，不仅削减了一线生产人员数量，连带降低了人员招聘、培训、薪酬福利，以及劳动管理等系列关联成本，企业财务报表中的人力成本项得以显著优化。

聚焦资源与能源利用范畴，工业AI的智能优化算法发挥核心效能：在原材料供应环节，算法依据精准的生产计划、实时库存动态及市场波动预测，精细规划采购策略，实现原材料的精准适配与零库存积压目标；生产过程中，通过对设备运行效能、任务优先级的智能研判，确保设备满负荷高效运转，杜绝闲置浪费；在能源管理板块，深度挖掘能源消耗数据价值，精准定位高耗能环节，结合生产排班与设备启停策略，巧妙利用峰谷电价差异，实现能源分配与使用的最优解，全方位压低生产成本，为企业盈利空间拓展奠定坚实基础。

智能制造与工业 AI 的未来前景：

（1）智能化程度不断提高

随着人工智能技术的不断发展，智能制造与工业 AI 的智能化程度将不断提高。未来，工业 AI 将实现更加智能化的决策和控制，为智能制造提供更加精准的支持，例如：在设备故障预测中，工业 AI 将实现更加准确的故障预测和诊断，提高设备的可靠性和可用性；在生产过程优化中，工业 AI 将实现更加精准的优化控制，提高生产效率和产品质量。

（2）融合创新不断加速

智能制造与工业 AI 将与其他先进技术不断融合创新，如物联网、大数据、云计算、区块链等。未来，这些技术的融合将为智能制造与工业 AI 带来更加智能化、高效化和安全化的解决方案，例如：工业 AI 与物联网技术的融合，可以实现设备的互联互通和数据的实时采集；工业 AI 与大数据技术的融合，可以实现对海量工业数据的分析和挖掘；工业 AI 与云计算技术的融合，可以实现资源的共享和协同计算；工业 AI 与区块链技术的融合，可以实现数据的安全存储和可信共享。

（3）应用领域不断拓展

随着智能制造与工业 AI 技术的不断成熟和应用案例的不断增加，它们的应用领域将不断拓展。未来，智能制造与工业 AI 将应用于更多的工业领域和行业，如医疗、交通、能源等，例如：在医疗领域，智能制造与工业 AI 可以应用于医疗器械的生产和医疗服务的提供；在交通领域，智能制造与工业 AI 可以应用于智能交通系统的建设和交通设备的制造；在能源领域，智能制造与工业 AI 可以应用于智能电网的建设和能源设备的制造。

智能制造与工业 AI 相互依存、相辅相成，为制造业呈上一份涵盖生产效率进阶、产品质量跃升以及成本结构优化的综合竞争力提升蓝图，在当今制造业等工业领域发挥着重大的作用，它们的结合为工业领域带来了深刻的变革。未来，随着人工智能技术的不断发展和应用领域的不断拓展，智能制造与工业 AI 的智能化程度将不断提高，融合创新将不断加速，应用领域将不断拓展，应紧紧把握这一技术融合趋势，持续深耕智能制造与工业 AI 应用实践，深度挖掘其潜在效能，迭代升级自身生产运营体系，为工业领域的发展带来更加广阔的前景。

7.2　工业 AI 的核心技术

7.2.1　机器学习

机器学习本质上是让计算机系统从数据中自动学习规律和模式，进而作出预测或决策的技术领域。它基于数学和统计学原理，通过算法构建模型，这个模型可以理解为一种能够对输入数据进行处理并输出期望结果的"映射关系"。

在工业 AI 场景下，机器学习算法首先要面对海量且类型多样的工业数据，比如来自生产线上各类传感器的实时监测数据（温度、压力、振动等物理量数据）、产品质检的图像和文本描述数据、设备运行状态的日志数据等。这些数据就像是原材料，为机器学习模型的学习和成长提供养分。

常见的机器学习算法包括监督学习、无监督学习和强化学习三大类：监督学习基于带有标记的数据进行学习，例如已知设备正常运行和出现故障时的不同状态数据标记，模型就能学习到区分两者的特征规律，用于后续故障诊断；无监督学习则处理未标记的数据，挖掘数据中的隐藏结构和相似性，如对生产流程中不同时段的数据进行聚类分析，发现潜在的生产模式差异；强化学习侧重于让智能体在与环境交互过程中，依据奖惩机制来学习最优的行为策略，比如机器人在工业环境中通过不断试错获取奖励反馈，以学习到最优的物料搬运路径。

机器学习在智能制造中的应用包括如下内容。

（1）数据驱动决策方面

机器学习在数据驱动决策中扮演着关键角色。工业环境下会产生海量且繁杂的数据，机器学习先是通过严谨的数据收集，从各类传感器、设备，以及业务系统汇聚不同维度的数据，再进行全面的数据预处理，保障数据质量以供后续分析。随后运用特征工程提炼关键特征，为模型搭建夯实基础。基于此，选择适配的机器学习算法训练模型，并不断优化其性能，最终形成可用于实践的决策工具。例如，它能依据过往生产数据预测设备的运行状态变化趋势、产品质量波动情况等，助力企业提前布局，科学制订生产计划、调整运营策略，让决策不再依赖经验判断，而是基于精准的数据洞察，有效提升整体决策的科学性与合理性，推动工业生产更有序高效地开展。

（2）质量控制与优化方面

在质量控制与优化领域，机器学习展现出强大的应用价值。对于产品质量检测而言，它能处理产品图像、声音、振动等多样化的数据，运用先进算法精准识别产品表面或内部隐藏的各类缺陷、瑕疵，如电子元件生产中对微小焊点质量的快速判定等，极大提高了检测效率与准确性。同时，机器学习深入挖掘生产过程数据，锁定影响产品质量的关键因素，进而对生产工艺参数进行优化调整，例如在化工生产里优化反应条件来提升产品收率与质量。并且还能辅助质量追溯工作，通过回溯分析生产全流程数据，精准定位质量问题根源，方便企业及时采取改进措施，全方位保障产品质量的稳定与提升，增强企业在市场中的质量竞争力。

（3）设备维护与管理方面

机器学习在设备维护与管理方面发挥着不可或缺的作用。借助传感器采集设备运行时的多类数据，如温度、振动、电流等，机器学习算法能够实时监测设备的运行状态，敏锐捕捉异常情况。依据设备过往的运行历史与故障记录，它可以构建精准的故障诊断模型，提前预测设备可能出现的故障类型及具体的发生时间，例如预测电机故障，让维护人员能未雨绸缪。在此基础上，进一步优化设备的维护策略，实现从传统的事后维修、定期维护向预防性维护和预测性维护转变，合理安排维护时间与具体维护内容，在降低维护成本的同时，显著提高设备的可靠性和可用性，保障工业生产的连续性，减少因设备故障带来的损失和生产延误。

（4）智能生产与调度方面

机器学习有力地推动了智能生产与调度的实现。在生产计划与调度上，它综合考量市场需求、企业自身生产能力，以及设备实时状态等诸多因素，通过建立相应模型并运用算法优化生产计划的安排与调度方案，有效减少生产等待时间和设备闲置时间，提高生产效率及资源的整体利用率，确保生产流程紧凑且高效运转。在智能物流与供应链管理中，机器学习分析订单、库存、运输等数据，精准预测市场需求和库存水平，进而优化物流路径，合理安排采购与生产计划，降低库存成本并减少缺货风险，提升供应链的协同性与响应速度。而且它还能与机器人技术结合，实现人机协作与自动化生产，比如指导机器人依据工人操作习惯配合工作，提高生产效率的同时保障操作安全性，全方位提升工业生产的智能化水平。

7.2.2 深度学习

深度学习是机器学习的一个分支领域，它通过构建具有多个层次的人工神经网络模型来模拟人脑神经元的信息处理机制，实现对复杂数据模式的深度挖掘与学习。这些神经网络由大量相互连接的节点（神经元）组成，数据从输入层进入，依次经过隐藏层的层层运算，最终在输出层得到结果。

与传统机器学习算法相比，深度学习最大的优势在于能够自动学习数据的多层次抽象表示，无需人工精心设计复杂的特征工程。例如，在工业图像识别中，它可以直接从原始像素数据中学习到不同缺陷的特征模式，而不像传统方法需手动提取诸如边缘、纹理等特征。深度学习模型基于反向传播算法来调整神经元之间连接的权重，通过大量数据的迭代训练，不断降低预测误差，逐渐掌握数据内在规律。常见的深度学习架构包括多层感知机（MLP）、卷积神经网络（CNN）、循环神经网络（RNN）及其变体[如长短期记忆网络（LSTM）等]，每种架构适用于不同类型的工业数据处理任务。

深度学习在智能制造中的应用包括如下内容。

（1）复杂质量检测与分拣

深度学习在工业质检领域成果斐然：在精密电子制造中，CNN模型深度剖析微芯片多层电路图像，精准找出纳米级线路短路、开路及材料杂质瑕疵；在汽车零部件生产中，能全方位扫描铸件、冲压件的三维外形与内部结构，不放过任何细微裂缝或结构缺陷，相较传统检测手段，大幅提升检测精度与速度，实现自动化次品分拣，严守产品质量关卡，降低次品流出风险，为高端制造筑牢根基。

（2）精准设备故障诊断与预测性维护

持续采集设备多源运行数据，深度学习模型化身智能"设备医生"。融合振动频谱、温度曲线、油液成分变化等时序数据，LSTM网络捕捉设备性能衰退的微妙迹象，提前数周甚至数月精准预测关键部件故障，如预测大型风机的轴承磨损、电机绕组绝缘老化等故障，变革传统的事后维修为预防性维护体制，削减突发停机时长，节约维修成本，提升设备全生命周期利用率，保障生产线平稳运行。

（3）智能生产调度与优化

深度学习赋能工业生产调度，综合剖析订单紧急程度、设备实时产能、原材料库存动态及人力排班状况，构建端到端的生产流程优化模型。借助强化学习原理，模型在模拟生产环境反复"试错"，学习最优任务分配与工序衔接策略，动态调整生产线节奏，削峰填谷平衡设备负载，减少生产瓶颈与闲置浪费，加速订单交付，增强企业对市场需求的快速响应柔性，在多变的订单潮汐中稳保生产效能。

（4）供应链智能预测与风险管理

深挖供应链海量历史数据，包含销售订单、物流配送时长、原材料价格波动等信息，深度学习预测模型登场。它基于时间序列预测与多变量回归技术融合，精确预估产品市场需求走势，指导原材料采购计划。它模拟不同地缘政治、自然灾害情境下供应链脆弱节点，评估风险冲击，辅助企业提前布局应急方案，从源头优化库存管理，确保供应链韧性，在全球市场动荡中维系成本、交付与服务水准的精妙平衡。

7.2.3　计算机视觉

计算机视觉旨在赋予机器"看懂"周围世界的能力，是一门融合了图像处理、模式识别、人工智能等多领域知识的前沿技术。其核心在于通过摄像头、传感器等设备采集视觉数据，随后利用一系列复杂算法解析图像或视频中的信息，模拟人类视觉系统的感知与认知过程。

在底层技术层面，图像获取是起始环节，工业场景中的高清摄像头、3D深度相机、红外热成像仪等各类光学设备各司其职，精准捕捉产品外观、设备运行状态、生产环境等丰富视觉素材，确保数据的全面性与准确性。图像预处理紧接着登场，针对采集过程中产生的噪声、光照不均、几何畸变等问题，运用滤波、灰度变换、图像校正等手段净化数据，为后续分析筑牢根基。

特征提取是关键步骤，传统方法依赖人工设计的特征描述子，如边缘检测算子、角点特征等，定位图像关键元素，而深度学习时代下，卷积神经网络（CNN）成为主流，自动学习层次化的图像特征，从低层次的纹理、线条，到高层次的物体轮廓、结构，层层抽象，深度挖掘图像语义信息。以经典的 AlexNet、VGGNet 到 ResNet 等架构为例，它们凭借独特的卷积层、池化层组合，不断精炼特征表达，让机器对图像的理解更为深刻。

目标检测与识别模块则基于提取的特征，运用分类算法判别图像元素所属类别，借助定位算法确定目标位置与范围。从早期基于滑动窗口的穷举式搜索搭配简单分类器，到如今基于区域提议网络（RPN）的两阶段检测方法（如 Faster R-CNN），以及无需提议区域、端到端训练的单阶段检测器（如 YOLO、SSD），目标检测精度与速度不断突破，实现工业场景中复杂工件、设备部件的快速精准定位识别。

图像分割进一步细化理解粒度，语义分割为图像的每个像素赋予类别标签，实例分割则在语义基础上区分同类物体的不同个体，助力工业缺陷分析深入到微观层面，如区分产品表面不同类型的微小瑕疵，为精细化质量管控提供支撑。

计算机视觉在智能制造中的应用包括以下内容。

（1）产品质量检测：严守质量关卡

在制造业品质管控一线，计算机视觉是一丝不苟的"质检员"。电子产品生产线上，高分辨率相机配合精密算法，瞬间扫描电路板上数以千计的焊点，精准揪出虚焊、漏焊、桥接等细微缺陷，其检测速度可达每秒数十帧，远超人工目检效率，且杜绝主观疲劳误判。在精密机械加工领域，计算机视觉系统全方位审视零部件表面粗糙度、尺寸精度，毫米级甚至微米级偏差无处遁形，实时比对设计标准，次品即刻分流，保障成品合格率，为高端制造品牌信誉保驾护航。

（2）设备运行监控：护航生产稳定

在工业设备运维"战场"，计算机视觉化身为洞察秋毫的"哨兵"。通过持续分析设备关键部位的图像或视频流，实时监测设备振动形态、部件磨损状况、物料流动状态等关键指标。例如，在大型旋转设备如风力发电机、工业汽轮机周边部署视觉监测装置，基于图像序列分析转子轴心轨迹、叶片状态，一旦发现异常振动、叶片裂纹或外物缠绕等隐患，立即触发预警，提前数小时乃至数天预判故障，无缝衔接预防性维护，将突发停机损失降至最低，维持生产线平稳运转。

（3）生产流程优化：提升效能引擎

置身复杂生产流程之中，计算机视觉担当智能"调度员"与"优化师"。在物流仓储环节，视觉引导机器人精准识别货箱位置、形状与标签信息，实现高速分拣与智能搬运，优化仓库空间利用率与货物周转效率。在装配流水线上，计算机视觉实时追踪零部件供给、装配进度，协调机器人与工人协同作业，确保工序衔接紧凑无误，减少生产停滞。结合深度学习的时空分析能力，还能回溯生产流程视频，挖掘工序耗时瓶颈、动作冗余环节，为工艺流程再造提供数据驱动革新方案，全方位激发生产潜能。

（4）人机协作安全：筑牢安全屏障

在人机共融的工业环境里，计算机视觉是守护安全的"隐形卫士"。利用深度相机、多目视觉系统构建三维空间感知网络，实时监测人员位置、动作姿态，以及与工业机器人、重型设备间的距离关系。一旦察觉人机碰撞风险，如工人不慎闯入机器人作业区、设备启动时周边人员未处于安全范围等，迅速制动设备、发出警报，确保操作人员安全。同时，视觉系统辅助机器人精准识别人类手势、表情指令，实现自然流畅的人机交互，拓展协作边界，推动智能工厂向更人性化、高效化迈进。

7.2.4　自然语言处理

自然语言处理（NLP）致力于让计算机能够理解、生成和交互人类自然语言，在工业AI体系里搭建起人机沟通的关键桥梁。其底层根基是语言学知识，涵盖语法规则剖析，用于拆解句子结构，像主谓宾定状补的层级组合，以明晰语句的基本构成逻辑。语义理解专注于词汇语义及语义关系挖掘，例如一词多义的精准辨析，以及词语间因果、并列、修饰等关联洞察，使机器抓取文本确切含义。语用层面则考量语言使用情境，结合上下文及背景知识，解读话语意图，避免字面理解的局限。

数据层面是NLP成长的"养分"。工业领域积累海量文本，如设备操作手册、维修日志、质量检测报告、客户反馈工单等。需经清洗剔除乱码、重复及无关信息，分词将连续语句打散为词汇单元，词性标注明确词类属性，辅助句法分析，这些预处理环节为后续算法加工备料。

算法模型是NLP智慧中枢。早期基于规则的系统依赖人工编写语言规则模板，虽精准但烦琐、适应性弱，难以应对工业多变的文本情境。随着机器学习兴起，统计机器学习模型登场：朴素贝叶斯用于文本分类，借由大量文本样本统计词频概率判断类别归属；隐马尔可夫模型用于处理序列标注，在词性标注、命名实体识别等方面发光发热，基于状态转移与观测概率推测序列隐含标签。

深度学习浪潮下，循环神经网络（RNN）及其变体长短期记忆网络（LSTM）、门控循环单元（GRU）擅长捕捉文本序列依赖，处理工业时序性强的设备运行记录解析得心应手。卷积神经网络（CNN）聚焦局部特征提取，在文本关键信息快速抓取上表现优异，而基于注意力机制的变换器（transformer）架构革新NLP格局，多头注意力并行捕捉文本不同位置的关联，无需循环结构即可全局感知语义，催生预训练语言模型大爆发，如BERT、GPT系列，经大规模通用语料预训练后微调适配工业任务，大幅提升模型性能与泛化力，成为工业NLP应用的强大基石。

自然语言处理在智能制造中的应用包括以下内容。

（1）智能客服与售后支持：畅通沟通渠道

在工业产品售后端，自然语言处理驱动智能客服24小时在线"值守"：面对客户对复杂工业设备故障的描述，智能客服秒速解析文本，定位关键故障症状，借助内置故障诊断树与知识图谱，迅速给出初步排查建议，指引客户自查自救；能无缝切换多语言服务，打破跨国业务交流壁垒，无论是海外客户咨询工业软件使用细节，还是设备海外安装调试的疑问，皆能精准回应，提升全球客户满意度，大幅削减人工客服成本，确保售后沟通零时差、无障碍。

（2）工业文档处理与知识管理：激活数据价值

工业企业堆积如山的文档，NLP 施展魔法"点石成金"：在研发环节，自动解析技术报告、专利文献，提取核心技术参数、创新点，辅助工程师追踪前沿趋势、规避研发弯路；在生产制造环节，剖析工艺文档、操作指南，生成结构化知识图谱，新员工入职快速上手复杂工序，老手也能便捷检索关键流程细节，如化工生产精细步骤、机械装配精准扭矩设定，确保知识传承精准高效，更能跨文档关联分析质量事故报告、设备故障记录，挖掘深层共性问题，为持续改进生产提供数据洞察。

（3）设备状态监测与预测性维护：辅助智能运维

从设备传感器采集海量运行数据，附带的文本日志蕴藏关键运维密码，NLP 技术解锁其中奥秘：实时分析设备警报信息、状态备注，甄别真伪警报，智能筛选需紧急处理的故障；深挖历史运维日志，结合机器学习模型，预测设备部件寿命周期，并依据电机长期运行电流、温度日志，结合维修更换记录，精准预判下次故障节点，合理安排维护计划，变被动抢修为主动养护，降低设备突发停机损失，延长工业资产服役寿命。

（4）供应链协同与优化：精准信息交互

在供应链复杂网络里，NLP 确保信息丝滑流转：自动处理供应商报价单、合同条款，提取关键商务信息，如价格波动、交付周期、质量承诺，加速采购决策；物流环节，智能解析运输状态更新、仓储库存报告，企业实时掌握物料行踪，优化库存补货策略，依据市场波动灵活调配资源；还能实现供应链上下游企业间需求预测、产能通告等信息自动交互，基于语义对齐协同计划，削峰填谷平衡供需，抵御市场不确定性冲击，为工业产业链韧性赋能。

7.3 工业 AI 推动智能制造的案例分析

7.3.1 富士康工厂的工业 AI 应用

富士康作为全球最大的电子制造服务提供商之一，面临着电子产品快速迭代、生产规模庞大且订单需求多变的难题。传统生产模式下，人力依赖程度高，生产效率提升遭遇瓶颈，产品质量管控难度大，且设备维护常依赖事后抢修，导致停机时间长，影响整体产能。

工业 AI 解决方案如下。

① 智能生产调度：利用基于深度学习的算法，实时收集工厂内每条生产线、每台设备以及每个工人的状态信息，包括设备运行参数、生产进度、物料余量等。通过对海量订单数据和生产资源数据的综合分析，AI 系统能够在几分钟内生成最优生产计划，精确分配任务到具体设备与人员，确保生产线平衡，减少闲置与等待时间，提高产能利用率超 30%。

② 质量检测革新：引入计算机视觉技术的 AI 质检系统，高清摄像头全方位捕捉电子产品外观及内部细微结构图像，如手机主板上密密麻麻的焊点、芯片封装情况等。深度学习模型经海量良品与不良品图像训练，可瞬间识别出产品表面划痕、元件虚焊、颜色偏差等数十种缺陷，检测准确率从传统人工检测的 85% 左右提升至 98% 以上，次品流出率大幅降低，有效保障产品质量，减少售后成本。

③ 设备预测性维护：在设备上部署大量传感器，持续采集振动、温度、电流等数据，工

业 AI 模型基于机器学习算法对设备运行数据进行实时监测与深度分析。一旦发现数据异常波动，预示设备潜在故障风险，系统提前数小时甚至数天发出预警，并精准定位故障部件，维护团队能及时更换或维修，将设备突发停机时间从年均数十小时压缩至个位数小时，显著提升设备综合效率（OEE）。

通过全方位应用工业 AI，富士康实现：生产效率飞跃，订单交付周期平均缩短 25%，满足了客户愈发紧迫的供货需求；产品质量提升使品牌声誉增强，售后维修成本降低约 40%；设备稳定性提高，减少设备购置资金投入，每年挽回因停机时间减少造成的损失超千万美元，整体竞争力在全球电子制造行业中稳居前列。

7.3.2 西门子燃气轮机制造智能化升级

燃气轮机制造工艺复杂，涉及高精度机械加工、特种材料焊接、复杂装配等多环节，传统工艺规划依赖专家经验，设计与制造周期冗长，且过程质量把控困难，微小失误易致产品性能不达标。再者，燃气轮机运行环境恶劣，设备运维挑战大，意外停机损失高昂。

借助工业 AI 破局。

① 设计与制造协同优化：西门子运用基于 AI 的数字孪生技术，为每台燃气轮机构建虚拟模型，涵盖从设计蓝图到制造工艺、物理特性的全生命周期数据映射。在设计阶段，AI 算法依据模拟分析快速迭代设计方案，优化部件结构与材料选型，确保性能符合严苛要求。制造过程中，数字孪生实时比对虚拟与实际生产数据，自动调整工艺参数，如焊接温度、切削速度等，保证产品与设计一致性，设计修改次数减少 40%，制造周期缩短约 3 个月。

② 智能质量管控：工业 AI 深度融入质检流程，通过高灵敏度传感器收集制造过程中的物理参数，结合计算机视觉监测加工精度与装配完整性，AI 模型实时判断质量状态。一旦偏差超出阈值，立即反馈调整指令，实现质量问题实时纠偏，产品一次合格率从原本的 80% 左右跃升至 95%，废品率显著降低，原材料浪费减少超 30%。

③ 设备智能运维：在燃气轮机运行现场，传感器网络回传海量运行数据至云端 AI 平台，运用机器学习模型挖掘数据关联，精准预测设备关键部件剩余寿命、性能衰退趋势。基于预测结果，提前安排维护窗口，优化维护策略，从定期预防性维护向基于设备实际状态的预测性维护转变，大幅降低维护成本，每年因非计划停机造成的经济损失减少数百万欧元，设备可用性提升至 98% 以上。

西门子借助工业 AI 在燃气轮机领域重塑竞争优势：新产品研发加速推向市场，抢占高端能源装备先机；高质量产品赢得客户信赖，市场份额稳步增长；设备运维成本可控，保障能源供应稳定性，巩固其在全球燃气轮机制造业龙头地位，引领行业智能化转型潮流。

7.3.3 美的空调智能工厂实践

空调市场竞争白热化，消费者需求向个性化、高效节能、快速交付倾斜，美的原生产体系难以敏捷响应，生产柔性不足，大规模定制困难，且能源消耗大、成本控制压力剧增，质量波动影响品牌口碑。

工业 AI 赋能举措如下。

① 柔性生产实现：美的部署基于 AI 的智能生产管理系统，生产线各环节接入智能传感器与机器人手臂，借助 AI 调度算法，瞬间解析海量订单信息，根据客户定制要求（如制冷量、外观颜色、功能模块等）灵活切换生产模式，实现不同型号空调混线生产，快速调整工艺参数，批量生产切换时间从数小时锐减至半小时以内，满足个性化订单占比提升至 50% 以

上，产能提升超40%。

②能源智能管理：通过AI驱动的能源管理系统，实时监测工厂内各类设备能耗，收集温度、湿度、用电功率等数据，运用机器学习模型精准分析能耗高企环节，优化设备启停策略与运行参数。例如，根据生产淡旺季、车间实时负荷智能调控空调制冷系统、照明系统及生产设备用电时段，单位产值能耗降低约25%，每年节约电费数百万元，助力绿色制造目标达成。

③质量闭环提升：在质检环节引入AI视觉检测与数据分析，生产线上多机位高清摄像头全方位捕捉空调外观、内部线路及零部件装配细节，AI模型实时比对标准模板，识别缺陷；同时，深度关联生产全过程数据，从原材料批次、加工设备工况到操作人员记录，追溯质量成因，反馈优化制造工艺，产品售后故障率降低35%，品牌美誉度在市场中持续上扬。

美的空调智能工厂凭借工业AI成功蜕变：以柔性生产契合市场多元需求，订单交付准时率超99%；能源管理成效显著，成本竞争力大增；质量提升带动品牌升级，巩固行业领先地位，更在智能制造示范引领下，带动产业链上下游企业数字化转型，推动产业生态革新。

7.4 智能制造与工业AI面临的挑战与解决方案

7.4.1 技术层面的挑战与应对

7.4.1.1 数据质量与安全难题

（1）当前困局

在工业环境中，数据来源广泛，传感器精度差异、网络传输不稳定等因素易导致数据噪声、缺失值或异常值频现，严重干扰工业AI模型训练与决策准确性。例如，工厂老旧设备传感器老化，采集的设备运行温度数据波动剧烈，无法真实反映设备工况。

同时，工业数据蕴含大量企业核心技术、生产工艺、供应链等敏感信息，一旦泄露，竞争对手可轻易复刻产品、抢占市场，甚至恶意篡改数据引发生产事故，安全风险极高。近年来，工业领域遭受网络攻击致使数据泄露事件呈上升趋势，给企业带来巨额损失。

（2）解决方案

构建严谨的数据治理体系，在数据采集端，采用高精度、高稳定性传感器，并配备冗余校验机制，实时筛查并纠正异常数据；传输过程运用加密技术，如SSL/TLS协议保障数据的完整性与保密性；存储时利用分布式存储结合冗余备份策略，防止数据丢失，且定期执行数据清洗、修复与验证程序，提升数据可用性，确保数据"健康"入库。

从安全防护着眼，划分严格的数据访问权限，基于员工岗位、职责赋予最小化数据读取与操作权限；部署工业防火墙、入侵检测系统（IDS）/入侵防范系统（IPS）等网络安全设备，实时监控网络流量，阻挡外部非法入侵；采用区块链技术对关键数据加密存证，保证数据不可篡改，溯源数据访问轨迹，全方位捍卫数据安全防线。

7.4.1.2 模型可解释性困境

（1）当前困局

诸多先进工业AI模型，如深度神经网络，内部结构复杂、参数繁多，决策过程宛如"黑箱"，难以直观呈现输入数据与输出结果的逻辑关联。在关乎生产安全、质量的关键决策场景，如化工生产参数调控、航空发动机故障诊断，操作人员无法明晰模型依据，难以放心采纳模型建议，阻碍技术深度应用。

监管层面，医疗、汽车等行业对产品及生产流程可解释性要求严苛，模糊模型难以满足合规审查，限制工业 AI 在高监管领域拓展。例如，自动驾驶汽车 AI 决策系统若无法解释事故瞬间的决策成因，车企将面临法律问责困境。

（2）解决方案

研发可视化解释工具，通过特征重要性排序算法，量化输入特征对模型的输出贡献度，以热力图、柱状图形式直观展示关键因素。借助局部可解释模型，聚焦特定预测结果，生成近似解释规则，如以决策树分支形式拆解模型局部推理路径，让工程师理解模型关键判断逻辑。构建人机交互解释界面，专家与模型实时"对话"，动态询问特定决策细节，挖掘深层关联，逐步揭开模型"神秘面纱"，提升工业场景信任度。

7.4.1.3 算法性能与算力瓶颈

（1）当前困局

工业场景实时性要求极高，部分复杂算法计算耗时久，难以满足生产线毫秒级决策需求，像某些基于深度学习的缺陷检测算法，处理高分辨率图像时帧率过低，无法适配高速生产节拍，致次品流出。

伴随工业数据指数级增长、模型复杂度攀升，算力需求呈爆炸式增长，企业购置、运维大规模 GPU 集群成本高昂，中小企业望而却步，且现有算力架构数据传输延迟高、能耗大，制约工业 AI 大规模分布式部署效率，尤其在边缘计算场景，设备算力捉襟见肘，难以承载复杂模型高效运行。

（2）解决方案

算法优化上，采用模型压缩技术，如剪枝去除冗余神经元与连接、量化降低参数存储精度，在保证精度前提下精简模型规模，加速推理。结合轻量级神经网络架构设计，适配工业场景，像 MobileNet 用于移动端或边缘设备图像识别，提速数倍。并行计算策略亦不可或缺，利用 GPU 多核心并行处理能力、分布式 TensorFlow 框架跨多机并行训练，充分榨取算力潜能，满足实时性刚需。

算力基建层面，探索新型计算架构，开展量子计算与 AI 融合前瞻性研究，期望未来突破算力天花板。当下务实推进边缘云计算协同模式，边缘端部署轻量预处理模型，实时响应紧急任务，云端承载繁重训练与深度分析，借助 5G 超低延迟特性，实现数据与计算资源灵活调配，降低企业整体算力成本，普惠工业 AI 应用。

7.4.2 人才层面的挑战与应对

7.4.2.1 复合型人才短缺

（1）当前困局

智能制造与工业 AI 横跨机械工程、自动化、计算机科学、统计学等多学科，要求人才既深谙工业生产流程、工艺优化要点，掌握设备运维实操，又精通 AI 算法开发、数据建模与分析。当前教育体系学科分支精细，高校培养人才专业局限，难觅这类复合型"通才"，企业招聘常陷入无人可用的僵局。

在职人员知识更新滞后：工业领域老员工熟悉传统制造技艺，但对新兴 AI 技术畏难，学习曲线陡峭；AI技术人才又缺乏工业背景知识，难以精准对接生产需求，企业内部培训体系尚不完善，难以短期内重塑员工的知识结构，制约技术落地效率。

（2）解决方案

高校教育革新先行：设立跨学科智能制造专业，课程体系融合机械、电气、AI、大数据等课程模块，实践教学依托企业真实项目，学生毕业设计聚焦工业痛点课题，产学研联动，为产业输送"即插即用"人才；开展校企联合定制班，企业提前介入人才培养，按岗位需求定制课程，实习期间导师一对一指导，毕业后无缝衔接企业关键岗位，缩短人才成长周期。

企业内部构建长效培训生态：针对老员工开设AI基础与应用普及班，从数据素养、智能工具使用起步，渐进至参与小型AI项目实操；技术骨干派往海外前沿科研机构进修，掌握工业AI最新趋势；设立知识共享平台，鼓励员工线上交流技术心得、案例经验，以项目奖励、职业晋升激励员工自主学习，厚植企业人才沃土。

7.4.2.2 组织架构与文化适配难题

（1）当前困局

传统工业企业层级森严、部门壁垒厚重，研发、生产、质量等部门各自为政，信息流通不畅，AI项目跨部门协作时协调成本高，权责不清易致项目拖延、夭折。例如，AI驱动的质量改进项目需生产部门实时反馈数据、研发部门优化模型，若缺乏高效协同机制，项目推进将举步维艰。

企业保守文化倾向求稳，对AI新技术风险容忍度低，创新尝试易遇内部阻力。员工担忧AI取代岗位，积极性受挫，难以形成全员拥抱变革的氛围，阻碍智能制造理念生根发芽，尤其在家族式或大型老牌工业企业，文化转型艰难，革新动力匮乏。

（2）解决方案

重塑敏捷组织架构，组建跨职能AI项目团队，囊括业务专家、数据科学家、工程师等角色，赋予团队自主决策权，实现扁平管理、快速决策，打破部门"竖井"。建立项目管理办公室（PMO），统筹协调资源分配、进度监控，以OKR（目标与关键成果法）等目标导向管理工具明晰团队目标，确保项目按序推进，成果落地；定期复盘项目，跨团队分享经验教训，沉淀协作流程规范，提升组织协同效能。

文化重塑从高层引领，企业领导者以身作则，宣贯智能制造战略愿景，阐明AI助力员工价值提升而非岗位替代逻辑，消除员工顾虑。设立创新奖励基金，鼓励员工提出AI应用创意，对成功项目团队重奖，营造容错试错氛围。开展AI技术科普活动、创新工作坊，拉近员工与新技术的距离，将智能创新融入企业文化血脉，激发全员变革活力。

7.4.3 行业标准与法规层面的挑战与应对

7.4.3.1 技术标准缺失

（1）当前困局

智能制造涵盖智能设计、生产、物流、服务全链条，工业AI融入各环节的措施各不相同，不同企业、行业协会各自为政，缺乏统一数据格式、接口规范、模型评估标准，导致系统集成"荆棘丛生"。例如，企业A与企业B合作智能工厂项目，因设备数据接口不兼容、AI模型交互格式混乱，集成调试耗时费力，导致项目交付延期。

新兴技术迭代迅速，标准制定滞后，难以跟上工业AI发展步伐，像5G赋能工业AI边缘计算场景，通信协议、算力调度标准空白，企业盲目摸索，资源浪费严重，产业难以规模化有序扩张，阻碍上下游协同创新，滞缓生态构建。

（2）解决方案

政府主管部门联合行业龙头、标准化组织牵头：加速制定涵盖全产业链的技术标准体系，从车间底层设备数据交互规范（如OPC UA等协议拓展AI适配性），到云端AI服务接口标准，再到跨企业协同生产流程模板，步步为营，夯实标准基石；鼓励企业参与国际标准制定，接轨全球智能制造规范，提升产品与服务的国际竞争力，如积极投身IEEE、ISO相关工业AI标准工作组，贡献中国方案。

建立动态标准更新机制，产学研用定期研讨新技术融合需求，及时修订完善标准，如随量子计算、脑机接口等前沿技术渗透工业AI，迅速响应调整对应标准，确保产业发展"有标可依"，护航技术创新成果顺畅转化，促进行业规范、稳健前行。

7.4.3.2　法规合规挑战

（1）当前困局

工业AI引发一系列全新法律风险，产品责任认定模糊，当AI赋能产品致损时，难以厘清开发者、制造商、使用者之间的责任边界。数据隐私保护法规严苛，如欧盟GDPR，企业跨境数据传输、AI数据使用合规难度飙升，违规罚款动辄千万欧元，令企业胆战心惊。

就业法规亦需适配调整，AI推动岗位结构巨变，大量重复性岗位或被取代，如何保障员工合法权益、再就业培训成为社会议题；且不同国家、地区法规差异大，跨国企业布局全球智能制造项目时，法律合规复杂性远超想象，常顾此失彼，陷入法律泥潭。

（2）解决方案

立法机构前瞻性调研工业AI法律痛点，修订产品责任法，引入"AI缺陷推定"等原则，依产品AI自主决策程度、可控性合理分配各方责任。细化数据隐私法规配套细则，明确工业数据跨境流动安全评估标准、匿名化处理规范，企业内部建立法务与技术联动合规团队，定期审计AI项目数据合规，设置数据保护官（DPO）监督全流程，确保合法运营。

政府、企业、工会携手构建就业保障网，出台AI影响岗位转型培训补贴政策，企业制定员工转岗计划，依AI项目进度提前规划内部岗位调配、技能升级路径，工会监督员工权益落实，多方合力缓解AI对就业的冲击，营造科技向善的法治环境，稳托工业AI可持续发展底盘。

7.5　智能制造与工业AI的未来发展趋势

（1）技术深化与融合

① AI技术持续升级：深度学习算法不断优化，模型的准确性和泛化能力将进一步提高，能够更好地处理复杂的工业数据和问题。强化学习在工业控制和优化中的应用将更加广泛，使系统能够通过不断试错和学习来实现最优决策。

② 与其他技术融合加深：物联网与工业AI的结合将更加紧密，实现设备之间的无缝连接和数据共享，为工业AI提供更丰富的数据来源，进一步提升生产过程的智能化水平。大数据技术的发展将为工业AI提供更强大的数据存储、管理和分析能力，帮助企业更好地挖掘数据价值。云计算技术则为工业AI提供了灵活的计算资源，降低了企业的硬件成本和部署难度。

（2）应用拓展与创新

① 生产过程优化：工业 AI 将在生产计划与调度、质量控制、设备维护等方面发挥更大的作用，实现生产过程的智能化优化。通过对生产数据的实时分析和预测，AI 系统能够自动调整生产计划和调度方案，提高生产效率和资源利用率。

② 产品设计与研发：利用 AI 技术可以加速产品设计和研发过程，提高产品的创新性和竞争力。例如，通过生成式设计算法，AI 可以根据给定的设计要求和约束条件，自动生成多种产品设计方案，供工程师进行选择和优化。

③ 供应链管理：工业 AI 可以对供应链中的需求预测、库存管理、物流配送等环节进行优化，提高供应链的效率和可靠性。通过对历史数据和实时数据的分析，AI 系统能够更准确地预测市场需求，合理安排库存和生产计划，降低库存成本和缺货风险。

（3）自主性与协作性增强

① 自主化生产系统：工业 AI 将推动生产系统向更高程度的自主化方向发展，实现设备的自主决策、自主控制和自主优化。例如，具身智能工业机器人将具备更强的感知、学习和决策能力，能够在复杂的生产环境中自主完成任务，并与人类工人进行更加自然和高效的协作。

② 人机协作模式创新：未来，人机协作将不再局限于简单的任务分配和操作指导，而是更加注重人机之间的深度融合和协同工作。通过脑机接口、自然语言交互等技术，人类工人可以更加直观地与机器进行沟通和协作，共同完成复杂的生产任务。

（4）数据管理与安全强化

① 数据治理体系完善：随着工业数据量的不断增加，数据治理将成为智能制造与工业 AI 发展的关键。企业需要建立完善的数据治理体系，包括数据标准制定、数据质量管理、数据安全保障等方面，确保数据的准确性、完整性和可用性。

② 数据安全防护升级：面对日益严峻的数据安全威胁，工业 AI 系统需要加强数据安全防护能力。采用先进的加密技术、访问控制技术、数据备份与恢复技术等，保障工业数据的安全存储、传输和使用。

（5）行业融合与生态构建

① 跨行业融合加速：智能制造与工业 AI 的技术和应用将逐渐向其他行业渗透和扩散，促进跨行业的融合与创新。例如，制造业与能源、交通、医疗等行业的融合，将催生出智能能源管理系统、智能交通管理系统、智能医疗设备等新型产品和服务。

② 产业生态构建完善：未来，智能制造与工业 AI 将形成更加完善的产业生态系统，包括硬件制造商、软件开发商、系统集成商、服务提供商、科研机构、高校等各方力量。通过加强产学研合作和产业联盟建设，实现资源共享、优势互补，共同推动智能制造与工业 AI 的发展。

（6）可持续发展与社会责任

① 绿色制造推进：在全球可持续发展的背景下，智能制造与工业 AI 将在绿色制造方面发挥重要作用。通过优化生产过程、降低能源消耗、减少污染物排放等方式，实现制造业的可持续发展。

② 社会责任履行：企业在发展智能制造与工业 AI 的过程中，将更加注重社会责任的履行。例如，通过提高生产安全水平、保障员工权益、促进社会就业等方式，实现企业与社会的和谐发展。

7.6　结论

综上所述，智能制造与工业 AI 的融合正以前所未有的态势重塑着工业领域的面貌。从技术的角度来看，二者相互促进、协同发展：工业 AI 凭借强大的数据处理与分析能力、智能决策功能，为智能制造注入了智慧的灵魂，让制造过程从传统的依赖人力经验和既定流程，逐步迈向智能化、自动化、精准化；而智能制造的持续推进又为工业 AI 提供了广阔且真实的应用场景，不断催生新的技术需求，刺激其向更高效、更智能、更可靠的方向迭代演进。

在实际应用方面，无论是优化生产计划与调度以提升生产效率、保障产品质量的严格把控，还是实现设备的预测性维护从而降低停机成本、打造灵活高效的供应链管理体系以应对多变的市场需求，智能制造与工业 AI 的结合都展现出了巨大的优势，实实在在地助力企业在激烈的全球市场竞争中脱颖而出，赢得经济效益与品牌声誉的双丰收。

然而，不可忽视的是，在其发展道路上仍面临着诸多挑战，诸如数据的质量与安全问题、模型可解释性的难题、复合型人才的短缺，以及行业标准和法规尚不完善等。但随着科技的进步、企业意识的转变以及各方协同合作的加强，相应的解决方案也在不断涌现，逐步攻克这些障碍。

展望未来，智能制造与工业 AI 的发展前景一片光明，其将持续深化与其他前沿技术的融合，拓展应用边界至更多行业与领域，在推动产业升级、实现可持续发展，以及履行社会责任等方面发挥愈发关键的作用，引领工业领域迈向一个更加智能、高效、绿色且人性化的新时代，成为全球工业经济高质量发展的核心驱动力。

习题

7-1　人工智能的典型应用领域包括哪些？

7-2　工业 AI 的核心技术包括哪些？

7-3　制造业与 AI 融合能够带来哪些优势？

参考文献

[1] 张海霞.创新工程实践[M].北京：高等教育出版社，2016.

[2] 郭菁，李军丽，滕莹雪.创新方法教程[M].北京：冶金工业出版社，2022.

[3] 冷护基，陈霞.创造学与创新创业能力开发[M].北京：高等教育出版社，2023.

[4] 白瑞峰，于赫洋，靳荔成.结合新工科双创教育的控制系统实践平台构建[J].实验室科学，2020，23（3）.

[5] 齐耀龙.OpenHarmony轻量设备开发理论与实战[M].北京：电子工业出版社，2023.

[6] 李传钊.深入浅出OpenHarmony：架构，内核，驱动及应用开发全栈[M].北京：中国水利水电出版社，2021.

[7] 戈帅.OpenHarmony轻量系统从入门到精通50例[M].北京：清华大学出版社，2023.

[8] 于赫洋，白瑞峰，王超，等.面向酿造过程的复杂系统控制虚拟仿真实验教学改革[J].实验室研究与探索，2023，42（10）.

[9] 黄文恺，伍冯洁，吴羽.3D建模与3D打印快速入门[M].中国科学技术出版社，2016.

[10] 黄文恺，朱静.3D建模与3D打印技术应用[M].广州：广东教育出版社，2016.

[11] 希亚姆·瓦兰·纳特，彼得·范·沙克维克.数实共生：工业化数字孪生实战[M].黄刚，译.北京：中国科学技术出版社，2023.

[12] 吕智涵.数字孪生——超脱现实，构建未来智能图谱[M].北京：清华大学出版社，2023.

[13] 蔡红霞，周传宏.工业人工智能[M].北京：清华大学出版社，2023.

[14] 龚仲华.工业机器人从入门到应用[M].北京：机械工业出版社，2016.

[15] 张明文.工业机器人技术基础及应用[M].哈尔滨：哈尔滨工业大学出版社，2017.

[16] 黄河燕，毛先领，李侃，等.人工智能导论[M].北京：高等教育出版社，2024.

[17] 罗先进，沈言锦.人工智能应用基础[M].北京：机械工业出版社，2021.

[18] 吕云翔，王渌汀.人工智能理论与实践（微课视频版）[M].北京：清华大学出版社，2022.